実践 風景計画学

読み取り・目標像・実施管理

日本造園学会・風景計画研究推進委員会［監修］
古谷勝則・伊藤 弘・高山範理・水内佑輔［編集］

朝倉書店

編集者（五十音順）

弘田 弘理（ひろむ まさのり）	筑波大学　芸術系（世界遺産専攻）
範山 範勝（のりやま のりかつ）	（国研）森林研究・整備機構　森林総合研究所
藤谷 勝佑（とうや かつゆう）	千葉大学大学院　園芸学研究科
伊藤 古水（いとう ふるみず）	東京大学大学院　農学生命科学研究科

執筆者（五十音順）

弘田 弘（ひろむ あき）	筑波大学　芸術系（世界遺産専攻）
昭文 知（あきふみ さと）	東京農業大学　地域環境科学部
藤江 彰裕（とうえ あきひろ）	北海道大学　観光学高等研究センター
田原 三良（だはら みりょう）	信州大学学術研究院　農学系
野井 洋周（のい ようしゅう）	立教大学　観光学部
島林 昭（しまばやし あき）	東京農業大学　地域環境科学部
藤村 彰（とうむら あき）	東京農業大学大学院　農学研究科
作 裕（さく ひろ）	専修大学　経済学部
馨男（かおる お）	東京大学大学院　新領域創成科学研究科
唯理（ゆい まさ）	東京大学大学院　農学生命科学研究科
範重（のり しげ）	茨城大学　農学部
昭彦（あき ひこ）	（国研）森林研究・整備機構　森林総合研究所
伸（のぶ）	大阪府立大学大学院　生命環境科学研究科
徹（とおる）	東海大学　観光学部
亨（とおる）	東京大学大学院　新領域創成科学研究科
慧則（けい のり）	東北公益文科大学　公益学部
勝毅（かつ つよし）	株式会社プレック研究所
子（こ）	千葉大学大学院　園芸学研究科
子（こ）	千葉大学大学院　園芸学研究科
怜孝（れい たか）	東京農業大学　地域環境科学部
肇（はじめ）	株式会社プレック研究所
佑輔（ゆうすけ）	北海道大学大学院　農学研究院
龍（たつ）	東京大学大学院　農学生命科学研究科
修清（しゅうきよ）	滋賀県立大学　環境科学部
雄史（お し）	東京大学大学院　農学生命科学研究科
禎貴（さだたか）	株式会社プレック研究所
渡（わたる）	長崎大学大学院　水産・環境科学総合研究科

章末・索引イラスト

山口　鈴音（やまぐち すずね）

はじめに

　「風景」とは，端的にいえば人が捉えた環境の眺めである．その言葉を知らない人はいないと思われるが，100年ほど前からより良い眺めの実現を目指した学術的な取組みがあることは，存外知られていないかもしれない．

　近年，インバウンドによる観光客の増加，絶景ブームなどにより，国内においても風景・景観への関心が再び高まりを見せている．景観法の施行に伴って，景観計画に関する研究や知見は様々に蓄積されつつあるが，法制度も含めて，これまでおもに見る対象の不動産に限った「景観地」と見る人との物理的関係を中心とした，きわめて限定された意味での見え方を「景観」として捉えたうえで分析および計画手法が多数示されてきた．

　しかし，人が捉えた環境の眺めであり，人と環境の有形無形の関係に基づく認識によって生成される現象全般を意味するものとして「風景」を考えれば，その扱う対象は物理的なものに限定されるものではないはずである．風景計画とは色彩や意匠だけではなく，人と環境のあるべき姿を設定し，それを実現するための，体系的段階的な手段の設定，およびそのアウトプットを意味している．したがって，その目標像はすなわち地域の目標像となること，およびそれを実現するのが地域づくりであることを，本書を通じて理解してもらえれば幸いである．

　日本造園学会風景計画研究推進委員会は，2015年から活動を開始し，今後の議論を発展させるために，全国各地の様々な取組みを収集することを目的として，2016年度造園学会全国大会にてミニフォーラム「風景計画研究・事例報告会」を実施してきた．また，それ以降，上記報告会の内容とともに委員による論考などを「風景計画研究・事例報告集」で取りまとめるなど，継続的な活動を行ってきたところである．

　本書では上記活動と各委員の活動なども踏まえて，計画の策定にとどまらず，その実現や管理に至るまでの体系化を図った．また，具体の取組み事例を示し理解しやすいようにした．

本書の構成

　本書は，序章にて風景・景観の概念および用語の整理や今までの研究蓄積および新たな観点について整理したうえで，1章から4章にかけて風景計画および実現・管理に至る作業過程を示している．1章の「風景地および風景の把握と課題抽出」では，計画の対象となる範囲および課題設定手法を論じている．2章の「目標像の共有」では，目標像設定の考え方と共有の仕方を示している．3章の「目標像を実現させるための手法」では，目標像を実現させるために必要な手法の大枠を整理した．4章の「持続的な風景の実現」では，

目標像を地域において実現させ，さらに管理していくための具体的な手法を示している．5章「事例紹介」では，様々な性格を有する地域での，風景づくりの異なる手法による取組みを示している．また，本文の途中には，各執筆者による最近の取組みや考え方などをコラムにて示しており，持続的な風景の実現を巡って様々な取組みや観点のあることが理解できよう．

2019年2月

公益社団法人日本造園学会　風景計画研究推進委員会
古谷勝則（千葉大学大学院園芸学研究科）
伊藤　弘（筑波大学芸術系（世界遺産専攻））
高山範理（(国研) 森林研究・整備機構 森林総合研究所）
水内佑輔（東京大学大学院農学生命科学研究科）

目　　次

序　章　風景計画の理念　1
0.1　風景計画とは―ランドスケープ・リテラシーのすすめ―　〔下村彰男〕　1
- 0.1.1　風景について　1
- 0.1.2　風景認識の変遷　1
- 0.1.3　近年の風景認識　2
- 0.1.4　近代以降に見る風景・景観獲得のメカニズム　4
- 0.1.5　風景計画とは　6
- 0.1.6　ランドスケープ・リテラシー　7

0.2　風景の概念と風景計画　〔小野良平〕　8
- 0.2.1　風　景　8
- 0.2.2　景　観　9
- 0.2.3　風景と景観　9
- 0.2.4　まなざし論　10
- 0.2.5　風景計画の方法論と風景　11
- 0.2.6　古くて新しい「風景」　11

0.3　風景計画形成の歴史　〔水内佑輔〕　12
- 0.3.1　はじめに　12
- 0.3.2　風景・景観の構造的把握と評価　13
- 0.3.3　風景計画の現在と今後の方向性　16

0.4　風景計画における新たな観点　〔伊藤　弘〕　17
- 0.4.1　はじめに　17
- 0.4.2　文化的景観　17
- 0.4.3　情報機器の発達　18
- 0.4.4　防災減災　19
- 0.4.5　「見る」ことの位置付け　20

第1章　風景地および風景の把握と課題抽出　23
1.1　風景計画の対象範囲決定〔伊藤　弘〕　23
- 1.1.1　風景計画の対象範囲　23
- 1.1.2　風景を構成する要素　23
- 1.1.3　対象範囲設定の考え方　24
- 1.1.4　なぜ対象範囲を決めるのか　25

1.2　風景を分析し課題を抽出　26
- 1.2.1　風景の課題　〔伊藤　弘〕　26
- 1.2.2　見え方の分析手法　〔古谷勝則・水内佑輔〕　27
- 1.2.3　対象地域の風景構造把握　〔伊藤　弘〕　31
- 1.2.4　土地の履歴・場所の性格の読み取り方法　〔村上修一〕　34

第2章　目標像の共有　41
2.1　共有される目標像のあり方　〔伊藤　弘〕　41
- 2.1.1　はじめに　41
- 2.1.2　共有される目標像設定の観点　41
- 2.1.3　目標像の共有　41
- 2.1.4　地域における風景計画の位置付け　41

2.2　目標像設定の観点　〔武田重昭〕　42
- 2.2.1　風景を捉える3つのアプローチ　42
- 2.2.2　全体環境としての風景像　42
- 2.2.3　空間形態と人間行動の関係から捉える風景像　42
- 2.2.4　時間の重なりから捉える風景像　44
- 2.2.5　風景の先へ　44

2.3　目標像の共有　〔山本清龍〕　45
- 2.3.1　風景計画とその性格　45
- 2.3.2　風景の効用，価値　45
- 2.3.3　風景に対する価値観の対立　45

2.3.4　風景の目標像の共有の重要性と必要性　46
　2.3.5　目標像の共有方法と合議の意義　47
　2.3.6　目標像の共有範囲　47

第3章　目標像を実現させるための手法　53
3.1　風景地の整備：個別要素および要素間の関係　〔村上修一〕　53
　3.1.1　個別要素　53
　3.1.2　要素間の関係　55
3.2　見る人への働きかけ　〔伊藤　弘〕　56
　3.2.1　情報とメディア　56
　3.2.2　文字と画像　56
　3.2.3　情報機器の発達　56
　3.2.4　法制度による「特化情報」　57
　3.2.5　空間と利用状況　57
　3.2.6　ガイド・インタープリテーション　58
　3.2.7　複合するメディア　58
3.3　見る人と風景地との関係構築　〔田中伸彦〕　59
　3.3.1　風景づくりにおける「他力本願の原則」　59
　3.3.2　景観把握モデルの理念と視点場整備の重要性　60
　3.3.3　視点場の整備と見通しの確保　60
　3.3.4　多面的機能との整合性　62

第4章　持続的な風景の実現　65
4.1　予測評価　65
　4.1.1　シミュレーション　〔本條　毅〕　65
　4.1.2　アンケート　〔古谷勝則・髙瀬　唯〕　67
4.2　環境影響評価　72
　4.2.1　影響要因　〔松島　肇〕　72
　4.2.2　評価主体，評価手法　〔古谷勝則〕　76
　4.2.3　心身への影響　〔高山範理〕　79
4.3　風景地の管理と持続的な風景　85
　4.3.1　持続的な風景に向けた実装　〔伊藤　弘〕　85
　4.3.2　ゾーニングとその意義　〔山本清龍〕　89
　4.3.3　風景地の形成と持続的な管理に関わる法制度　〔渡辺貴史〕　92
　4.3.4　実施管理主体・時間　〔上田裕文〕　99
　4.3.5　持続的な風景の管理体制の構築　〔入江彰昭〕　102

第5章　事例紹介　112
5.1　阿蘇くじゅう国立公園の草原再生プロジェクト　〔町田怜子〕　112
　5.1.1　農の営みが生み出す国立公園の風景　112
　5.1.2　国立公園の風景として，二次的自然をどのように保全するのか？　113
　5.1.3　阿蘇の草原保全に関わる多様な主体と協働した草原保全・再生　114
5.2　アートプロジェクトによる風景づくり　〔上田裕文〕　116
　5.2.1　地域の将来像を風景として思い描き共有する　116
　5.2.2　風景を共有する3つの取組み　116
　5.2.3　風景の共有から風景計画へ　119
5.3　風景を活用した里地里山の観光地計画　〔田中伸彦〕　119
　5.3.1　観光地計画と風景づくり　119
　5.3.2　神奈川県平塚市「ゆるぎ地区」の概要　120
5.4　利用体験を前提とした自然公園の計画事例　〔小林昭裕〕　123
　5.4.1　背　景　123
　5.4.2　ROSの登場　123
　5.4.3　ROSの導入による効果　123
　5.4.4　国内におけるROSの考え方の導入状況　125
　5.4.5　ROSによる空間情報化の課題と期待　125
5.5　計画の階層性に応じた風景計画手法の導入事例　〔松井孝子・吉田禎雄〕　126
　5.5.1　はじめに　126
　5.5.2　マクロレベルの地域計画への導入事例　126
　5.5.3　メソレベルの地域計画への導入事例

5.5.4　ミクロレベルの地域計画への導入
　　　　事例　　　　　　　　　　　　　132
5.6　中山間地域の里山景観保全プロジェクト
　　の事例　　　　　　　　〔入江彰昭〕133
　5.6.1　中山間地域の現在　　　　　　133
　5.6.2　里山に学ぶ実学教育と持続的な
　　　　風景マネジメント　　　　　　134
　5.6.3　里山の食と農，自然を活かす地域
　　　　づくり　　　　　　　　　　　135
　5.6.4　交流連携によるランドスケープ
　　　　マネジメント　　　　　　　　136
5.7　温泉地の風景形成に係る取組み
　　　　　　　　　　　　　〔渡辺貴史〕137
　5.7.1　持続可能な温泉地と風景　　　137
　5.7.2　温泉地の空間的特徴の変遷　　137
　5.7.3　温泉地の風景形成に係る取組み　138
　5.7.4　おわりに　　　　　　　　　　140
5.8　農業農村整備事業における景観配慮の
　　技術指針　　　　　　　〔小林昭裕〕140
　5.8.1　農村景観を構成する要素　　　140
　5.8.2　周辺景観への配慮の必要性と
　　　　住民の参画　　　　　　　　　141
　5.8.3　景観配慮における基本原則　　141
　5.8.4　景観配慮における調査→計画→設
　　　　計のプロセス　　　　　　　　142

索　引　　　　　　　　　　　　　　　149

コラム1　地域計画としての地域森林景観　〔下村彰男〕	21
コラム2　UAVを用いた写真測量　〔國井洋一〕	31
コラム3　文献資料調査の意義　〔水内佑輔〕	37
コラム4　海外調査の事例　〔村上修一〕	38
コラム5　地域計画における風景計画の実際　〔松井孝子〕	48
コラム6　時間の中の風景　〔武田重昭〕	49
コラム7　復興計画と目標像―多面的な環境評価と統一的な利用基準化―　〔上原三知〕	49
コラム8　グリーンインフラ戦略に見る社会ニーズの特定方法　〔橋本慧〕	50
コラム9　サイバーフォレスト（cyberforest）　〔斎藤馨〕	62
コラム10　風景創出に向けた新しい技法　〔國井洋一〕	63
コラム11　風力発電施設の印象評価と環境アセス　〔松島肇〕	72
コラム12　定性的な評価　〔上田裕文〕	83
コラム13　風景評価と個人差　〔高山範理〕	83
コラム14　室内調査と現場調査　〔上田裕文〕	84
コラム15　名勝における眺望と風景計画　〔温井亨〕	106
コラム16　里山を動かす―目指すべき風景モデルとバイオマス動態　〔寺田徹〕	107
コラム17　風景計画の波及効果　〔小島周作〕	108
コラム18　観光と風景管理　〔田中伸彦〕	109

序　章
風景計画の理念

0.1　風景計画とは
―ランドスケープ・リテラシーのすすめ―

0.1.1　風景について

　風景は人と取りまく環境との関係において立ち現れるものである．そのため風景の見方や捉え方には様々な側面があり，学問分野や立脚点によって概念規定も異なるとともに，時代によっても変化している．そのため，これまでにも風景の捉え方に関しては多くの論述があり，様々に論じられている．

　風景を叙情的に捉え個人の感情との関係や社会の価値観との関係記載に重点を置く捉え方[1]がある一方で，人の営みや活動の舞台づくり，つまり風景の計画や操作を視野に入れて，客観的，分析的に捉える考え方[2]もある．また，風景を，人が環境を認識し行動を促すための視知覚現象として捉える立場[3]もあれば，人の営為によって生じた環境の様相として捉える立場[4]もある．そして，これらの捉え方は「風景」「景観」そして「ランドスケープ」という言葉の使い分け問題と絡めて論じられることも多い．風景あるいは風景計画について議論するためには，こうした異なる立場からの風景の捉え方について概観的に把握するとともに，その枠組みの中における自らの立場について明確に把握することが重要である．

　本節では，これら風景の概念的な整理などに関しては次節や既往の文献に譲り[5,6]，風景を，人が環境を認識する際の視知覚現象として捉えるという立場を明確にすることにとどめ，風景や風景計画について論じることとしたい．風景計画は，人がより良い生活環境の形成に向けて風景に対する働きかけのあり方を課題とするものであり，人がいかに環境を認識するか評価するかについての考究が不可欠であると考えられる．造園の分野においても風景・景観・ランドスケープへのアプローチとして，"visual landscape" と "ecological landscape" があり，前者が環境に対する人の認識や体験を風景・景観として扱うのに対し，後者は生態系をはじめ環境に対する人為による作用の結果を風景・景観として扱うものと位置付けられている．そうした整理からは，本節は前者の立脚点に近い．しかしながら，実際の風景認識においては両者は明確に分離できるものではなく，計画論としても一連のものとして検討する必要があると考えている．本節ではそうした点も論じてみたい．

　また，風景・景観・ランドスケープという言葉の問題についても，時代や立脚点によって使い分けの考え方が異なっている．社会の制度や価値観が大きく変化しつつある現在，風景計画も大きな転換期を迎えている．言葉についても，あえてこれらを明確に使い分ける立場をとらず，人を取りまく環境に対する認識と，広義に概念規定したうえで基本的に同じ意味合いを持つものとして使うこととし，基本的には「風景」という言葉を使い，その他，文章や熟語のコンテクストに応じて使い分けることとする．

0.1.2　風景認識の変遷

　こうした風景の概念やその取扱いの考え方は社会の諸状況に応じて時代とともに進展している．

現時点，そして今後の風景や風景計画を考えるうえで，これまでの風景に対する認識の変遷について整理・把握しておくことが重要である．そして風景認識の動向は風景・景観研究の展開と連動しており，両者は相互に影響し合いながら社会状況に伴い進展してきたといえる．そこで，風景という現象を環境から切り出し客観的に捉えるようになった近代以降の研究動向を概観しながら風景認識の変遷を把握しておきたい．

風景がより分析的，操作的に捉えられるようになるのは，明治になって西洋から近代自然科学が積極的に導入されたことが契機となっている．地理学・地学・植物学などの発展とともに，風景を科学的に分析・理解しようとする動きが出てきた．その代表的な著作が志賀重昂の『日本風景論』である[7]．そして大正期から戦前までは，都市や自然地において風景を計画的に整備するようになり，計画・設計論が検討され[8]，行政面でも風景を保全・形成する制度が設けられるようになった．この時期は，風景の美しさを追求するとともに郷土性などにも関心が持たれていた時期でもある．戦後になると，風景を構造的に捉えることを目的として，様々な把握モデルが提案された[9]．そして，こうした把握モデルが開発されることにより，風景操作への志向性が強まっていった．その後はコンピューター・サイエンスの発展が非常に重要な役割を果たすようになる．統計処理方法の開発に伴い，風景の定量的な分析や評価に関わる手法が検討され，それらに基づく景観整備やアセスメントのための基準づくりやガイドラインの作成が進められた[10]．

こうした営為の結果，風景の操作性が高まり，収まりの良い整った風景が各地で見られるようになるが，一方で，どこでも同じ風景が現出するという批判も生まれてくる．そして平成になると，風景を視覚像としてのみ捉えるのではなく，それを形成し支えてきた背景（自然環境，歴史，生活様式）との関係に対する関心が高まり，それらを解明しようとする意味論的な研究に取り組まれるようになる．その象徴的な動きが文化的景観への関心であり，人と自然環境との関係を歴史的にたどりながら読み取ってモデル化を図ろうとする研究といえる[11]．そして最近ではネット社会を背景に，風景が生成し社会化する動態を解明しようとする研究も見られるようになっており[12]，今後の情報機器の進展や使われ方は風景認識や風景計画論に大きな影響を与えると考えられる．

0.1.3 近年の風景認識
a. 実像と情報

20世紀末から関心が高まり注目されてきた文化的景観に象徴される風景認識は，戦後の実像を念頭においた風景の考え方とは大きく異なっている．つまり，人が認識する風景は単に「実像」のみではなく，少なからず風景形成の背景にある「情報」ともいうべきものも同時に受け取っており，実像と情報とは一体的なものと捉える考え方である．これは記号論における記号表現（signifiant）と記号内容（signifié）との関係のようなものであり，実像は情報を伝えるメディアとしての性格を持っていると位置付けられているといえよう（図0.1）．近代において，風景はデザインされ整えられるものとして実像を中心に認識されてきた．しかし，前述したように風景が形成される背景としての歴史や生活文化などへの関心が高くなってきている．風景を形成し支えてきた地域の歴史や営みを伝えることによって，風景を差別化し，「図」化するという操作が想定される．現代では風景の認識や計画・設計に際して，むしろ情報の比重が高まってきているといえる．

こうした，風景認識に際しての実像と情報の比重は時代によって異なっていると考えられる．たとえば近世以前では，文章に描かれたり詩に詠まれたりした情報としての風景が社会的に広く共有

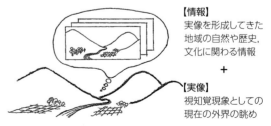

図0.1 文化的景観などに見られる風景の捉え方

されていたのではないか．万葉の時代から著名な風景地であった和歌浦を，当時，実際に見た人は限られていたと想定され，歌や文章などに描かれた和歌浦像の影響が大きかったと考えられる．しかしながら近代においては，交通網や映像技術の発達によって，人々が実像を目にする機会が大きく増加し，風景認識において実像が占める比重が高くなったといえよう．そして現代に至って，情報の比重が再び高くなっていると考えられる．

b. 情報を加えた認識モデル

また，この風景認識に影響を与える情報には異なるタイプのものがあり，少なくとも，認識の枠組みや外部からの評価に関わる情報（特化情報）と，視対象である風景の形成を支える地域の自然や歴史，文化に関わる情報（形成情報）に2大別されると考えられる．前者は，ものの見方，まなざしといった表現で示され，その時代における社会の価値観や個人が暮らしの過程で身につけた認識・評価の基準，あるいは国立公園，世界遺産といった指定や認定に関する情報などもこれに当た

る．実像を認識する際のフィルターともいうべきものである．一方，後者は風景（実像）を創出し支える要因となった，その場所や地域の様々な状況に関するもので，地形や植生，気候といった自然条件，地域社会や人々の暮らしの歴史，両者の相互関係が生み出す土地利用や生活文化などに関する情報である（図0.2）．

近年における風景認識では，こうした特化情報や形成情報の比重が高まっていると考えられ，風

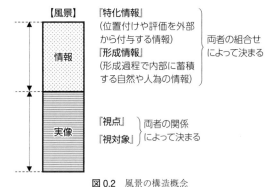

図 0.2　風景の構造概念
実像と情報との比重は時代によって異なる．

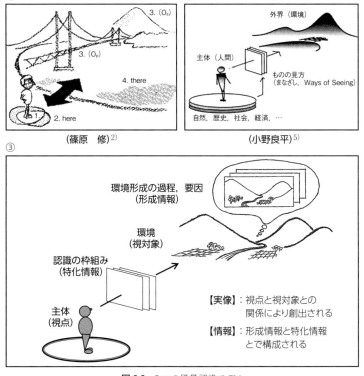

図 0.3　3つの風景認識モデル

景認識モデルにもこれらを要素として加える必要がある．したがって，近代から現代にかけて，風景に対する認識（風景概念）は，①実像中心で，その普遍的操作に力点を置くモデル，②社会の進展に伴い醸成されたり明示的に付加された認識の枠組み（まなざしなど）を加えたモデル，③さらに視対象に関する形成情報を加えた認識モデルの3タイプが想定される（図0.3）．これらの風景認識モデルは，①の実像中心の把握から，情報にも比重のある③に至るまで，風景に対する認識や理解，そして風景の計画・設計のあり方に応じて使い分けることになる．そして，風景が情報と実像とが一体となって構成されていると考えると，実像を操作するのではなく，風景を見る枠組みや風景の形成に関わる情報を提供することも，風景の計画・設計にとって重要な手法として位置付けられることになる．ガイドツアーやインタープリテーションは，こうした情報提供によって視対象を「図」化し，風景や環境に対する印象や関心を高める方策と位置付けることができる．

0.1.4 近代以降に見る風景・景観獲得のメカニズム

今後の風景計画を論じる際には，近代以降に新たに現出した風景という観点について考えることも参考になると考えられる．私たちが目にしている風景は古くから普遍的に存在していると認識しがちであるが，実は，おのおのの時代や社会が新たに発見・獲得した風景であることも少なくない．そうした風景の発見・獲得のメカニズムを知ることは，風景計画について考えるうえで重要であると考えられる[13]．

風景は，本来，各人が自らを空間や社会に定位し，行動を起こすために取得する周辺環境の眺めであり，きわめて身体的，個人的な存在である．しかし一方で，認識や価値観（情報）を共有することを通して，コミュニティの絆としても機能している．原生自然風景の定着プロセスが示すように，先駆的な個人による発見に始まり，文人や知識人など同種の集団，コミュニティによって価値付けがなされて集団表象となり，それが社会に広

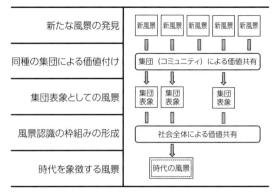

図 0.4 風景獲得のプロセス

く発信されることで時代を象徴する存在（特定の時代において社会が共有する枠組み）となって，時代の風景として獲得されていく（図0.4）．

このようにして，近代以降，時代が獲得してきたおもな風景として，高所からの街の風景，原生自然風景，ダイナミックな動景，博覧の風景，指定・認定の風景，文化的景観などが考えられ，これらが獲得され定着してきた経緯を参考にして，近代以降における時代を象徴する風景の獲得メカニズムについて考えてみたい．

そして，これらの風景に対する認識や形成の経緯をたどると，③の認識モデルに示したように視覚体験としての風景が実像と情報で構成されていることが理解される．つまり時代の風景は，新たな「実像」の発見，あるいは新たな「情報」の付加を通して獲得されることになる．そして基本的には，「実像」は「視点」と「視対象」の新規性や関係性によって決まり，「情報」は位置付けや評価を外部から付与する「特化情報」と形成過程において内部に存在する自然や人為の情報である「形成情報」の新規性で決まると考えられる．

a．「視点」の獲得

まずは，新たな視点が設定されることによって，それまでには一般的ではなかった風景が多くの人々に見られるようになり関心が高まったり評価されるようになるケースが考えられる．たとえば，明治時代になって比較的早い段階から「塔ブーム」が訪れて，高所の視点から街を眼下に見晴らす風景が庶民にも身近なものとなった[14]．その後も，塔や高層ビルが建設される度に，より高

凌雲閣（出典：凌雲閣機絵双六）

図 0.5 高所からの街の風景（新たな「視点」の獲得）

所からの街の眺めが話題となり，高所からの街の風景は時代の風景として獲得されていく．これは，建設技術の発達と，社会制度の変化によって，為政者などの上流層のみに許されていた高所の視点が開放され，新たな「視点」が獲得されたことに基づく新たな風景の獲得といえる（図 0.5）．

b. 「視対象」の獲得

近代の象徴ともいうべき原生自然の風景は，交通機関の発達により庶民が手軽に自然地域に入れるようになったこと，自然科学の導入・進展によって自然に対する霊的認識から脱却していったこと，そして産業革命後の建設技術の進展による自然の人為からの保護に対する意識の高まりなどの背景のもとに，ロマン主義思潮やアルピニズムが展開し，それらを通して純粋な自然の営みによる原生自然の風景が価値付けられていった．近世までは自然の奥地は神や魔物の世界であり，原生自然の風景は限られた人しか目にすることはな

かったが，近代以降，学者や文人によって文章や画像で世の中に紹介され，多くの人々が訪れるようになって新たな視対象として定着していったものである[15]．

c. 「視点」と「視対象」との関係獲得

時代の社会状況が視点と視対象の新たな関係を創出するケースがあり，新たな風景として定着することも考えられる．たとえば，展望道路（スカイライン）やロープウェイなど高速で移動する視点からスケールの大きな自然風景を眺めるダイナミックな動景は，近代における交通機関の発達が創出した視対象と視対象との継起的な関係によって生み出された新たな風景といえるものである[16]．そして，インターネットの発展・普及は空中写真による空中からの街の俯瞰景を多くの人に身近なものとしており，これもまた時代の技術革新が創出した視点と視対象との新たな関係構築と位置付けられる．

d. 「特化情報」の付与

視対象を特化する情報の付与や，新たな見方の醸成によっても眼前に広がる風景の受け止め方は変化する．たとえば，見ている風景が国立公園あるいは伝統的建造物群保存地区としての指定を受けていると聞くことで，眼前の自然風景や建物群の風景は相対的に優れているとの認識や守るべきものとの認識とともに受け止められることになる．つまり自然公園や文化財といった指定や認定の「制度」は，優れた護るべき自然風景，建物群の風景といった認識の枠組みを創出したことになる（図 0.6）．

こうした視対象を特化する情報付与のあり方も時代とともに変化し，かつては目利きや文学によって付与されてきたものが，近代以降，国立公園や文化財などの制度によって付与される．つまり国家などの権威による価値保証と指定・認定基準の明示によって，指定・認定の風景が出現したといえる．

また，明治期になって開催された内国勧業博覧会や動物園などのように，情報とともにモノを秩序化して陳列して見せる博覧ともいうべき風景も出現した．これは，勧工場や百貨店など，商業に

屋久島（国立公園）　　　　　　　三保松屋（文化財・名勝）

図 0.6　指定・認定の風景（「特化情報」の付与．筆者撮影）

おける座売りから陳列売りへの変化も同様で，モノを一堂に並べ，分類と序列による秩序化した情報を付与した新風景である[17]．

e.　「形成情報」の付与

これまでも述べてきた文化的景観に対する関心の高まりや価値付けが示すように，視対象に関する形成情報の質・量いかんによって風景としての受け止め方が異なることが認識されるようになってきた．風景形成の背景である，自然条件や人の営みとの関わり方に関する情報の魅力によっても印象深い風景として記憶に残る．つまり「図」になり得ると考えられる．「美しい国づくり政策大綱」や「景観法」において「地域の個性」として強調されているように，地域独自の生活様式や特性，歴史などの自然的・文化的アイデンティティと実像との関係が重要であると認識されるようになってきた[18]．

0.1.5　風景計画とは

近代における風景獲得のメカニズムを概観してきたように，風景計画には，実像に関して視点および視対象に関わる操作と，特化・形成情報の付与に関する操作が想定される．そして，実像の操作に関しては，これまでにも，数多くのガイドラインやマニュアルが作成されてきたように，その方法に関する知見がストックされ整理されてきた．本書でもそれを解説している．しかしながら情報操作による風景づくりに関する検討は十分ではなく，情報付加による風景計画の手法のあり方の検討は，今後の重要な課題と位置付けられる．

その際，付加すべき情報としては，土地や地域に関わる情報であることが重要であり，そうしてはじめて，風景計画が地域計画と結びつくといえる．つまり，風景計画とは単に目に映る風景を美しく整えることにとどまらない．もちろん具体的には風景を構成する要素の形や色，テクスチュアを決めたり，あるいは要素相互の関係を操作し，表に現れる視覚像としての風景を整えることが仕事の中心であるが，その基本的考え方は，土地の有している自然や歴史，人々の営みなどの特徴を風景として顕在化させることである．

たとえば，森林においても地域の関与の仕方によって出現する風景は異なってくる．大分県日田と奈良県吉野のスギ林では，樹冠のテクスチュアの差異が実像の差異をもたらしているが，その差異をもたらしたのは，スギ材の使途に伴う施業体系の差異である．日田スギが構造材を中心に生産するのに対し，吉野スギは古くから酒や醤油づくりの樽材を生産してきた（図0.7）．このように風景は地域の歴史や暮らしを反映し，独自の特徴（個性）を示すものとなる．したがって地域の個性的な風景を守ることや洗練させていくことは，地域の歴史の記憶をとどめることにつながる．合わせて，地域の歴史や暮らしとの関係を情報として上手に伝えることが，地域資源としての価値を高め，地域づくりにもつなげることができる[19]．

【大分県日田】　　　　　　　　【奈良県吉野】

図 0.7 各地域には個性的な森林景観がある（同じスギ林の景観でも地域ごとで異なる．筆者撮影）

そして，人々の生活が変わる，つまり人々と土地の自然や空間との付き合い方が変われば必然的に風景も変化する．したがって風景は「動態（動的な存在）」であり，その形成の背景である人々の営みとセットで考える必要がある．風景が形成される背景となった人々と土地との関係を整えること，つまり人々の生活の場（舞台）づくりとして行わない限り，真の風景計画にならない．裏を返せば風景計画とは人々の生活の舞台づくりを通して，将来に向けた営みやライフスタイルを提案することであるともいえる．

したがって風景づくりの現場においては，土地の自然環境や歴史，社会の中に，地域の特徴を読み取ることから仕事が始まり，おもに自然的要素の操作を中心に風景づくりや人と自然との関係づくりを時間をかけて進めていく．つまり風景づくりとは，人と土地との良好な関係を築くために，土地に対する人々の認識や理解を促し，ふれ合いや働きかけを促進させるための状況づくりに他ならない（図 0.8）．

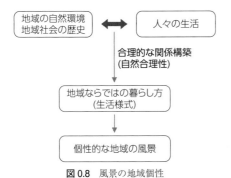

図 0.8 風景の地域個性

地域の自然環境や地域社会の歴史と良好にコミュニケーションし，合理的な関係を構築することが，地域独自の暮らし方，そして個性的な地域の風景を創出する．

0.1.6 ランドスケープ・リテラシー

近代以降，実像操作を中心に知見を蓄積し，風景を創出する「ランドスケープ・デザイン」に重きをおいてきた．しかし，風景認識において情報の比重が高まると，地域個性をはじめ風景を読み取る能力・技術「ランドスケープ・リテラシー」と，地域個性を重視した風景管理の新たな仕組みが重要になってくるといえよう．

風景に関わる重要な形成情報である，地域の自然的・文化的アイデンティティが重視されるようになると，まちづくりや地域計画において，土地（場所や地域）の記憶の継承が第一義になる．まずは場所の性格や地域個性を解読し，それを踏まえたうえで風景の保全や洗練，創造が求められる．

地域の自然環境と人々の営みが歴史の過程で合理的に関係する（自然合理性）ことで，地域ならではの生活様式が生まれ，個性的な地域の風景が創出される．その自然合理的な関係を，まちの個性的な風景から読み取り，これを踏まえて，現代におけるその地域ならではの暮らし方を生み出し，それによってさらにまちの個性的な風景が洗練されていくという循環を計画する必要がある．こうした循環は，住民による資源性の共有によるコミュニティ再生や，域外への資源性の発信による交流の促進に結び付く（図 0.9）．

現在，「ひと・もの・かね・情報」流通の広範化，スピード化と，安易な機能合理性や経済合理性の追求に伴って，地域（生活様式や風景など）は均質化傾向にある．これによって文化的独自性と地域コミュニティの拠り所が喪失し，コミュニティ（帰属）意識が希薄化している．風景づくりにおいても，商業主義や形態重視により，土地や

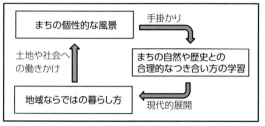

図0.9 風景の「まちづくり」への活用

地域の特性と風景との関係を切り離すことで操作性を高め，実像の形成・創出技術を洗練させてきた．本来，場所の記憶を伝承すべき造園分野においても，同様であったのではないか．風景づくりにおいて造園分野の役割で重要なことは，単に整った風景を創出するだけでなく，土地の記憶を人々に伝え継承することといえる．土地の記憶や場所の性格の読み取りを十分に行わずに風景づくりをすると，場所の性格が混乱してしまう．

また，風景の取り扱いにおいて情報に比重がおかれるようになると，「公」や専門家だけで対処するのではなく，住民との関係や動的なまちづくりの仕組みの中でいかに風景をマネジメントしていくかを検討していく必要がある．その際，新しい担い手や財源の確保を，「調査研究→普及啓発→保全管理→有効活用→」といった循環系の中で考えていく必要がある．そのためには，域内外の人々との協働による資源の持続的な管理方法を検討し，その仕組みを実働させる担い手（組織）が重要になる．また，地産地消に来訪者（観光客）を組み込むことで，地域独自の風景管理に向けた財源の確保に結び付けることも考えられる．

来訪者が地域個性に対して経済価値を認識できるよう仕掛けることで，地域の個性的な風景など環境資源の管理コストにおける自主財源比率を高める試みが各地で展開されるようになっている[20]．これによって，地域における特徴的な風景の保全管理や，地産地消が促進され，地域個性をさらに洗練させることが可能になると考えられる．そして地域個性が洗練され，さらに来訪者に対して地域個性・地域資源をわかりやすく伝えていくという循環が生まれると考えている．

時代の転換期にあって，まったく新たな風景計画論が求められている．風景から土地の自然や歴史・文化の特徴を読み取ることを基本とし，住民をはじめ「民」と協働しながら，長期的な保全・育成などの管理を継続するための財源の確保をも含んだ仕組みとしての計画論が検討される必要があると考えている． 〔下村彰男〕

0.2 風景の概念と風景計画

0.2.1 風 景

自己を取りまく世界を眼の前にして，「風景」という抽象的な概念を人がどのようにいだくようになったのか，その過程を知ることは容易ではない．「風景」という言葉の始まりを知ることは，限度はあるもののその手助けにはなる．日本における「風景」の早い使用例は本邦初の漢詩集とされる『懐風藻』(751年)に見られる．「日華臨水動 風景麗春塘（日の光は水の面にはねかえり 石庭の春の景色は麗かである）」などが知られる[1]．つまり「風景」は漢語由来ということでもあるが，中国の文献では，たとえば唐代初期に編纂された類書の『芸文類聚』(624年) の中に「山泉好風景（山水は好い風景である）」などを見ることができる．これらの「風景」が現在と同じ意味であるかどうかは保留したとしても，それが「麗か」や「好い」の対象として捉えられていることは，遅くともこのころ，すでに「風景」は何かしら人の心を動かす環境の一面として対象化され，それが詩などで再現（表象，represent）されていたことを示している．

西欧語の中で英語について見ると，OED (Oxford English Dictionary) などによれば風景に相当する"landscape"という語は，17世紀初頭に「風景画」という意味として現れたようだ．その後「風景一般」の意味も持つようになるが，それは

絵が先で風景の概念が後から生まれたことを意味するわけではなく，風景はすでに対象化されており（たとえば "sight" など），それをさらに表象化したものを指す用語として "landscape" が誕生したものと考えられる．ただし一方でこの語には，古オランダ語などに由来し，18世紀ごろから「ある特徴をなす土地の領域」という意味も定着してきたことは重要である．これは風景を人の心や芸術とは切り離して捉える，すなわち科学的に扱うものとして対象化する流れであるといえ，現在の landscape の意味に，基本的に「眺め」と「一定の土地の領域」の2つがあるのもその延長上にある．

このように，古くから現実の体験に対して「風景」という概念が形成され，対象化さらには表象化されてきたことが言葉の歴史から簡単ながら確認できる．ここに注目するのは，「風景計画」というものは風景を概念化し，それを何らかの目的のために手立てを講じようと対象化することが大前提となっているからに他ならない．このことを踏まえておくには，さらに「景観」という概念について整理しておくことが助けになると思われる．

0.2.2 景　観

一般には「景観」は，独語 "Landschaft" の訳語であるというのが定説となっている．しかしこれは若干事実と異なり，「景観」は近代の日本で生まれた，翻訳語でも漢語でもない，意味・表現とも独自の言葉である．その創案者は，定説では訳者とされている植物生理学者の三好学（1862-1939）である．三好はドイツ留学の際，近代地理学の祖とも称される A.v. フンボルト（1769-1859）に強く感化された．三好が惹かれたのは，「相貌（physiognomy）」として自然を理解しようとする，フンボルトの科学者としての基本的態度・姿勢にあった．

研究のため文字通り地球を歩く大調査旅行をしたフンボルトは，「自然絵画」として自然を記述することを目指した．それはあくまで科学者としての客観的態度でありながら，同時に画家や詩人のように自然を捉えることであった．これにならい20世紀初頭，植物学者として一定の土地に広がる領域としての「植生」と，そして美などを含め体験される「眺め」の双方から，環境を捉える概念として三好が考えた語が「景観」である[2]．それは土地の相貌，すなわち地相ともいい得るものであるが，三好は特定の語の翻訳とはせず，独自に造語した．

しかしフンボルトや三好のような態度は後の科学では遠ざけられていく．すなわち画家や詩人の立場は非科学的として排除することが以降の近代科学のたどった道である．physiognomy には「人相」という意味もあるが，人相が現在科学的とは見なされていないことがこれを象徴している．そして先のたとえば英語での landscape の2つの意味は，フンボルトや三好の考えた概念が2つに分かれた状態のものといえる．三好はあくまでそれを1つにして「景観」と名付けたが，現在それは landscape 同様，立場によって異なるそれぞれの意味として用いられている．

「景観」は三好の意図には必ずしも沿わない形で現代に定着しているものの，三好によるこの語の創案は，風景を科学が扱う概念として明確に対象化した大きな契機であったと考えられる．意味が分離された状態とはいえ，「景観」の登場を経て「風景」もはじめて科学の対象となる，すなわち風景計画という考え方が育っていく素地を整えることとなったと考えられる．landscape が風景画の意味に加えて芸術と離れた土地の領域の意味を持つようになったのも，背景としては近代科学の発展があったといえるが，日本ではこの過程において古来の風景という概念を含みながら「景観」という新語が生まれたことの意義は小さくないと思われる．

0.2.3 風景と景観

しかし現状において「風景」と「景観」の関係はやや混乱している．「風景」の意味は比較的安定していて「眺め」として共有されている．これに対して「景観」には先述の通り大きく「土地の広がり」と「眺め」の意味があり，前者は地理学・生態学などにおいて，後者は造園学・土木工学などにおいて，おもに用いられている．混乱の要因

の1つは,「景観」がそれを使う立場の違いに対する自覚や理解がないままに用いられることにある．加えて現在では,たとえば地理学の一部に「眺め」への関心が広がり,造園学では景観生態学の立場から「土地の広がり」としての景観も主要課題となるなど,分野と概念定義の対応が不明瞭になっているが,2つの意味は決して三好の構想のように融合しているわけではなくそれぞれに用いられるため,異分野間はもとより同一分野内においても「景観」の意味が共有されていないことがある．

また,言葉の意味内容自体からいえば,すでにみてきたように「風景」よりも「景観」のほうが広義であるが,「景観」の意味が分離されていることに加え,「景観」が科学の対象として扱われはじめた専門用語的性格を持つのに対し,「風景」には比喩的な使い方もあるため,言葉の含みとしては「景観」よりも「風景」の方が広いという関係にある．これも込み入った一面といえるが,本書が基本的に「景観」よりも「風景」を論じているのもこの言葉の含意としての「風景」の広さにある．

さらには,「眺め」に限った意味としても,「風景」は主観的,「景観」は客観的といった違いとして理解されがちであることも混乱の1つである．これも「景観」が科学的な用語として始まったことと,「景観」のもう1つの意味である「土地の広がり」における地理的ないし生態的特性は,確かに科学的手法でかなり客観的に捉え得ることが影響していると思われる．しかし「眺め」とは何かということの考察を進めていくと,眺めとしての「客観的な景観」というのは,そもそも仮定することに無理があることがわかってくる．その理解を助けるのは,いわゆる風景・景観の「まなざし論」である．

0.2.4 まなざし論

眺めとしての風景が,人間と環境の間の「現象」であるということは,日本における風景計画論の最初の論客の1人といえる田村剛によって初期より指摘されている[3]．また田村は「有ゆる風景はこれを眺める人次第」[4]として,風景の価値に関わる要因として体験の主体の重要性にも触れた．これを前提として,戦後に誕生した景観工学などでは,心理学的手法によって刺激に対する反応としての個人の風景への嗜好を探る試みが重ねられる一方で,社会学的手法によって,個人を超えた風景への価値意識を文学・美術作品などに見られる「集団表象（collective representation）」として抽出する作業などが行われてきた．

こうした中で,いわゆる社会構築主義的思想も背景に,風景体験における個人や社会の価値意識の成り立ちが,より構造的かつ動態的に理解されるようになる．美術批評家のJ.バージャー（1972）は "Ways of Seeing（ものの見方）" として "The way we see is affected by what we know or what we believe" という考えを示したが[5],これは多分野に影響を与え,たとえば社会学のJ.アーリ（1990）の『観光のまなざし』などを通して,いわゆる「まなざし論」としての風景論が展開されるようになった．日本でも直接の関係はないが並行して,風景を「審美の態度」[6]や「認識的な布置」[7]の産物と見る同様の関心が注がれるようになった．

こうしたまなざし論に立てば,「眺め」は,主体である人がそれぞれの拠って立つ自然,歴史,経済,社会,文化などに培われた「ものの見方」を通して,環境に身をおいて何かを見ている関係（現象）として描くことができ（図0.3②参照）,ある風景の価値はこの関係の中で形成されるものとして理解することができる．ここで個人のものの見方を支えるものが,ある社会ではある程度共通していると考えれば,田村が「人次第」とした風景の価値は,個人間で無関係というわけでもなく,完全に同一でもない,ある社会でおおむね了解されるものとして存在することが想定される．これは現象学の用語を使えば「間主観性（相互主観性：intersubjectivity）」の問題ともいえるが,風景は「主観的」か「客観的」といった二分法で捉えられるものではないことがわかる．

風景計画では何らかの公共的な風景の保全や創造に関わることが一般的であり,そのためには対象となる地域や社会における風景の価値をなるべく的確に捉えることが求められる．その際におお

むね共通して了解される価値を仮定するまなざし論の考え方は，風景計画にとっても有用といえる．さらにまなざし論は価値の成り立ちを動態的に捉えるので，了解された価値の内容の議論だけでなく，価値の了解のされ方という過程にも目を注ぐ点においても多様な議論を促すことにつながると思われる．

なお，まなざし論を通して，先の眺めとしての「風景」と「景観」の違いを改めて考えてみると，両者には概念や意味の違いはなく，むしろ分けることが困難でまたその必要性も乏しいことがうかがえる．ただし繰り返すように言葉の成り立ち上，「景観」には科学的態度が伴っているため，「風景」と「景観」は意味の違いではなく，それを用いる際の態度や文脈の違いによって使い分けられる言葉として理解するのが当面は妥当と考えられる．

0.2.5 風景計画の方法論と風景

風景計画において「眺め」の特性とその価値を捉えるには，すでに触れてきた心理学，社会学，まなざし論などの方法は引き続き有効と思われる．しかし風景計画も地域計画などと接続してこそ意味があることを考えれば，「景観」のもう一方の意味である，土地の広がりとの統合的方法論が目指される方向と思われる．すでに樋口忠彦によって提示された「蔵風得水型」などのタイポロジー[8]などは，眺めとしての特性を含みながら空間の構造として領域的に風景を捉える観点を有していたが，こうしたアプローチはさらに多様な風景に対して適用可能と思われる一方，近年の「文化的景観」の議論などにも統合性への意識を見ることができる．

欧州評議会による欧州ランドスケープ条約（2000）の landscape の定義 "Landscape" means an area, as perceived by people, whose character is the result of the action and interaction of natural and/or human factors" は，三好の構想にはなお隔たりがあるものの，眺めと領域を統合した捉え方ということができる．ただしそこには，people とは誰なのかというまなざしの主体の問題が依然残されている．これは文化的景観の議論などにもいえ，文化財を指定する立場からの評価はあっても，土地の人にとってのその景観の意味や価値をどう考えるかという観点は十分とはいいがたく思われる．

そのためには地域の人を主体とする風景の認識などがていねいに捉えられていく必要があるが，そのための前提となる，ある地域でどこから何が見えるのかという基本特性を把握する方法論も未だ十分ではない．これまでは特別な視対象（山など）への，ないし特定の視点（眺望点など）からの，各風景が着目される一方で，日常的な生産空間が任意の生活空間からどう見えるかといった，地域の日常風景の特性把握は必ずしも活発でなかった．しかし，たとえば沿岸域において，海から遠くても海がよく見える土地に選択的に立地する集落があるといった，日常的な風景の価値を地域の空間領域と対応させながら捉える試み[9]もあるように，統合性を志向した方法論の進展が求められる．

0.2.6 古くて新しい「風景」

最後に，先に「風景」と「景観」は同義であるとしたが，それは現在の両概念に関わる意味や使われ方の整理によるものであって，「風景」には現代では見過ごしがちな意味がある点に触れておきたい．それは桑子敏雄が風景を「身体の配置へと全感覚的に出現する履歴空間の相貌」[10]と定義するように，字義通り「風」に関わる側面，すなわち空間の中で視覚を超えて身体が体験する環境を捉える概念としての風景である．

その要点の1つは視覚に限らない五感を通した体験にあるが，もう1つ肝要と思われるのは，人が空間の中に身をおくという身体性を重視した風景概念である．先の沿岸域の海が見える集落なども，単に視覚の上で海とつながっているということではなく，そこに生活する者の身体が，住まいとする土地から，やや離れた海までの空間的にも歴史的にも重層した環境の中におかれている関係を風景として捉える考え方である．それは三好学の「景観」を超えた「風景」概念となる可能性を有し，風景計画の方法論に関わる発展性としても期待される．

〔小野良平〕

0.3 風景計画形成の歴史

0.3.1 はじめに

本節では風景計画という分野がどのように展開されてきたかについて，とくにその考え方や技法が何に対応すべく導かれてきたかに留意しながら探っていきたい．なお，本節でも「風景」と「景観」を同義とし，原典や文脈により使い分けている．

a. 近代における風景計画の誕生

風景計画とは，「風景」を取扱いの対象にその保全・創出を行うための体系である．風景の体験やその操作は近代以前から行われていたが，学術的取扱いの対象となったのは，近代以降のことであり風景計画の起点を探るという観点からは，3つの契機が見出される．

まず，明治中ごろに風景が近代自然科学的知見をもとに分析的取扱いの対象とされた．その代表として志賀重昂の『日本風景論』(1894年)がある．啓蒙的地理書籍ともいうべき本書では日本の風景の特徴と生成過程が学術的に解説され，火山を中心とする日本の山岳風景が紹介され，当時のベストセラーとして広く読まれた．文芸の引用・記述が多いという同書の性格からしても割り引いて受け取る必要があるが，登山家・小島烏水による評では「『風景論』が出てから，従来の近江八景式や，日本三景式のごとき，古典的風景美は殆ど一蹴された観がある．」とされたように，風景（美）の構成を理論的に探るという形で風景を学術的な取扱いの対象としただけでなく，近世以前における文芸中心の古典的風景観に対して，原生的な山岳風景を称賛・規範の対象とする近代的風景観ともいうべき新たな風景観を生み出した．

第2の契機としては，明治末期より各地で行われた林学者・本多静六による広域の風景地計画の実践が挙げられる．本多の初期の仕事である『松島一帯公園経営案』(1909年)においては，風景という用語は使われないものの，その体験を前提に風景が分析的に捉えられている．本多は帝国全土で公園・風景地計画を立案しているが，この背景には封建制度の解体による大衆の創出と移動の自由化や，鉄道をはじめとする交通機関の整備に伴う観光の活発化と地域開発の動きがあった．移動コストを飛躍的に圧縮した交通機関の整備は局所的な風景の操作だけでなく，広域的な秩序立ての必要性を喚起した．学術的権威を背景に本多はよくその需要に応えた．本多の風景観を端的に論じることは難しいが，ロマン主義的な自然賛美を背景に持つ森林美学的価値を基底に，名所旧跡や古典的風景などを否定するわけではないが，各種の計画では欧州の事例を参考に挙げつつ，自然風景そのものを楽しむという新たな風景の体験の仕方の提示がされた．これら風景地の整備は保健衛生上の慰楽，すなわち都市市民に対するレクリエーションの必要性から論じられた．

こういった明治・大正期の出来事とは，近世以前の文芸中心的な古典的風景美に対して，欧米由来の学知により風景を分析的に捉える視点，新たな風景とその体験の仕方が示されたものであった点に注視したい．それは本多・本郷高徳らの琵琶湖風景計画に対して，琵琶湖の風景の意味を無視するものであるとの批判が国文学者から出されたことからも明らかである．

第3の契機にして，風景計画の学術的確立は本多の実践を継承した造園学者・田村剛（林学博士）の仕事であり，『森林風景計画』(1929年)の著作，国立公園の創設（1930年代）に代表される．田村に与えられた課題とは，国土レベルでの風景地計画の実践であり，そのための権威による風景の目利きからの脱却と行政組織を動かすに足り得る堅固な学知の構築，すなわち風景計画の理論・体系化であった．

国立公園を選び出すためには，国土を統一した基準により一瞥する必要があるわけであるが，ロマン主義的な大自然へのまなざしを背景に持つアメリカの国立公園の空間的特徴を参考にしつつ，田村はその要件を「日本を代表する風景を持つ広大なまとまりの原生的自然風景地」と定め，文献調査や現地調査により候補地を選び出し，面積や風景資源，歴史文化資源，利用形態などの情報を集めた．この作業により各候補地を比較評価したわけである．定量的に比較可能な項目もあったが，国

立公園の選定に支配的な影響を及ぼしたものは「風景形式」という名称による自然風景地の景観分類の定性的な評価であり，地形地質といった要素が国立公園の風景の骨格的なものとして捉えられていた．

田村の考えがあった一方で，国立公園を選ぶ場であった「国立公園の選定に関する特別委員会」では，国立公園の概念自体が明確なものとして共有されていなかった．その一因には，候補地のリストを作る過程において田村の国立公園の概念自体の転換もあり，これらの結果としての日本初の国立公園の選定は学知による統一した基準・価値観によって合理的決定が行われたと評価することは難しい．しかし，外形的には「風景形式」を中心に国立公園の選定が行われた[1]．その後，国立公園計画が実践される中で，風景地をその特性ごとに分類し，風景タイプに沿った空間の利用や操作の仕方が攻究され，その技術の一般化・体系化が試みられていった．

b. 田村 剛にみる「風景」概念と風景計画学の確立

—風景とは何であるか，風景の観念を闡明（せんめい）することは，風景研究に志す者の最初に片附けなくてはならぬ筈の問題である．風景は判り切っているやうで，その観念を追求する段になると曖昧なものになって仕舞ふ—

1935 年の田村の記述である[2]．田村にとって芳しくなかった国立公園の選定は，「風景」について再考させる契機であったともいえる．その田村の「風景」の捉え方を見てみると，「風景は物と人との関係によって起る現象」とされ，現在の風景計画分野における理解と同様のものであり，その（操作）対象は風景を生じさせる物理的空間のみならず，それを体験する人も包含するものであることがわかる．これは田村初の著作である『造園概論』（1918 年）から一貫するものである．

また，人によって風景の評価の仕方が違うことは前提として認識されつつも，「風景そのものに美はしさの階段があるよりも以上に，これを眺める人の鑑賞階級の方が，大きいといふことをも記憶して置きたい」と述べられるように，風景の感じ方の違いは嗜好や価値観の違いでなく能力によるとすることで，学術的な評価を可能とする態度であった．このため，操作すべき風景の価値の無限の相対化には陥っていない．それには理論の実践の主戦場が国立公園であったこと，すなわち原生的自然風景は国民が規範として共有すべきものとされ，空間的実践においても人為の排除が基本方針であったために，目指される風景像が明確であったことにもよるだろう．

以上の経緯に見るように，1930年代に国立公園が誕生し，それと並行しながら風景計画の体系化が試みられ，基本的には造園学の中で学術的輪郭が整えられていった．風景を空間と人との間に生じる現象とし，両者を操作の対象として捉えることがその基本的性格であった．一方で，体験する人による風景の評価への違いは認識されつつもその差異・共通性への探求はされず，専門家による評価に委ねられ，視（知覚）対象の定性的把握として研究が進められた．目標とされる風景は自明であり，むしろ国立公園という社会的要求を背景に観光・レクリエーションに資するための自然風景地の開発といった課題に対応して，風景地の分類，ゾーニング，利用施設（道路，展望場，宿泊施設），風致施業などの風景地計画技術の一般・体系化が進められた．ただし，国立公園行政の予算は僅少のため国立公園計画の進展は漸進的であり戦前には未完であり，行政的課題も水力発電など大規模開発との調整が主であったが，風景計画に関する研究者・技術者の養成に貢献した．

0.3.2 風景・景観の構造的把握と評価

戦後すぐに文化国家建設の名のもと観光が取り上げられ，経済成長とともにレクリエーション需要が拡大した．また，自然風景地の開発だけでなく，高速道路や大規模橋梁など公共土木施設などの建造が各地で実施される中で，空間と人との関係の中で生じる現象である風景に対して，その把握の客観性の向上や，風景・景観操作論の一般化の試みがなされた．このため，造園学にとどまらず各分野において風景の視覚的構造や空間的構造

のモデル化による把握が進められ，現在につながる風景・景観解析の基盤が構築された．

a. 自然風景地における風景・景観把握モデル

風景を主体と対象の関係性から構造的に捉えようとする試みの先陣は戦間期にある．上原敬二『日本風景美論』(1943年)における眺望に対する分析的考察である．上原は自然風景地での風景体験の根幹として眺望を取り上げ，「視点，視界，方位，主景，距離」の5要素に分解し，操作の対象として挙げている．この背景には，朝鮮金剛山や筑波山といった未開発の風景地で計画を立案する中で，どのように眺望の場を設えるか，すなわち何をどこからどのように見せるかが具体的課題として存在したことによるものであろう．

現在も利用される自然風景地における景観把握のモデルは，塩田敏志らの「自然風景地の計画のための景観解析」(1967-68)によって提示された(図0.10)．これは阿蘇国立公園の広域の開発計画や200ha規模の森林地域の公園化，地区スケールの苑地計画における実践の中で生み出されたものであった．塩田の提示したモデルは，①景観を見る人間を主体，②景観要素群から構成される景観を客体とし，③その両者によって生じる景観像によって，風景・景観を捉えるものである．そのうえで，風景・景観が体験される状況を踏まえて，景観像を囲繞景観と眺望景観の2つに分けて捉え(図0.11)，それぞれ土地の属性として評価の対象としようとしたものである．ある地点の土地属性と見た場合には，囲繞景観はミクロで直接操作可能なものであり，眺望景観はマクロで操作不可能な主対象の見え方・視界の広がりである．両者は主体が同時的に体験するものであり，主体の身体がおかれた周辺の景観である囲繞景観の操作により眺望景観の評価も操作可能であると考えられた．

ここでは土地の属性として取り扱う際にグリッド(メッシュ)を採用し，風景・景観の把握に客観性と定量性が与えられている．こういった「メッシュ・アナリシス」，つまりメッシュに土地情報を付与・オーバーレイによる土地現状やポテンシャル評価は1960年代より風景計画分野において広く採用され，コンピューターの利用による機械的処理，GISの利用へとつながっていく．また，その際の航空写真の利用はリモートセンシングによる景観解析技術へと発展した．

塩田の仕事は，風景・景観の構成要素を分解・類型化したうえで，再統合して風景・景観として捉えるという考え方の提示であり，風景・景観の見え方の解析，個別の要素やパターンの景観解析・評価研究へとつながった．また，囲繞景観の範囲(閾)やメッシュサイズの設定は計画対象の空間スケールによって異なるものであり，それぞ

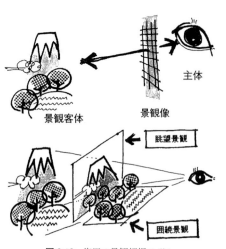

図0.10 塩田の景観把握モデル

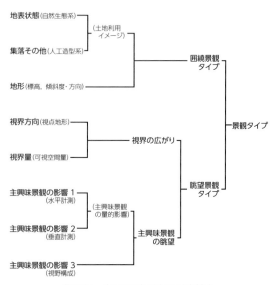

図0.11 塩田の景観把握の試案様式

れに段階的に対応したサイズの設定が必要となる．空間それ自体はシームレスなものであり，各空間スケールは相互に影響し合う．後述の環境アセスメントとも関連し，スケールオーダーに関する計画論的研究が進められた．この点に関しては本書の4.3節に詳しい．

b. 景観工学における風景・景観把握モデル

塩田によって提示された風景・景観の捉え方，すなわち主体と景観客体とその間に生じる景観像の3つから理解し，その関係性を含めて操作対象とする考え方は土木学から派生した景観工学においても同様である．

景観工学においても景観把握モデルや指標が生み出されているが，それは対象の持つ様々な属性の中から，必要となる情報のみを取り出すことによって，被説明変数と説明変数の関係を明確にし，対象を操作的に扱える形で把握するためである．合理的に処理できる部分を増やし，最低限の共通認識を育てようとする発想であった．樋口忠彦は『景観の構造』（1975年）において，風景的価値の定まった空間の構造を参考に，景観の視覚的構造（可視・不可視，距離，視線入射角，不可視深度，俯角，仰角，奥行き）の定量的指標化を行った．

風景・景観把握モデルとして明解であり，広く普及しているものとして篠原修による（シーン）景観認識モデルがある（図0.12）．景観を4つの景観構成要素（視点・視点場・対象・対象場）に分解し，これら要素間の関係性を含めて操作の対象として提示している．さて，この篠原の景観把握モデルの解説図が橋梁を主対象としていることに象徴的であるが，瀬戸内海国立公園指定の核心であった鷲羽山からの眺望風景に対して本州四国連絡橋の建造がされるなど，自然風景地と巨大土木構造物との調和が現実的課題であった．大規模な空間の改変が可能になる中で，より客観性の高い手法での風景・景観の把握が要請されたといえる．ところで，篠原の景観把握モデルは明解である一方，万能に適応されるものでない点には留意したい．たとえば，必ずしも主対象が定まらない風景・景観も存在し，主対象の同定自体が容易でない場合もある．また，視点場を視点・視点

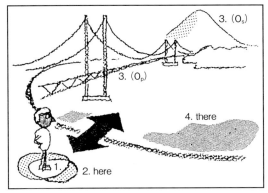

景観構成要素
1. 視点 V
2. 視点場 L_{SH}
3. 主対象 O（主対象 O_P，副対象 O_S）
4. 対象場 L_{ST}

要素の関係性
1. V-L_{SH} 5. L_{SH}-L_{ST}
2. V-O   6. O-L_{ST}
3. V-L_{ST} 7. O_P-O_S
4. L_{SH}-O

図0.12 篠原の景観把握モデル

群・視点域とする誤使用がみられるとの指摘もある．視点場とは視点近傍の空間であって，視点場の範囲は視点から一律に定めることは難しいが，風景体験のうえで操作性がきわめて高い場所であるという認識は重要である．

c. 良好な風景・景観の探求と評価へ

こういった景観把握モデルを用い，景観の視覚的構造を切り出し，公共空間創出の際には目標とされる良好な景観が探されるわけである．そのための客観性や妥当性を得るための1つの方向性として古今東西の優れた事例からの規範モデルの抽出があった．代表的なものとして樋口忠彦の『ランドスケープの空間的構造』があるが，古来の信仰空間や名所や庭園の空間的構造の分析を，あるいは名所図会や詩歌といった文芸作品などの表現媒体の分析を通じて良好な風景・景観の規範モデルを導くという方法である．たとえば，歌川広重の絵図からモデルを抽出し，ニュータウンの街路設計に生かすなどである．ただし，応用できそうなモデル探しが行われた傾向があることや，研究者によって引き出された規範モデルが，果たして実際に過去の人にとっての規範であったのか，どの程度まで共有されていたのか，現在のどの地域にも適応可能な普遍的価値があるのかといった点には注意が必要である．

いま1つの方向性として計量心理学を応用した

実験手法による研究が進められた．自然風景地においても1970年代以降の環境アセスメントの登場により，環境影響予測・評価の手法や仕組みの整備が進められた．道路，送電線，発電施設，建造物などの開発行為の影響がどの程度あるのか，さらにそれを最小限に抑えるための知見を得るといったネガティブミニマムの方向性での研究が進められた．あわせて風景・景観の評価のされ方が研究された．写真などを視覚刺激材料として印象評価実験を行うといったものが代表的な手法であり，今日においても有効な手法として用いられている．ただし，こうした手法は研究者が提示したものへの評価が示されるものであり，好まれない風景・景観の診断には適する一方で，得られた結果から単純により良い風景・景観が見出されるわけではない点には留意したい．

この動向の背景には技術的進展の寄与が大きい．映像情報機器の発達によりフォトモンタージュなどの手法によってシミュレーションが可能となったことがその1つであり，また実験結果の解析における統計解析の導入とコンピューターの利用がある．このようにより客観性を高めようとする形で風景・景観の把握から予測・評価へと研究が進み，アセスメントが導入される中でその技術の一般化が進められた．

0.3.3 風景計画の現在と今後の方向性

平成へ入るころを境として，風景の捉え方の拡大がなされた．従来は実像を中心に捉え，風景をシーンとして静的に切り取り，人や空間を要素として対象化し，操作・保護してきた．近代的風景観によるまなざしに発見され，日本を代表する風景として国立公園が承認・普及に寄与した原生的自然風景は，手つかずのものとして静的に切り取り保護され，非日常の体験の中で鑑賞されるものであった．近代それ自体の特徴でもあるが，視覚優位の風景の見方であり，近世における萌芽も認められるが，基本的に実景の体験それ自体も近代が生み出したものであった．さらにその風景の提供の先は，戦前戦間期を中心に若干の留保は必要であるが，特定の集団での共有を目指すものでな

く基本的に個人を対象としていた．

他方，生物多様性や二次的自然の重要性などの発見と前後して，一次産業を中心に人の営為と深く関わりながら形成されてきた生活・生業の風景に対して新たなまなざしが照射された．このまなざしは対象とするものの消失とも関係するのであるが，1992年に世界遺産の中に文化的景観の概念が盛り込まれ，日本においては2004年に文化財保護法の中に文化的景観が位置付けられ，守るべきものとされた．これらは人が動的に関与しながら維持された風景である以上，静的保護という形で人為をできるだけ排除するという手法は採れない．さらにその価値自体が物的実在としての景観のみにあるのではなく，それらを生成した地域との関わりの中に見出されるものであって，実像の背景にある情報との関係で見出され，価値付けられる風景である．

近代化は生産の合理性・経済性の観点から土地を取り扱い，地域の文脈から引きはがし，風景の標準化を進めてきたといえる．他方，近代化の進展の先には標準化と同時に差異化が進められ，各地域の個性やアイデンティティが求められる．2004年に制定された景観法も地域の個性を重視する構造になっている．直近では観光先進国化という掛け声のもとに国策的にインバウンド観光が進められている．この施策には，国立公園も深く関わるのであるが，歴史・文化をエッセンスとして個性的な地域空間の創出が否応なしに求められている．

地域づくりの一環としての風景計画は現実に押し寄せる課題であるが，その風景が誰にとってのものであるのか，日常の生活の中における個人の主観的体験である風景をある集団の中でいかに共有していくかが問われる．この点は風景計画の重要な仕事であり，「ランドスケープ・リテラシー」ともいうべき，地域空間の生成の過程や風景の意味を読み解く技術であり，場の性格を踏まえて目標となる風景像を定め共有し，観光・レクリエーションなど外部からの力を取り入れつつ風景計画を行う仕組みの構築が目指される．

文化的景観をはじめとする人の手の入った自然

風景の価値の定着は，風景があるまなざしによって発見されるものであり，風景だけでなく，その風景を構成するまなざし自体も動態的なものであることを端的に示している．風景は個人の主観的体験であるが，特定の時代や特定の集団に共有されるような風景も存在する．国立公園や文化的景観など制度によって規範化される風景もあれば，祭礼など地域社会の慣習によって共有される風景も存在するだろう．「ものの見方」として，集団に共有される風景がどのように成立したかを検討することは，時にその風景を不安定にさせることを懸念しながらも，計画・デザインの可能性を価値意識のレベルで押し広げる可能性が指摘されている．地域づくりの一環としての風景計画は，風景の見方を編集する作業でもあり，どういった風景が共有されているかをその形成プロセスとともに把握することや，プロセスを導くことが重要な仕事となろう．

つまり，フィジカルな操作にとどまらず風景の背後にある情報をいかに整理し付加価値を付けるかという対象へのアプローチであり，風景の体験主体に対していかに情報を与えるかといった視点場の拡張的な理解が行われ得る．0.1節で示された新たな「風景の認識モデル」（図0.3）はこの枠組みを示している． 〔水内佑輔〕

0.4 風景計画における新たな観点

0.4.1 はじめに

人を取りまく環境の眺めである風景は，実際に見ることによって取得される実像と，その実像にまつわる歴史や社会もしくは新たに付随される情報から構成されており，とくに近年は情報機器の発達により情報に比重がおかれるようになってきている．前節までに，それが研究の展開や「風景・景観」の指す内容から読み取れることが示された．現代では，実像とその背景を読み解く文化的景観が法制度や研究において多く取り上げられている．それ以外にも情報機器の発展に伴う拡張現実や，東日本大震災を契機とした防災など，風景に影響を及ぼすと思われる，風景を取りまく周辺環境（情報機器の発達による新たな像の獲得，生命・財産と環境のつながり）が変化してきている．

本節では，文化的景観，情報機器の発展，防災といった上記の変化を踏まえた風景計画において考えられる，新たな観点について論じていく．なお，すでに前節までで示されているように，風景とは地域社会や時代ごとの風景観（ものの見方）に，個人の風景観が合わさって体験されるものと整理されている．次章以降で示している風景計画の対象となる「風景」は，個人の風景観によるものではなく特定の社会において共有される風景を指す．また，次章以降，「景観（文化的景観などを除く）」は従来の土木工学分野や景観工学での扱いと同様に実像を指す．

0.4.2 文化的景観

文化的景観とは，文化財においても景観においても比較的新しい概念である．ユネスコの世界遺産委員会では，1992年に「世界遺産条約履行のための作業指針」の中で，文化的景観の概念を示した（表0.1）．

1994年の「世界遺産一覧表における不均衡の是正及び代表性・信頼性の確保のためのグローバルストラテジー」では，世界遺産一覧表の代表性および信頼性を確保していくためには，遺産を「もの」として類型化するアプローチから，広範囲にわたる文化的表現の複雑でダイナミックな性質に焦点を当てたアプローチへと移行させる必要のあることが指摘され，人間の諸活動や居住の形態，生活様式や技術革新などを総合的に含めた人間と土地のあり方を示す事例や，人間との相互作用，文化の共存，精神的・創造的表現に関する事例なども考慮すべきであることが指摘され，文化的景観の意義が示された．

その後，2005年4月1日に施行された改正文化財保護法第2条第1項第5号に，文化的景観に関する規定が新たに盛り込まれた．

世界遺産が当時の生活や生業が現在も営まれているかどうかにかかわらず景観地を取り扱うのに対し，日本の文化財保護制度では「地域における人々の生活又は生業及び当該地域の風土により形

表 0.1 「世界遺産条約履行のための作業指針」での文化的景観

○自然と人間の共同作品である．
○人間を取り巻く自然環境からの制約や恩恵又は継続する内外の社会的，経済的及び文化的な営みの影響の下に，時間を超えて築かれた人間の社会と居住の進化の例証である．
○以下に示す3つの主な類型に分類される．
 1. 人間の意志により設計され，創出された景観
   審美的な動機によって造営される庭園や公園が含まれ，それらは宗教的その他の記念的建築物やその複合体に（すべてではないが）しばしば附属する
 2. 有機的に進化してきた景観
   (ア) 残存している（あるいは化石化した）景観：進化の過程が過去のある時期に，突然又は時代を超えて終始している景観
   (イ) 継続している景観：伝統的な生活様式と密接に結びつき，現代社会において活発な社会的役割を維持し，進化の過程がいまなお進行中の景観
 3. 関連する文化的景観：自然的要素との強力な宗教的，審美的又は文化的な関連によって，その正当性を認められるもの

成された景観地で我が国民の生活又は生業の理解のため欠くことのできないもの」としており，生活や生業が今も営まれ続けている景観地だけを取り扱っている．ここで，「景観地」とはおもに土地利用などの不動産を指している．各種制度において，取り扱っている「景観」「風景」はおおむね不動産となっており，環境の眺めを制度で捉えることの難しさが指摘されている（「景観地」という用語のあらましについてはコラム15（p.106）を参照）．

具体的に実像の対象となる実空間の領域は，地域社会の理解に基づく．たとえば，里山や棚田などは周辺の環境や集落などとあわせて文化的景観として捉えられる．その捉え方は，実空間配置（図0.13）と過去から現在に至る歴史に基づいて把握された人の行動で結ばれている諸要素の総体が文化的景観といえる．こうして生成された文化的景観は，地域社会の有り様をわかりやすくし，地域内外において共有しやすい像を提供する．こ

れにより，その地域の状態を知る尺度となると同時に，目標像となる．いうまでもなく，文化的景観を守るということは，各要素を独立して守るだけでなく，領域全体および要素間の関係も含めて守ることになり，要素間のつながりは，今までの経緯を踏まえた人の行動（生活や生業，回遊）とともに検討される．

0.4.3　情報機器の発達

従来の風景計画においても，情報技術の発達とともにコンピューターを用いた景観シミュレーションなど様々な新しい取組みがなされてきていた．ディスプレイなどで固定されていた情報機器が，スマートフォンやタブレットなどで簡単に持ち運び（移動）できるようになった現在，たとえばガイドブックなど，かつては一定の時間間隔があった，見る人（視点）に入り込んでくる実像と情報の時間差はほとんどなくなり，「拡張現実（AR）」として実像と情報が同時に人に入り込み，それら

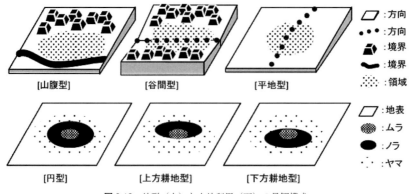

図 0.13　地形（上）と土地利用（下）の景観構成

が組み合わさった像を体験するようになった．

ただし，情報は実空間と関係するとは限らず，そういった状況は情報が実空間の中に穴を開けるような働きをすることから「多孔化社会」とも呼ばれ，空間と関係ない電子的コミュニケーションによって空間の意味が上書きされる，などと指摘されている．この中では，空間と情報の関係は大きく「空間的現実の多孔化」と「空間的現実の非特権化」の2つに分けられている．「空間的現実の多孔化」とは，現実の空間に付随する意味の空間に無数の穴が開き，他の場所から意味＝情報が流入したり，逆に情報が流出したりすることを指し，「空間的現実の非特権化」とは，多孔化した現実空間においては，同じ空間に存在している人どうしが互いに別の意味へと接続されるため物理的空間の特権性が失われることを指す．一方，実空間と情報を二項対立的に捉えるのではなく，一体的に捉えることで，新たな活動が生み出されることも指摘されている．実際，スマートフォン用アプリ「ポケモンGO」によって従来見られなかった人の動きが見られるようになったことは周知の通りである．

すなわち何らかの構造を有している実空間と，特定の視点によって断片的に捉えることで生成してきた風景，そして風景を捉えるために出現する時間的空間的制約を負った「身」という関係が，現在変化しつつあることが指摘できる．拡張現実（AR）においては前述の制約を負わずに，今まで指摘されてきたようなイメージともいえる心象風景ではなく具体の像として全体を捉えることも可能となり，各自個別の体験が情報として風景に付与され，情報機器を経由して共有され新たな風景が生成されていく．

冒頭で述べたように，風景における情報の比重が大きくなっている状況とあわせて考えると，実空間と情報によって構成される風景は，情報による操作性が容易であり，また情報機器を通して広く共有しやすくなる．一方，多様な情報機器やSNSによる提供情報の過多により，逆に社会全般ではなく特定の層によって共有され，特定の地域においても異なる風景が共有されてしまう可能性もある．情報機器だけではなく空間および人々の活動なども，その地域や土地の情報を伝える媒体（メディア）であり，後述するように実空間において想定される，見る人と見られる人の様々な体験や活動も踏まえて検討される必要がある．

0.4.4 防災減災

東日本大震災や熊本地震（2016）では，地域の自然条件（地形や地質，植生など）と被災状況の関係が注目されるようになった．東日本大震災の被災地ではかつて，海岸線に近い低地を耕作地とし，高台を居住地とするなどして自分たちの身を守るための地形に即した土地利用が形成されてきた．しかし，産業の効率性や土木工事への過度の信頼によって低地に防潮堤とともに居住地が展開するようになった．これにより，海が見えづらくなり，住民にとっては安心・安全な場所に住んでいるというイメージが形成されたと考えられる．

たとえば岩手県宮古市などの三陸では，漁師たちは本来高台の海が見える場所に集落を形成し，低地の漁港近くには作業小屋である番屋を設けて中継点とすることで生活と生業を営んでいた．集落から海が見えづらくても，神社からは海が見える集落が多く，物理的に海と離れていても，視覚的には海とつながっていた．こうした生活・生業によって形成されて得られた風景も，地域に継承されてきた風景（前述の景観地ではない）であり，住む人の生活や生業と結び付けることで文化的景観のひとつとして継承していくことが期待される．

とくに地形が起伏しており，周囲を海に囲まれているような日本では，つねに津波や山崩れなどの危険性があるという情報をもって実空間を捉える必要がある．かつては石碑などに被害の様子を記したり，文献などのメディアを通して情報を残すなどしていた．全国で土砂災害や津波に関するハザードマップが整備されつつある現在，居住地開発のルールや避難所および避難場所がどこにあるのかを，その場所に対して日常から特別な意味を持たせたりすることで，地域本来の安全安心な風景として共有していくことになろう．

また，観光地における来訪者の避難対策として，

有事の際には避難しながら得られる情報として，固定的な絵や文字といった2次元情報だけでなく，「人の流れ」や先に示したARという流動的な3次元（および疑似3次元）情報が有用と考えられる．すなわち，住民の避難する様子がメディアとなり，来訪者に対して避難行動を起こさせる情報になると考えられる．それは「津波てんでんこ」「命てんでんこ」という言葉に結び付く．

防災減災においては，日常から地域の像（地域の立地や避難経路など）を把握しやすくし，有事の際は避難しながら地域の像を捉えやすくする必要がある．そのためには，視覚だけでなく五感を使って情報を得ることによって，住民たちに共有されると考えられる．たとえば武田信玄によって築造された信玄堤では，堤防上を練り歩く水防祈願祭礼を行い続けることによって，住民の水防意識を高めたとされている．逆にいえば，情報とは従来の文字や図像だけから得るものでなく，空間およびそこでの人の動きや活動がメディアとなり，そこから得ることも可能といえる．

0.4.5　「見る」ことの位置付け

風景は住まい方や人の行動を規定し，住まい方や人の行動が風景を生成する．今まで見てきた新しい現象に共通していえるのは，風景計画においても従来の「見る」だけを前提とした議論から，見る場所（視点場）での見る人の総合的な体験も踏まえて検討しなければならないということである．たとえば，長崎県九十九島では，西海国立公園指定にあたって，宮城県松島などとの比較から，展望地からの多島海景観が評価され指定に至った．しかし，いくつかの展望地は施設が充実した公園として整備されたり（図0.14），花が植えられるなどした結果，多島海景観を見るよりも，遊んだり花を観賞するといった活動が展望地での主要な活動になってしまった．また，九十九島の多島海景観を見ることのできる飲食店が域内の内陸部に少なく，域内で「多島海景観を見る」行為が独立してしまった（図0.15）．その結果，展望地からの眺望よりも公園での体験が優先され，現在は，展望地から多島海景観を眺めるよりもシーカ

図0.14　西海国立公園の展望地整備（烏帽子岳，著者撮影）

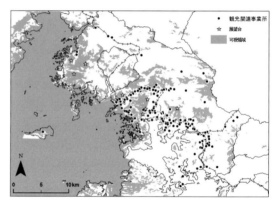

図0.15　九十九島の可視領域と観光関連事業所・展望台

ヤックで島に上陸する活動が盛んになっている．

景観デザインは，「見る」「見られる」の関係から論じられてきたが，「見る」と「する（行動・生活）」との関係も無視することはできず，視点場での総合的な体験の中で景観体験をどう位置付けるか（視覚と五感の関係：「見る」「する」の主従関係）といった「見る」「する」の関係を整理しながら検討していくことが求められる．それは場所の意味や行動様式を踏まえた視点場の整備（位置や設え）とそこで提供される情報に反映され，領域やその構造を示す文化的景観の設定とあわせて検討される．ここにおいて提供される情報とは，文字や図像だけでなく，人の動きを通した生活様式や社会背景なども含んでいる．

近代以降，五感の中でも視覚が優位に立っているが，中世以前ヨーロッパでは聴覚・触覚・視覚の順に優位であった．視覚が優位に立ったことによる弊害などは，構図を用いた「だまし絵」で有

名なエッシャーの絵画などで端的に示されている．また，視覚が優位に立ったことにより，すべての事象や現象は主体から引き離され物体化し，抽象化される．諸感覚を貫き統合する根源的な感覚である「共通感覚」を通して風景が共有される．すなわち「見る」「する」の関係を構築することで，地域の風景を共有することが可能になる．

先述したような各種制度で対象とした不動産を中心とした景観地は，まさに視覚を優先させて，そこでどういった生活や生業を営むべきかなどといったことは論じないまま，守る対象として取り扱おうというものである．また，世界遺産や文化財としての文化的景観で見られる，解説パネルなどの文字および図像情報による情報の付与も視覚を優先させた取組みである．ここにおいて風景は，見る主体が各自個別のメディアから得た情報に影響を受けることが考えられ，情報機器が多種多様に発達した現在においては，たとえばデジタルデバイド（インターネットやパソコンなどの情報通信技術を利用できる者と利用できない者との間に生じる格差）という言葉が生じるように，受け取る情報が異なってしまうことにより，特定の地域における風景を共有することが難しくなることも考えられる．

特定の社会に共有される風景を取り扱おうとする風景計画においては，不動産を主とした景観地を対象とした計画とは異なり，上記の「見る」「する」を踏まえることが求められている．このことは，単発的に建築物の様式や土地利用などを整えるのとは異なり，地域の有り様を決めることにつながる．　　　　　　　　　　〔伊藤　弘〕

コラム1　地域計画としての地域森林景観

森林を風景・景観として意識する人はどのくらいいるのであろうか．一般的に，森林は集落や農地など人の営みの背景として位置付けられ，「森」「緑」あるいは「山」と一括りに抽象化されてしまっているように思う．「図と地」の概念でいうと，嵐山や吉野に代表される観賞対象となっている森林をのぞき，「図」として位置付けられることは少なく，多くが「地」として認識され，その姿の印象は曖昧で記憶にも残らない．

しかしながら実際には，各地に様々な森林風景が存在し，地域ごとに特徴的な姿を見せている．そのことは，少し注意して地域差という点に意識を向ければ，同様の樹種で構成されている森林でも，地域の自然条件や人為の歴史的経緯によって差異があり，全国的には非常に多様であることが理解される．

本文でも触れたように，全国各地で見られるスギ林の風景・景観も，育てられたスギの用途，たとえば，構造材，樽材，船材，柱材など，が地域によって歴史的に異なっており，地域ごとに施業の方法が異なっているために，おのおのに特徴的な姿を見せている．こうした生業に関わる森林のみならず，防風林や屋敷林，社寺林なども含め，森林と人の営みとの関わりはおのおのの地域によって異なっており，そのことが地域ごとに個性的な森林の風景・景観を形成してきた．

景観法に明示されているように，風景・景観計画において，地域個性は地域の自然的・文化的アイデンティティに結び付き，地域住民の拠り所としても，また他地域の人々との交流を促進するうえでも重要である．森林を単なる背景として位置付けるのではなく，地域の風景の個性や特徴を支える重要な要素の1つとして認識し，森林自身の様相や農地や集落との組合せについて注意深く検討することが，地域の風景をより味わい深いものにするといえよう．

〔下村彰男〕

文　献

0.1節

1) 内田芳明（1992）風景とは何か，朝日選書445
2) 篠原　修（1982）土木景観計画，『新体系土木工学59』所収，技報堂出版
3) 中村良夫（1982）風景学入門，中公新書650
4) 井手久登，武内和彦（1985）自然立地的土地利用計画，東京大学出版会
5) 小野良平（2008）森林風景計画学研究の展開と課題，塩田敏志編著『森林風景計画学：現代林学講義8』所収，地球社
6) 西村幸夫他編著（2012）風景の思想，学芸出版社
7) 志賀重昂（1894）日本風景論，政教社：（1976）講談社学術文庫，（1995）岩波文庫
8) 田村　剛（1929）森林風景計画，成美堂書店
9) 塩田敏志他（1967）自然風景地のための景観解析Ⅰ-Ⅳ，観光15-18
10) 熊谷洋一（2008）森林風景の計画的取り扱いと評価，塩田敏志編著『森林風景計画学：現代林学講義8』所収，

地球社
11) 文化庁文化財部記念物課監修（2005）日本の文化的景観，同成社
12) 伊藤いずみ（2015）情報の伝達からみる現代の風景の受容，東京大学博士学位論文
13) 佐々木葉二他（2010）ランドスケープの近代，鹿島出版会
14) 橋爪紳也（1994）明治の迷宮都市，平凡社
15) 田中正大（1981）日本の自然公園，相模書房
16) 下村彰男（2005）日本における風景認識の変遷，西村幸夫編著『都市美』所収，学芸出版社
17) 初田亨（1981）都市の明治，筑摩書房
18) 金田章裕（2012）文化的景観，日本経済新聞出版
19) 下村彰男他（2010）ランドスケープ・ダイバシティー，森林の風景から地域を考える，LANDSCAPE DESIGN，No.73-77
20) 塩谷英生（2017）自治体における観光自主財源の導入に関する研究（首都大学東京・博士論文）

0.2 節
1) 江口孝夫全訳注（2000）懐風藻，講談社学術文庫，pp.272-274
2) 小野良平（2008）三好学による用語「景観」の意味と導入意図，ランドスケープ研究，71 (5)，433-438
3) 田村 剛（1932）風景の驚異，新光社，pp.2-9
4) 田村 剛（1929）森林風景計画，成美堂書店，pp.40-41
5) Berger, J. (1972) *Ways of seeing*, BBC and Penguin books, p.8
6) 勝原文夫（1979）農の美学，論創社，pp.19-25
7) 柄谷行人（1980）日本近代文学の起源，講談社，pp.5-43
8) 樋口忠彦（1975）景観の構造，技報堂出版，pp.83-159
9) 小野良平（2017）三陸沿岸域における集落と海の視覚的つながり，ランドスケープ研究，80 (5)，585-588
10) 桑子敏雄（2000）環境の哲学，講談社学術文庫，pp.41-52
小野良平（2008）森林風景計画学研究の展開と課題，塩田敏志編著『森林風景計画学』所収，地球社，pp.115-154

0.3 節
1) 水内佑輔，古谷勝則（2016）1930年代の国立公園の選定の経緯と田村剛の評価の枠組み，ランドスケープ研究（オンライン論文集），9 (0)，103-114
2) 田村 剛（1935）風景論考（一），風景，2 (10)，6-8
塩田敏志他（1967-1968）自然風景地計画のための景観解析 I，II，III，観光，15-17
油井正昭（1986）景観研究の系譜（胚頭期），造園雑誌，50 (2)，113-118
糸賀 黎（1986）景観研究の系譜（発展期），造園雑誌，50 (2)，118-112
小野良平（2008）森林風景計画学の展開と課題，『現代林学 8 森林風景計画学』所収，地球社，pp.115-154
下村彰男（2016）風景計画を俯瞰する，風景計画研究，1，1-2
田村 剛（1929）森林風景計画，成美堂書店
上原敬二（1943）日本風景美論，大日本出版，pp.363-408
樋口忠彦（1975）景観の構造―ランドスケープとしての日本の空間，技報堂出版
篠原 修（1982）土木学会編 新体系土木工学 59 土木景観計画，技法堂出版，pp.1-65

0.4 節
伊藤 弘（2012）佐世保における九十九島と内陸の結びつきの変遷，日本建築学会計画系論文集，77 (682)，2763-2769
小野良平（2017）三陸沿岸域における集落と海の視覚的つながり，ランドスケープ研究，80 (5)，585-588
小野良平（2008）森林風景計画学研究の展開と課題，塩田敏志編著『森林風景計画学』所収，地球社，p.137
下村彰男（2016）風景計画を俯瞰する，風景計画研究，1，1-2
下村彰男他（2012）造園分野の視点から，東日本大震災をいかに記録に止め，何を学ぶのか，ランドスケープ研究，75 (4)，271-276
横関隆登他（2013）新潟県十日町市松之山地区にみる棚田景観地の景観構造に関する研究，ランドスケープ研究，76 (5)，583-586
吉村晶子（2007）風景/景観に関する言説にみる景観概念，風景体験類型及び説明モデルに関する研究，景観・デザイン研究講演集，3，76-86
ポケモンGO，深夜も静かな熱気 東京・錦糸公園：2016年7月29日朝日新聞記事
落合陽一（2015）魔法の時間，PLANETS
日本造園学会編（2012）復興の風景像，マルモ出版
篠原 修（1982）土木学会編 新体系土木工学 59 土木景観計画，技法堂出版，pp.125-174
鈴木謙介（2003）ウェブ社会のゆくえ，NHKブックス
中村雄二郎（2000）共通感覚論，岩波現代文庫

第1章
風景地および風景の把握と課題抽出

1.1 風景計画の対象範囲決定

1.1.1 風景計画の対象範囲

現行の景観法に基づく景観計画区域は，都市計画区域以外でも対象とすることができ，国土交通省が提示している事例では，区域全体を大きく特徴付ける要素（地形や土地利用など）に着目したものが見られる．ここにおける景観とはおおむね不動産である景観地を指している．また，0.4節で示した通り，文化財保護や世界遺産における文化的景観も同様である．風景とは実空間と情報およびそれらの捉え方（認識）によって生成されるもので，風景計画とはそのあり方を実現していく作業である．風景計画の対象範囲を決める作業とは，計画主体が地域において要素および要素間の関係を認識する作業でもある．具体的には，視点（場）と視対象の関係，視対象における主対象と副対象の関係によって設定される．また，単なる要素および複数要素の集合体ではなく，総体としての対象範囲の設定の仕方を検討する必要がある．

現在，われわれが目にしている実空間は，歴史的な変遷を経て今に至っており，古い要素や新しい要素が混ざり合って存在している．土木技術が今ほど発達していなかった古来，先人たちは，地形・地質・気候などの自然条件に従って生活し，生業を営んでいた．周知の通り植生は，とくに日本においては人が関わって今に至るものが多く，それも先述の自然条件と関係するといえる．その中で，古来より「名所」など鑑賞の対象となる眺めが形成されたり，本来は生活の場であったりしたが，現在「文化的景観」として新たに眺めの対象となる空間が形成されてきた．本節では，大きく古来より見られる対象であった名所と，新たに見られる対象となった生活・生業の場に分けて，風景計画の対象範囲決定について論じていく．

1.1.2 風景を構成する要素

a．名所

名所は，たとえば三保の松原と富士山や京都・円通寺と比叡山の関係のように，古来より鑑賞され続けてきた眺めであり，人々が「見る」ことによって存在してきた．名所は，見られる対象の形状などが契機となり，時代を経るごとにその周辺や視点場が整備されて社会に定着していった．また，実空間と認識の仕方（ものの見方）の相互作用によって生み出される眺めは，時代とともに変化していることが指摘されており，それは時代ごとの風景観に基づく．このように，名所は社会や時代の風景観を反映しながら，視点場と視対象の関係によって成立するものである．

近世以前和歌などに詠まれていた名所は海を中心としたものであり，日本三景（松島・安芸の宮島・天橋立）も海が視対象であった．近代になり，国立公園の候補地としては山岳が主となっていった．その後，国立公園は，来訪者による利用とともに捉えられるようになっていった．

b．生活・生業の場

本来，地域にあるものは何らかの関係があった．建造物や土地利用は，地形や地質・気候など

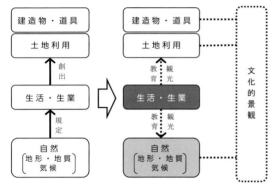

図1.1 「文化的景観」の成立

の自然に対応した人々の生活や生業から生み出されてきた．逆にいえば，これら建造物や土地利用と自然は人の生活や生業によって結び付けられ，その結び付けた主体である人によって，それぞれ意味や機能，文脈に価値が見出されてきた．このころは「見る」ことよりもその場所において「する」ことが優先されており，風景として捉えられていなかったといえる．

近代になり，産業および働き方の変化などにより人々の生活や生業が自然と切り離され，さらに自然環境が土木技術の発達により改変されたりする（たとえば切土盛土のような地形・地質の改変やトンネルの掘削など）と，建造物や道具に備わっていた自然環境と結び付いていた機能が利用されなくなり，喪失したりしていく．そうした状況において，残っている建造物や道具などのうち歴史的文化的価値が認められたものが，文化財として指定・登録されるようになる．自然と建造物や土地利用に関係が見出され，土地の履歴がたどれるような複合的な対象は，文化的景観として文化財保護法で守るべき対象になると同時に，観光や教育を通じて「見る」ことが優先されて風景として捉えられるようになる（図1.1）．

1.1.3 対象範囲設定の考え方
a．名所

前述した通りに，視対象はある程度固定されているものの，今までの公共交通整備などによる影響を見ると，眺めの特徴は考慮されず，視対象が見えるかどうか，視対象にどれだけ近づくか，といった観点から新たに視点場が整備される事例が見られる．視対象の中心となる要素とともに何が視対象となるか，そしてその組合せによる総体としての眺めをどう設定するかによって，ある程度視点場の位置は決まってくるといえる．前述のように特定の要素に近づいてしまうと，総体としての眺めが崩れてしまう．また，視点場の整備についても，その場所でどういった活動を展開させ，その中で「見る」行為をどう位置付け，その結果としての眺めにどういった意味付けを施すか（「見る」ことがおもな活動なのか，他の活動に従属する行為なのか）が検討されずに整備されてしまっている事例も見られる．風景計画においては，モノではなくあくまでも眺めに基づいて視点場の位置を決めるべきである．

日本三景の1つである松島を例にとると，多島海景観である松島湾は霊場に見立てられて，瑞巌寺などの寺が建設され，長く内陸にある標高の高い4つの主要な展望地からの眺めが四大観として定着していた．瀬戸内海や西海など多島海景観を有する国立公園の指定においては，その眺めに基づいて評価がなされていた．しかし，戦後になると駅や観光道路，新しい展望地（観光施設も含む）は海岸線近くに整備されるようになり，多島海景観は構成する要素である海と島に解体される結果となっていった．その結果，島と海によって構成されていた多島海景観およびそこに見出されていた霊場という見立ては崩れ，瑞巌寺などの寺社仏閣やさらに寺社仏閣を通してつながっていた内陸と松島湾との関係がわかりづらくなってしまった（図1.2）．

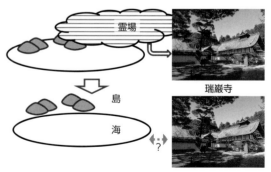

図1.2 松島における総体と要素の集合体

b．生活の場

　文化的景観では視点場と視対象は固定されず，誰に対して何のために何を見せるのか，といった目的設定やどういった要素が残っているのか，といった対象地の状況とあわせて範囲が設定されていくことが考えられる．文化的景観は，地域の目標像の1つとして捉えられる．

　しばしば景観に関する議論で取り扱われるゲシュタルトの考え（部分の寄せ集めとしてではなく，ひとまとまりとして捉えた，対象の姿）を用いると，領域が明瞭な建造物は「図（視対象）」に，物理的に広がっており領域が不明瞭な自然は「地（背景）」となりやすい．

　生活や生業が大きく変化し，自然との結び付きが希薄になった現代においては，そもそも自然に対して価値を見出しづらくなっている．継承されてきている建造物や土地利用に対しても，文化財という他の同種建造物や土地利用との比較から生み出される価値が見出され，見る対象となっている．特定の地域においては，通常多種多様な文化財が存在していることが多い．図 1.1 で示したように，特定の自然に応じて人々は生活し続け，生活や生業に基づく文化が育まれてきた．その中で様々な建造物や道具が生み出され，特徴的な土地利用が形成されてきたのであるから，それらを成立させている環境を探り，どういった自然条件が基盤となっているか捉える必要がある．

　基盤となる自然条件が明らかになれば，その基盤に基づいて生み出されてきた建造物や土地利用が領域となる．また，その基盤に基づいて生み出された道具を用いた生業（土地利用と重なる部分が多いと思われる）や，祭礼なども対象範囲を決めることになる．そのためには，地図および史料に基づいた調査が必要になる．

　たとえば，文化的景観として世界遺産にもいくつか登録されたり，日本においても重要文化的景観に選定されている棚田は，面的に広がっているものの領域が明瞭であるため図として捉えられやすい．しかし，棚田の成立過程を考えると，棚田の水源地である上部に位置する森林，そもそも棚田を整備した住民たち（集落）も一体的に捉えな

図 1.3　国道と展望地によって分断される棚田と水源林
（白米千枚田，筆者撮影）

いと，棚田自体の存続も難しくなってしまう可能性がある．石川県の白米千枚田では，棚田と集落および森林を分断するかたちで国道が整備され，さらに国道上に道の駅などの視点場があるため，外洋と棚田の取り合わせという眺めとあいまって棚田だけが認識されるようになってしまっている（図 1.3）．結果，守る対象は白米千枚田が中心となり，水源林管理への支援は見られなくなっている．しかし，水源林の中には「奉納」と記された井戸が設置されており，住民たちにとっては水源林も重要なものと捉えられていたことがうかがえる．

1.1.4　なぜ対象範囲を決めるのか

　先述したように，名所であろうと生活・生業の場であろうとも，風景計画の対象範囲を決めることは，古来より地域が築いてきた自然条件に基づいた歴史や社会が形成してきた個性を明確にし，継承していくための仕組みを検討するためである．

　名所では，鑑賞方法（眺め方）に基づいて社会が形成されてきた．それは鑑賞の対象と地域社会の付き合い方といえる．しかし，鑑賞方法を継承せずに，鑑賞の対象だけを捉えることにより，その付き合い方は大きく変わってしまう．たとえば先に示した松島では，松島湾周辺に設備投資が多くなされた結果，内陸と松島湾は切り離される傾向にあり，松島湾も島と海の要素ごとに分けられたといえる．こうなってしまったときに，果たして名所の何を継承していけばいいのかが不明に

なってしまう.

生活・生業の場であっても，自然条件を基盤にした生活・生業の結果，地域社会（現在の行政界ではない）の個性が生み出されてきたといえる．こうした地域社会の個性を継承していくためには，その基盤である自然条件までも対象範囲に含めていく必要があり，それによって個々の要素が存在する意味や価値が理解しやすくなり，持続的な管理に結び付けていくことができる．

個々の要素と総体としての地域を結ぶ作業が，風景計画の対象範囲を決めることであり，個々の要素だけを対象に捉えていくと，その存在する意味や価値だけでなく持続的な管理のあり方まで不明になってしまう恐れがある． 〔伊藤　弘〕

1.2　風景を分析し課題を抽出

1.2.1　風景の課題
a．はじめに

風景計画を策定するためには目標像を設定し，それに対して現状どういった課題があるのか，抽出する必要がある．計画策定にあたっては，大きく課題を解決する考え方（ネガティブミニマム）と長所を伸ばしていく考え方（ポジティブマキシマム）がある．実際には，どちらか二者択一ではなく両者のうち取り組みやすい考え方および方策から計画を策定していくことになろう．そのためには，過去から現在に至る風景を分析し，地域における風景の特徴を明らかにする作業を欠くことはできない．対象地全域における風景の把握ができればいいが，実際には非常に難しい．したがって，対象地において，重要な視点場および視対象や，地形データを中心に特徴を把握し，そこでの課題を抽出することになる．

本節では，風景の分析と課題の抽出について，地域における特徴的な風景を把握する手法，地域を代表する（地域を表象する）風景を把握する手法，風景の歴史的背景を把握する手法について概要を論じ，そこから抽出される課題を概観する．各分析手法の詳細は，本章本項以降で示す．

b．風景の特徴把握（見え方の分析手法）

かつて，地域内での風景を把握するためには，和歌で詠まれた対象や〇〇八景として定着した眺めなど，先人たちの経験を踏まえる必要があった．名所などはこのようにして社会に定着していったことが知られている．しかし，コンピューターの情報処理能力とともに，数値地図標高データなどDEMの精度も向上してくると，鳥瞰図や可視領域の算出などが容易になり，新しい特徴的な風景を発見することも可能になる．この作業によって，潜在的な眺めを引き出す「景観ポテンシャル」を可視化させることが可能になる．また，地形に基づいた可視不可視マップやパースによるシミュレーションにより，風景を乱す要因を明確にすることも可能になってくる．

c．地域を表象する風景の把握（風景構造把握）

地域を表象する風景とは，見られる対象が地域の特徴を表したり名所であったりする場合と，見る場所が地域にとって重要な中心となる場所であること，およびそれらの組合せによって立ち現れる．これらを把握するためには，地域の中心を明確にするための，地域の空間構造を把握する必要がある．次に，地域の特徴を表す表象を見出す．こうした作業を踏まえて，主要な地点から表象が見えるようにするなど，地域の中心となる風景像を生成し，それを地域で共有していくことが可能になる．

しかし，土地に根付いた業や生活が行われなくなってくると，地域の中心が不明瞭になったり変化してしまっていることも考えられる．また，地域を表象する風景も，前述の理由に伴って喪失してしまっていることも考えられる．そのときには，情報だけで地域の中心や表象する風景は立ち現れず，地域においてどのような活動をしてもらうのかを踏まえて設定していく必要があろう．

d．歴史的背景の把握（土地の履歴把握）

特定の地域が，現在の姿を呈するまでにどのような事象があり，それに伴って土地がどのように変化してきたのかを見ることにより，それぞれの土地に情報が付与されることになる．また，時代の変化とともに失われてしまった，土地もしくは

地域本来の姿などを把握することも、それを再生していくのか検討するうえで必要な作業といえる。これらの作業は、絵図や地形図、新聞記事や行政情報など各種史料に基づいて行われるものであり、前述の風景の特徴や中心となる風景の把握のためには欠くことのできない作業である。

e．課題の抽出

このように、史料や新たな分析手法の組合せにより、以下のように課題を抽出することが可能となる（図1.4）.

土地の履歴を追うことにより、現代社会では見落とされてしまっているような要素間のつながりや、各要素の地域における位置付けなどを理解することができ、各要素に新たに情報が付加される。それに基づいて、地域の中心や表象してきた風景を抽出し、風景の構造を把握し、GISを用いた可視不可視やVR/ARを用いたシミュレーションなどにより、要素および要素間の関係、地域の中心および表象となる眺めの喪失などの現状把握と、風景を阻害したり乱すものを明確にすることが可能になる。〔伊藤　弘〕

1.2.2 見え方の分析手法

a．はじめに

ここでは風景の見え方、すなわち風景の実像における視覚的構造とそれらを構成する空間的構造の把握手法を述べたい。本項と関わる部分は、とくに環境アセスメント（影響評価）が確立される中で整理されてきたが、環境アセスメントの文脈においては空間改変事業を前提に風景・景観の見え方を把握・予測・評価していることに留意したい[1]。しかし、景観法に裏付けされた各地の風景・景観計画では地域の個性やアイデンティティの顕在化が狙いとされる他、持続的な管理を踏まえた風景計画に重きがおかれており、環境アセスメントの文脈における把握方法の当てはまりが良くないこともある。調査・研究時には、何を目的に風景の見え方を把握するのかを明確にすることが重要であろう。

b．風景・景観把握モデルの選び方

風景を空間（環境）と人の間に生じる視覚像と

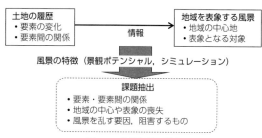

図1.4　分析と課題抽出

捉えると、この視覚像を生み出す空間の状態と人とその両者の関係の把握が基本的な作業となる。環境アセスメントにおいては、眺望景観と囲繞景観の2種類の技術概念によって把握し、予測・評価へとつなげている（図1.5）. 2者は風景を把握するうえで力点をおく部分が異なっており、両者を合わせることでより実態に沿った把握が可能となるという考えであった。

「眺望景観」とは2次元的視覚像として体験する風景であり、視対象を眺望したときの状況を捉えようとしたものである。通常はかなり広い範囲が眺望の対象で、その主対象自体の操作は難しいものである。「囲繞景観」とは身体をおく場所周辺の物理的空間や場の状態に着目したものであり、3次元的景観として捉えようとするものである[2]。

2種類に分けて把握する必要性の理解には、歴史的経緯がその助けになる。近代において風景を楽しむとは、絵画になるような審美的な風景を楽しむことであった。国立公園を指定する際にも、パノラミックな風景が楽しめる場所が探された。「眺望景観」とはこういった見方に合致するものである。しかし、眺望景観体験の良否には身をおく場所周辺の地表の状況にも左右される。また、3次元的に空間状態を把握しようとする場合もある。「囲繞景観」はこれらに対応しようとしたものであ

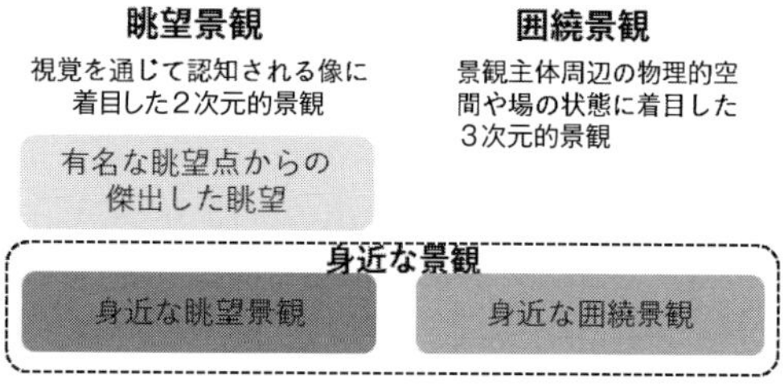

図1.5　眺望景観と囲繞景観

る．囲繞景観の把握それ自体については研究事例が少なく[3]，もともと自然風景地や森林公園の利用計画の策定に際して創出された概念でもあるため，環境アセスメントに手順として示される一方で，目的によっては当てはまりが良くない面もある．とくに，地域らしさに焦点が当たる中，身をおく周辺の場の特性に注目するという特性から，「身近な景観」という用語として包含的に置き換えられて理解される面もある．従来は調査しやすいこともあり，普遍的価値のある著名な眺望景観が重視されてきたが，地域固有の風景や，身近な親しみのある風景が喪失・再生という局面において，これらを発見し，共有するための風景の把握が必要であろう．この場合は，視覚像としての風景の形態の審美的評価よりも，風景を見る場所（視点・視点場）や景観要素の地域にとっての意味や形成過程などの情報が重要となってくるといえる．

いずれにせよ，平たくいえば，①何を（視対象や場の状態）②どこから（視点の位置）③どのように見る視覚像であるのかを把握することになる．

c．把握の方法

（1）風景の抽出

景観資源を把握する場合には，特定の要素にのみ着目するのでなく，対象を広く捉えることが重要である．身近な，あるいは地域固有の風景などは普遍的な価値で評価されるものではないため，一定の基準や指標などはなく，地域の特性に合わせることに留意したい．図1.6は風景・景観を抽出するにあたっての留意事項である．

まず資料調査や現地踏査により概観を把握する．ここでは自然的基盤，歴史的・文化的特徴，生活の場所や区域，主要な眺望点，風景・景観資源要素や区域が把握の対象となる．郷土史，名所図会，地図（各種主題図）などが重要な資料となる．各自治体の景観計画も手引きとして有効な参考資料となる．景観法の制定以降，景観行政団体は増加しており，風景・景観計画は583団体において作成されている（2017年3月現在）．

（2）地域らしい・身近な景観の把握へ

環境アセスメントにおいても，風景の価値軸を普遍的な価値だけでなく，固有性や郷土性などからなる固有価値という観点から捉えようとしている．つまり，目利きや研究者のまなざしだけでなく，その地域にとって価値のあるものや潜在的に価値のあるものを発見し，共有しようという態度である．このため，地域住民にとって重要な風景や景観要素などの把握が，文献資料調査やアンケート，イメージスケッチなどによって行われてきた[4]．

そういった空間の状態（場の状態）を把握したうえで，眺めの状態の把握を行う．この際には，視点を街路など対象地域の骨格に設定し，現地調査や写真・映像分析によってそこからの見え方を把握する．たとえば，地域のシンボルとなっているクロマツの植栽形態と敷地の立地との関係から見え方を分類・特定するなどの研究がある[5]．

①多くの人々が美しいと感じ，鑑賞の対象となっているような要素
②他にはない傑出した個性や特徴を有する要素
③自然的な要素の占める割合が高い要素
④地域の視覚的印象を特徴づける要素や，主要な目印や目標となるランドマークと位置づけられるような要素
⑤地域を区切る（あるいは軸線となる）景観構成上のエッジ（やパス）と位置づけられるような要素
⑥不特定多数の人々が訪れるような利用性・公共性の高い要素
⑦眺望の広がりがある場所あるいは多くの場所から見られやすい要素
⑧地域の歴史・文化を現在及び将来に視覚的に伝承し得る要素
⑨地域住民に広く親しまれている要素
⑩多くの地域住民が快適と感じる要素

注）「環境アセスメント技術ガイド　自然とのふれあい」（自然との触れ合い分野の環境影響評価技術検討会編集，財団法人自然環境研究センター発行，2002年10月）p.68～69より引用

図1.6　風景・景観の抽出にあたっての留意点[2]

d. 風景・景観把握に向けた新しい技術の活用

このように，見え方を分析するためには，対象となる空間の状態とそれを見る人の場所（位置）の関係性の把握が基本的な作業となる．この作業は，GISが得意とするものである．2010年代以降，データのオープン化やフリーのソフトウェアの拡充など急速にその環境が整えられており，デスクワークによってかなりの程度，空間の状態を把握することができる．

（1）空間の状態の把握に向けて

古典的に可視性解析において活用されてきた数値標高モデルについては，国土地理院の基盤地図情報で国土の広範なエリアについて航空レーザー測量による5mメッシュでのデータが提供されており，精度の高いデータを使ったDEM（digital elevation model）が得られる．国土交通省が提供する国土数値情報（http://nlftp.mlit.go.jp/ksj/index.html）や環境省が提供する自然環境調査Web-GISなどでは，植生，土地利用，水系の流域のデータなどが提供されている．国土地理院は国土変遷アーカイブとして航空写真も提供しており，これらを利用しない手はない．

図1.7はこれらを活用して，地域の名所がどのような風景を体験できる場所であったのか，その特性を把握しようとしたものである．愛知県瀬戸市の現陶祖公園にある六角陶碑は，尾張名所図会にて「陶祖加藤春慶碑銘」として紹介される地域の名所であった．やきものの祖とされる陶祖を記念する碑が江戸末期に建立され成立したものである．名所図会にはやきものの所縁の場所や，地域の景観要素を楽しめる景勝の地であるとして記述される．この地点を視点に，DEMを用いて可視領域解析を行い，もっとも古い陸地測量部作成の2万分の1地図を重ねたところ，可視領域と市街地の大部分が重なることがわかる．ここからは瀬戸のやきもののエッセンスが入ったパノラマ風景が体験できる場所であり，かつ町から見える場所に設置されていたことが推察でき，この場所の景観ポテンシャルが把握できる．

この他にも，海への眺めを生活基盤として捉え，可視頻度を指標として，集落立地と海への眺めの関係を分析しようとした研究が行われてきたように，近年は風景の意味や背後にある情報への着目が進んでいるといえる[6]．

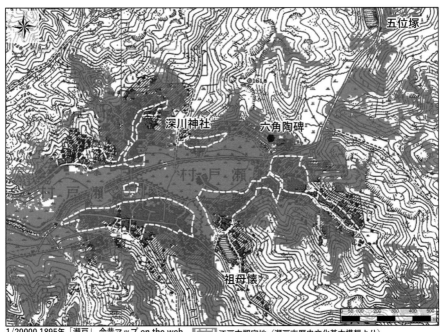

図1.7 愛知県瀬戸市六角陶碑の可視領域図

加えて，技術の進展もある．コラム2に詳しいが，UAV（ドローン）による写真測量は低コストで地形図と同様に補正された（オルソ補正済み）の航空写真やDSM（digital surface model）の作成も可能である．DSMは地表面の情報に加えて，植生や建築物，道路などの情報も含む．他方，データの精密化も進んでおり，LIDAR（laser imaging detection and ranging）による航空レーザー測量ではcm単位の精度での測量が可能となっている他，地上型LIDARにより建造物などの3Dスキャニングも可能となっている．空間の状態の把握は，低コストかつ高い精度で可能となりつつあり，今後もその向上は続くと思われる．可視領域はDEMを使用して，地被の影響を排除し，その場所の「景観ポテンシャル」の分析に使用されてきたが，DSMも併用することによって現況の見え方の分析も可能となる．

（2）視点の把握に向けて

風景の見え方の分析では，以上のような空間の状態を把握したうえで，どこから（視点），どのように見たのかを把握することになる．この場面においても，GISやGNSS（全球測位衛星システム：global navigation satellite system）の活用が有効な手段である．図1.8は，自然公園のトレイル上を対象地として，写真投影法を行い，その視点の分布と密度を示したものである．写真投影法は，被験者に一定のテーマで写真を撮影させ，写真を分析するものである．撮影された写真は，撮影者自らによって視点と対象が選ばれたものであり，視覚像の記録である．このため，地域住民や利用者の見る風景・景観の把握に有効である．さらに被験者にGNSSレシーバー（GPSロガーなど）を持たせることによって，撮影地点の地理情報を取得する．写真の撮影位置をGISに取り込み，他のデータとのオーバーレイ（重ね合わせ）が可能である．つまり，①何を②どこから③どのように見た視覚像であるのかが把握可能である[7]．

写真に写された視覚像が分析できる点についてはいうまでもない．加えて各地点でどのような視覚像が存在するのかや，視点密度によって高い風景ポテンシャルを持つ視点が特定できる[8]．

図1.9は，被験者の多くが撮影を行った地点を抽出，可視領域を解析，航空写真を重ね，立体的に立ち上げて鳥瞰図のようにしたものである．別途，重ね合わせた植生図からはこの可視領域は人工林の占める面積が大きいことが判明した．すなわち，現在好ましいと感じられる風景の維持のためには，可視領域内を広く占める中景域の人工林

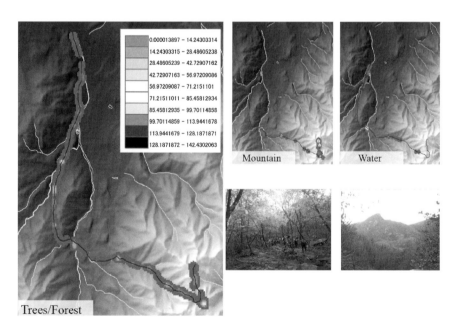

図1.8 風景タイプごとの撮影地点（視点）の分布と密度図

図1.9　可視領域と航空写真の重ね合わせ

図1.10　UAV写真測量にて作成した地形モデル（筆者撮影）

の管理の重要性が読み取れる．

　風景は空間と人の間に生じる視覚像であるため，風景の見え方の把握とは，両者の空間的関係性の把握でもある．過去から現在の風景の見え方を把握したうえで，予測・評価や，計画の立案を行うことになるがこの点は他章に詳述する．

〔古谷勝則・水内佑輔〕

コラム2　UAVを用いた写真測量

　通称「ドローン」と呼ばれることが多いUn-manned Aerial Vehicle（無人航空機：UAV）は，各種現場での情報収集や測量，あるいはメディアやエンタテイメントでの利用など多くの分野で応用されている．それらの中でも，とくに空中写真測量は重要性が高いといえるだろう．通常の空中写真測量は，有人航空機によって数百から数千mの対地高度より地上を撮影し，おもに地形図を作成するために実施される．一方，UAVは数十m程度の対地高度で飛ばすことができるため，有人航空機よりも詳細な地形図の作成が可能である．また，UAVは有人航空機と比較して安価で機動性が高く，操作も容易であることから，災害発生時などの緊急時における地形把握においては優れた能力を発揮する．さらに，国土交通省が推進するi-Constructionの取組みにより，土工やコンクリート工における測量のツールとしても期待されている．

　また，UAVで撮影した写真から空中写真測量を行うためのソフトとしては，Structure from Motion（SfM）の手法を用いているものが主流である．とくに，Metashape，Pix4Dmapper，Acute3Dといったソフトは，誰でも使いやすいようにユーザインター

図1.11　UAVから撮影した大学キャンパス（筆者撮影）

フェートは，誰でも使いやすいようにユーザインターフェースも整えられているので，UAVの機体とあわせて導入しやすい状況にある．

　自然風景地などにおいては，人が立ち入ることができない場所も多いため，UAVを用いることにより風景や地形を把握できる範囲が広がることも期待できる（図1.10参照）．また，人の力だけで上空からの風景を確認することはどのような場所においても非常に困難であるが，UAVによってその問題も解決することができる（図1.11参照）．UAVの操作にあたっては，安全な場所での十分な操作訓練を積んだうえで，周辺状況に十分注意しながら現場作業に臨んでいただきたい．　　〔國井洋一〕

1.2.3　対象地域の風景構造把握
a．はじめに

　風景は，すでに示されている通り図と地によって構成されることが多い．その領域の明瞭性や面積，

形状によって図と地は自ずと決定される（図：面積小・領域明瞭，地：面積大・領域不明瞭）と考えられるが，どこに着目するかという情報の付与による見る側の認識によっても規定される．特定の地域における，あるべき眺めを検討するとき，何が地域の中心（図）となっていて，これら中心を起点にどういった空間がどうつながっているのか（地）という風景構造を把握し，それに応じてどのような風景が展開していくのか，逆にこれら中心からは何が見えていて，将来何を見せるべきか，すなわち地域において中心となる視点場およびそこからの眺めを考慮する必要がある．一方，後述するように地域を代表する（その歴史的社会的背景も含めて地域を表象する）風景は何かを把握し，それを継承していく必要もある．すなわち，地域の風景構造を把握するということは，地域社会の中心となる場所およびそこと他の場所との関係を捉えることと，地域を代表する風景（地域の表象）を捉えることといえる．

本項では，上記の通り地域の中心となる空間および像の考え方および捉え方について論じていく．

b．地域の空間構造

多くの地域において，その中心や領域の端には寺社仏閣（とくに神社）が中心に位置している．寺社仏閣は実空間において中心であると同時に，祭礼や儀式などによって住民たちが共有している．寺社仏閣を拠点として神輿や山車などの曳き回し経路などを把握することで地域の構造を把握することができ，そこで展開される風景を記録することで，地域の構造と風景の展開を関連付けることができよう．また，寺社仏閣は地域全体を見渡せる場所にあることもあり，そこからの風景を継承していくことも重要である．また，日常生活において地域住民が集合する場所や必ず訪れる場所（小学校やグラウンドなど）も地域の中心となり得る．こうした中心は地域の風習によって生み出され維持されてきた．しかし，住民の生活様式の変化などにより，寺社仏閣などの地域における中心性が低下してしまっていることも考えられる．

上記は，おもに住民から見た地域の中心および構造であるが，観光客や来訪者などの部外者から見ると，観光資源が中心となることが多い．従来は，観光資源を中心として宿泊施設やレクリエーション施設などの観光対象が整備され，1つのまとまりを持った地域すなわち観光地になるとされてきた．しかし，モータリゼーションの発達や，たとえば世界遺産のシリアルノミネーション（世界遺産登録において，複数の物件を1つの観点における一連の資産群として（一括して）推薦する方式）や観光政策などによる複数の地域による広域連携によって，従来観光客の回遊にあった中心は，1つではなく複数になっていることが考えられ，観光においても中心が不明瞭になっていることが考えられる．観光地において1つの特定の観光資源が中心となっていれば，そこを起点とし，そこに至るまでの連続的な体験を創出させる装置や観光対象を整備することが可能になる．たとえば，伊勢神社を起点として熊野神社に至る熊野参詣道伊勢路では，巡礼者の行程に即して熊野神社に関係する宗教施設などが設置され，対象となる資源に至る道筋を明確に示していた．芝居町や遊里においても同様のことがうかがえ，特定の資源を中心とした地域のイメージアビリティを向上させているとされている．これらは，それぞれ対象となる資源が明確に存在した結果といえる．しかし，対象となる資源が複数ある場合，相対的に各資源に見出される価値が低下してしまうことも考えられる．

c．地域の表象

地域の表象には大きく2つある．1つは部分をもって全体を表現する換喩，もう1つは全体の特徴を直接他のもので表現する隠喩である．こうした表象があることは，広く社会的に受け入れやすくなる状態になるということである．

換喩：地域を構成する代表的な風景や図となる要素をもって地域の表象（地域の文化や環境などを示す）とするものであり，見られる対象の中心となるものがその要素になりやすい．たとえば，藩政時代から続けて行われてきた海岸線沿いのクロマツ植林によって，生活文化が維持され続けてきた秋田県能代・本荘（現由利本荘市）・山形県酒田（最上川を挟んで川北・川南）では，クロマツの身近さ・海岸林の身近さ・海岸林の価値付けの

違いによってクロマツ海岸林が地域の表象かどうかが異なっていた．また，温泉街も換喩の事例としてわかりやすい．「別府」と聞けば，日本人の多くが温泉や湯けむりを想起することが例として挙げられる．

要素が地域で表象となる条件は，換喩の対象を構成する要素（海岸林だったらクロマツ，温泉地では湯けむりや浴場）が身近にあるかどうか，図となる要素が身近にあるかどうか，さらに対象に価値が見出されているかどうかによる（図1.12）．空間やものに見出される価値は，大きく意味・機能・文脈から見出される．空間やものの意味とは，その存在自体が特定の意味を示すものである．たとえば寺社仏閣の境内地が特別なものとして捉えられたり，世界遺産に登録されることで特別な意味が付与されることである．機能とは，対象となる空間やものに備わっている働きや果たしている役割を示すものである．機能に価値を見出させるためには，見る人の活動などと関連させる必要がある．文脈とは，地域の歴史的文化的背景とのつながりを示すものである．文脈に価値を見出させるためには，地域の歴史や社会背景と関連付けて示す必要がある．

こうした特定の要素を地域の代表とすることは，地域の特徴をわかりやすくする効果もある一方，他の要素が認識されなくなってしまう恐れもある．

隠喩：本節冒頭で示したように，隠喩は実空間というよりもその背景にある社会や歴史，新たな意味付けなどが共有されて成立する．たとえば，かつて大阪が「天下の台所」といわれていたことや，巨大建築物が権力を象徴していることも該当する．また，文化財に指定されたり世界遺産に登録されたりすると，他の同種のものとの差別化が図られブランドとなる．これによって，たとえば「世界遺産」石碑で記念写真を撮影する観光客が出現する（図1.13）など，世界遺産という意味自体が，実空間や実体を超えて捉え方の中心になってくることも見られる．

日本三景の1つとして知られている松島を訪れた観光者が記したブログを見ると，「日本三景」とともに記述した観光者は個別の要素を記述せずに「松島」と記述する傾向があるのに対し，「日本三景」と記述しない観光者は個別の要素を記述する傾向にあった．このように，隠喩によって性格などを把握することは容易になる一方，実体の捉え方に影響を及ぼすことも考えられる．

一方，「見立て」という，視対象の特徴から情報を生み出す技法がある．たとえば「○○富士」「○○銀座」というように性格を同じくする対象物や地域が，その規範や目標像となり得る他の対象物や地域にならった別名で親しまれることも隠喩の一種といえる（図1.14）．見立てには，現在の情報化社会における，情報の付与によって空間の意味が変容することと同様に，実空間に別の意味を付与するような事例もある．松島が霊場として見立てられていたことも同じであり，この見立てによって寺社仏閣が多く建設され，松島の地域としての有り様が決まったといえる．

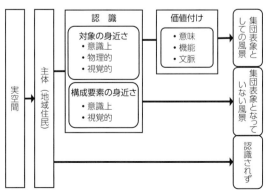

図1.12 対象・要素と表象（風景生成モデル）

図1.13 「世界遺産」石碑の前で記念写真する観光客（京都・鹿苑寺，筆者撮影）

図 1.14 見立てによる様々な「郷土富士」（筆者撮影）
上：羊蹄山（蝦夷富士），下：三瓶山（石見富士）

d. 地域の風景構造

今まで見てきたような地域の空間構造と表象の組合せによって風景構造（図と地）が決定されていく．地域の中心において表象を示すことは非常に効果的といえるが，地域の中心が表象となっていることもあれば，地域の中心と表象が異なることもある．

観光地では，地域の中心（観光資源）が表象となっている．名所や観光資源を中心としてレクリエーション施設や宿泊施設が整備された地域構造は，比較的わかりやすい地域像を提示する．さらに，地域の特徴を示す情報も，ガイドブックなどによって観光資源を中心とした示し方になり，地域の風景構造が明瞭になる．

観光地以外では，住民の生活様式によって中心が定まり，日常生活において身近なものが表象になると考えられる．寺社仏閣における祭礼などはその例といえる．

一方，地域の中心と表象が異なる，もしくは関連付いていない場合は，地域の中心における対象の示し方などの設えが必要になると考えられる．文化的景観として世界遺産に登録されている白川郷では，茅葺きの合掌造りが表象（換喩）となって，古民家での宿泊施設などが整備されている．一時的に滞在する来訪者は合掌造りの屋根を認識する一方，住み続けている住民は合掌造りだけでなく水路も一緒に認識している．集落自体は領域の端が神社で，中心が神田家・和田家といった規模の大きい合掌造りの民家となっているが，観光客にとっては合掌造りの屋根が白川郷を表象しており，中心と表象が合致していない．この要因として，白川郷での観光活動が「見る」中心になっていることにより，地域の空間構造への理解が不足してしまっているためと考えられる．

たとえば，先述した海岸クロマツ林のある酒田市では，クロマツが地域の中心となる施設や神社中心に植えられており，表象と空間構造が合致している．その結果，地域の海岸林風景が生成した．

風景構造とは，その図と地およびその関係を認識することであり，図だけを認識することではない．先述した通り，特定の要素である図だけを示すことは地域をわかりやすくすることであるが，逆に見過ごされてしまう要素も出てきてしまう恐れがあり，風景計画の対象範囲とともにその構造を想起させる必要がある．そのためには，地域の空間構造を表象とする必要がある．すでに述べているように，たとえば，その構造を形成した要因から隠喩的表象を，空間構造をわかりやすくする換喩的表象を形成し，実空間と関連付けるなどが考えられる．

〔伊藤　弘〕

1.2.4 土地の履歴・場所の性格の読み取り方法

土地の様相は，地域における様々な事象の基盤であると同時に，その影響も受けるなど深く関係し合っている．土地の履歴を知ることは，土地と事象によって形成される風景の，あるべき姿を検討するにあたって欠くことのできない作業である．本項では，土地の履歴の読み取り方について，既

往研究における具体例を紹介しながら概説する.

中西らは，鳥取市で1952年に起きた大火の後，焼失地区がどのような経緯で現在に至ったのかについて調べた[1]．県と市によって編纂された復旧復興事業の記録誌をはじめとする文献資料，大火に関する新聞記事，公営住宅に関する行政資料により，復旧復興事業の事実経緯を把握した．その一方で，当該地区の空間変化を各年代の住宅地図により把握した．事実経緯と空間変化を照合することで，復興事業の痕跡が，公共建築物の敷地，道路の幅員や形状，商店街の建築物に認められることを明らかにした．

また，宮本らは，江戸幕府の牧であった土地が，払い下げられたり，上地されたりしたあと，どのような経緯で現在に至ったのかについて調べた[2]．牧の既往研究で得られた情報と，牧の古絵図とを照合し，地理情報システム（GIS）を使って，払い下げ地域と上地地域を地図化した．そのうえで，フランス式彩色地図，旧版地形図，細密数値地図（10 mメッシュ），県の土地利用データを用いて，各年代の土地利用と経年変化を把握した．なお，紙地図についてはスキャンしてデジタル化した．そのうえで，農林地面積の割合や，街路種別の割合を変数としてクラスタ分析を行い，農林地の構成や街路のパターンを把握した．解析の結果に基づき，特定の土地利用や街路形状に，牧の履歴が残っていること，および，払い下げ，上地の違いによって痕跡が異なることを明らかにした．

さらに，五十嵐は，伊万里湾の「うね畑」景観がどのように形成されたのかを明らかにした[3]．河道の付替え，石積みによる築堤，新田の区割り，という海岸の地先干拓の過程，および，土壌中の塩分除去のための筋状の溝掘りと土盛りの過程を，旧家所蔵の地租改正絵図面と，町の郷土資料集の古文書（とくに干拓事業の顛末を記録したもの）で把握した．

一方，霜田らは，東京都の江東デルタ地帯を対象として，沖積低地に堤防状の地形がどのように形成されたのかを明らかにした[4]．まず，対象地域の地形について，数値地図標高データ（5 mメッシュ）を用いて，1 m間隔の等高線を生成し，運河や河川沿いの「人工堤防」と，その内側の「陥没地」という特徴を把握した．次に，江東区史，墨田区史，荒川下流誌という文献資料と，年代別の地形図により，江戸時代からの，河川開削，新田開発，埋め立て，水路網整備，市街地開発，工業地域化，工場撤退と住宅地化の過程を把握した．さらに，水準基準点や柱状図を用いた断面的な地盤構成の定量的な解析を行った．そのうえで，沖積低地の堤防状の地形を，沿岸における都市開発の経緯の痕跡（地盤と都市形成のせめぎ合いの痕跡）とした．

これらの研究に共通するのは，土地利用や地形の変化を年代別の地図で把握するとともに，文献資料でその変化の事実経緯を把握し，双方を照合することで，土地の履歴を読み取るという方法である．それでは以下に，もう少し詳しく見てみよう．

滋賀県の野洲川下流域には，条里地割の卓越する景観が，今日までよく残っている（図1.15）．

秦らは，近代化による大きな環境変化が起こる前，明治・大正期における土地の状況を，丁寧に読み解いた[5]．まず，条里地割を踏襲する小字界の入った集落立地図を復元し，条里地割に基づく空間構造を地域スケールで把握した（図1.16）．小字界の特定については，大日本帝国陸地測量部の地図，法務局や博物館所蔵の旧公図や地籍図，市史編纂室の小字全図をベースとし，各集落における明治期の村絵図や地籍図，および市史掲載の地割復元図で確認をする，という方法で行った．図1.16の集落立地復元図を見ると，野洲川の谷

図1.15 野洲川下流域における条里地割の卓越する景観
（Google Earthを参考に著者が作成）

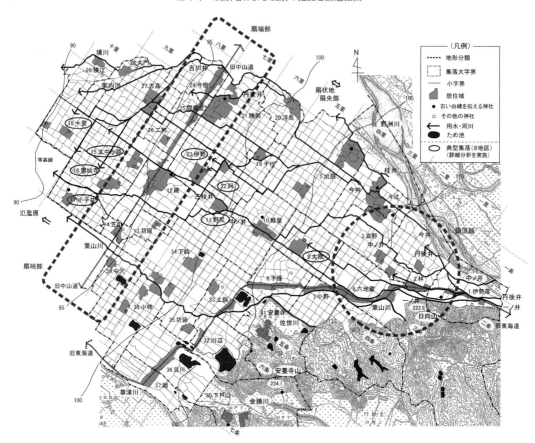

図 1.16 野洲川下流域における明治期の集落立地復元図（提供：秦憲志氏）

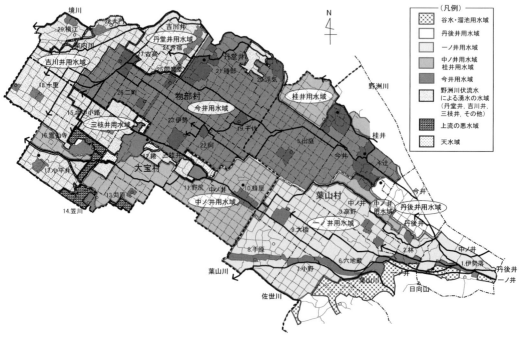

図 1.17 野洲川下流域における大正期の用水系統と各集落の灌漑状況（提供：秦憲志氏）

1.2 風景を分析し課題を抽出

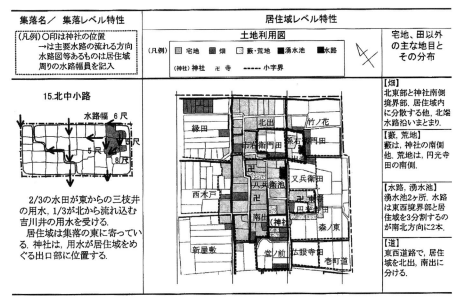

図 1.18 野洲川下流域における典型平地集落の用水系統と土地利用（提供：秦憲志氏）

口において，扇状地の等高線に対して条里地割（小字界）の四辺が平行ないし直交であったこと，塊状の集落が一定の間隔で点在していたこと，旧街道沿いに居住域が連続していたことがわかる．

また，秦らは，このような空間構造となった要因として農業水利を想定し，県による大正期の農業水利調査書と，市町村の沿革史を参照しながら，用水系統と各集落の灌漑状況を図にした[5]（図 1.17）．図 1.17 を見ると，一ノ井，今井，中ノ井といった用水系統ごとに，地形に沿った幹線水路や条里地割によって，地域全体にまんべんなく水が行き渡るようになっていたことがわかる．

さらに秦らは，水が行き渡るようになっていたことを，集落単位でも把握した（図 1.18）．そのうえで，村絵図や地籍図をもとに，用水系統と土地利用を把握し，集落の居住域の領域を形成する空間構造モデルを提示した（図 1.19）．

以上のように，文献資料で土地利用や地形の変化に関する事実経緯を把握するとともに，年代別の地図で実際の変化を把握し，双方を照合することで，土地の履歴を読み取ることができる．土地の履歴の現れを，新たなタイプの文化的景観として保全継承することや，丹念に読み込んだうえで現代的に再生することが，地域の将来像を描くう

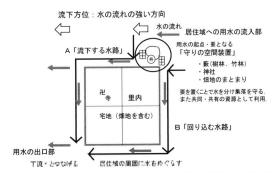

図 1.19 野洲川下流域における居住域の領域を形成する空間構造モデル（提供：秦憲志氏）

えでの課題として挙げられている[6],[7]．土地の履歴をいかに解読するかが，今後の風景計画の実践において，鍵になると考えられる．〔村上修一〕

コラム3　文献資料調査の意義

はじめに

地域や場所の風景を読み解くうえで，環境形成史ともいうべき，眼前にある空間の積層や，空間を規定する制度の変遷を探ることは重要である．また，過去の風景の型やモデルを探ることは風景づくりを実践するうえでの参照先であり道標ともなる．こういった作業を行ううえでも文献資料を使いこなすことは欠かせない．

筆者はプロフィールの専門欄に「造園史」と書くことが多く，いわゆる歴史研究を行ってきたが，残念ながら資料の取り扱い方の専門教育を受けたわけでないため，ここでは筆者の経験上ということわりを付しながら，2010年代以降の歴史研究のトレンドや資料のアーカイブの必要性について述べたい．

資料の収集とオンライン化による恩恵

風景計画の分野においては，歴史研究の対象はおおよそ近世から近代の範囲となっている．地域の環境形成史を探るうえでの最初の手掛かりは市町村史などの郷土史であり，公共図書館を訪問することとなる．さらに，各地の図書館には郷土史コーナーが設けられていることが多く，これらの収集・複写により情報を手に入れることとなる．また社寺や旧家などには近世からの資料が保管されている場合がある．国立公園などを対象とする場合には，その範囲の広さから，それなりに大変な作業となる．

ひと昔前は足で稼ぐというのが主流であったと思われるが，近年では資料のデジタル化による公開が進んでいる．国立国会図書館デジタルコレクション (http://dl.ndl.go.jp/) や国立公文書館デジタルアーカイブ (https://www.digital.archives.go.jp) などでは目録だけでなく，本文や絵図などが閲覧できる．古書のマーケットもオンライン化 (https://www.kosho.or.jp/) しており，貴重な資料がよく出品されている．加えて，GISデータのオープン化が進んでいるが，この恩恵は現況の把握にとどまらない．たとえば，国土交通省が提供する国土数値情報には (http://nlftp.mlit.go.jp/ksj/index.html)，1918（大正9）年からの行政区域の変遷や，鉄道路線なども提供されており，地域の理解への助けとなる．

資料のアーカイブ

このように，いながらにして資料を収集できることは格段に増えており，デジタルアーカイブの恩恵を享受できる．一方で，死蔵や廃棄の危機に瀕している資料も多々存在する．とくに大学の研究室に保存されているものが案外と危ないのではないかと考えている．筆者の経験でいえば所属先であった研究室に，苦労して収集した資料が眠っていたことを大掃除の際に発見したことがあり，愕然とした記憶もある．しかし，大勢においては小寺文庫 (http://opac.ll.chiba-u.jp/da/kodera/) として資料が整理されており，研究の大きな助けとなった．まずは足元の確認をしてみたい．

ランドスケープ遺産 (https://heritage.jila-zouen.org) や林業遺産 (https://www.forestry.jp/activity/forestrylegacy/) など各学会で，「遺産」事業が進められている．それは空間やものの価値を改めて確認し，共有する行為である．現在の所属先においても，過去の資料のデジタルアーカイブを進めているが，「遺産事業」により資料が持つ価値が再認識されたと感じる．「遺産」事業の推進とともにアーカイブが進むことが期待される．

風景計画における歴史研究は未来への糧やヒントを見つけるため，あるいは過去や慣習から自由になるためになされる．未来を見据えた資料のアーカイブは急務かつ切実であり，自分探しをしがちなこの分野において，とくに必要な作業であり，目下の課題として進めたい．

〔水内佑輔〕

コラム4　海外調査の事例

ジェームズ・ローズ（1913-91年）は，20世紀のアメリカでランドスケープ・デザインを牽引したモダニストの1人である[1]．代表作が，ニュージャージー州リッジウッド市の川沿いに立地する自宅と庭園である．自ら構想した建築と庭園を1953年に自力で建設し，没するまでの約40年間住み続け，空間思考の実験室として，また諸事象との対話という即興表現の場として，空間の改変を積み重ねた．本人の遺志により，没後はランドスケープ研究センターとして使用され，今日に至っている．

旧ローズ邸には，モダニストとしての空間思考と，ランドスケープ・アーキテクトとしての作法を知る手がかりがあると考えた．そこで，渡米前に当センターの理事長へメールで調査の許可をもらい，管理者と日程や調査内容について調整を行った．そのうえで，2000年3月20日から24日までの5日間，近隣のホテルから通い詰め，朝から日没まで過ごしながら調査を行った．調査の内容は，屋内外の空間の実測，写真やスケッチによる空間の全景やディテールの記録，図面資料の閲覧，周辺環境の把握であった．とくに，建設当時のモダニズム色の濃い空間を再現するために，著しく改変された現況の中に，その手がかりを求めた．雑誌に掲載された建設当時の写真と同じ視点に立って，現況の写真撮影を行った．その結果，建設当時の空間を模型で再現する

図1.20 建設当時の旧ローズ邸の再現模型（筆者撮影）

図1.21 旧ローズ邸において観察された太陽光の差し込み（筆者撮影）

ことができた（図1.20）.

5日間にわたって終日過ごせたことは，もう1つ大きな収穫をもたらしてくれた．朝，昼，夕の時間帯によって，太陽光が差し込んでくる場所や向きが変わり，屋内外の様相が変化した（図1.21）．また，その日の天候によって，空間が明るく弾んだり，暗く沈んだりもした．このような空間のゆらぎは，ローズがメディアを通して発信していたことであり，実体験を通して彼の空間思考と作法に対する理解を深めることができた． 〔村上修一〕

文 献

1.1 節

伊藤 弘（2011）近代の松島における風景地の整備と眺めの関係，ランドスケープ研究，**74**（5），769-772

櫻井宏樹他（2014）雑誌『國立公園』表紙にみる添景人物と自然風景の描かれ方，ランドスケープ研究，**77**（5），507-510

中島峰広（1996）棚田の保全，地学雑誌，**105**（5），547-568

羽生冬佳（2004）江戸の名所の成立・成熟過程に関する研究，都市計画論文集，**39**（3），115-120

小野良平（2008）森林風景計画学研究の展開と課題，塩田敏志編著『森林風景計画学』所収，地球社

文化的景観学検討会（2016）地域のみかた―文化的景観学のすすめ―，奈良文化財研究所

1.2 節

1) 環境省（2008）環境影響評価技術ガイド 景観，p.86
2) 自然との触れ合い分野の環境影響評価技術検討会（2002）自然とのふれあい（環境アセスメント技術ガイド）
3) 福井 亘他（2010）囲繞景観における景観要素抽出の簡素化手法について，ランドスケープ研究，**73**（5），559-562
4) 上田裕文他（2014）札幌市の都市イメージにおけるみどりの位置付けとその利用，ランドスケープ研究，**77**（5），487-490
5) 伊藤 弘（2008）本荘と酒田における市街地での神社植栽を中心としたクロマツの見え方の差異，ランドスケープ研究，**71**（5），679-682
6) 小野良平（2017）三陸沿岸域における集落と海の視覚的つながり，ランドスケープ研究，**80**（5），585-588
7) Mizuuchi, Y. *et al.* (2015) Constructing a Survey Method for Landscape Evaluation Using Visitor Employed Photography and GPS, *Landscape Research Japan Online*, **8**, 1-7
https://doi.org/10.5632/jilaonline.8.1
8) 水内佑輔他（2016）明治の森高尾国定公園を事例とした自然公園における森林トレイル利用者の風景評価，ランドスケープ研究（オンライン論文集），**9**（0），91-102

コラム2

Kunii, Y. (2018) Development of UAV Photogrammetry Method by using Small Number of Vertical Images, *ISPRS Annals of the Photogrammetry, Remote Sensing and Spatial Information Sciences*, **4**（2），169-175

1.2.3 項

伊藤 弘（2011）近代における海岸林の風景生成過程，東京大学農学部演習林報告，**124**，1-106

伊藤 弘（2013）ブログにみる松島の風景と空間の意味の関係，環境情報科学，**42**（2），46-52

伊藤 弘（2011）山形県酒田の市街地におけるクロマツ風景の特性，環境情報科学，**40**（1），54-59

伊藤文彦他（2017）熊野参詣道伊勢路における巡礼空間の装置性，ランドスケープ研究，**80**（5），589-592

黒田乃生他（2002）写真撮影調査による観光客と住民の景観認識の差異，都市計画論文集，**37**，961-966

下村彰男他（1991）近世における遊楽空間の装置性に関する考察，造園雑誌，**55**（5），307-312

文化的景観学検討会（2016）地域のみかた―文化的景観学のすすめ―，奈良文化財研究所

1.2.4 項

1) 中西千尋, 北尾靖雅（2014）鳥取大火後の市街地の近代化と復興事業の痕跡に関する研究―公共施設, 商店街, 市営住宅, 道路の建設と土地利用の変化の分析, 日本建築学会近畿支部研究報告集計画系, **54**, 365-368
2) 宮本万里子他（2011）牧の払い下げ形式に基づく下総台地における景観の特徴解明, ランドスケープ研究, **74**（5）, 673-678
3) 五十嵐 勉（2000）伊万里湾八谷搦の干拓過程と「うね畑」景観, 地先干拓の過程と低湿地農耕技術の視点から, 低平地研究, **9**, 13-22
4) 霜田亮祐他（2009）江東デルタ地帯における人工地形改変の変遷から見る都市環境の構造, ランドスケープ研究, **72**（5）, 709-714
5) 秦 憲志, 桜井康宏（2011）近江平野野洲川下流域条里地割における用水系統と集落居住域形成―近江平野野洲川下流域における条里地割と平地集落の空間形成に関する研究その1―, 日本建築学会計画系論文集, **76**（659）, 43-51
6) 宮本万里子（2012）土地履歴の解釈に基づく文化財としての文化的景観の捉え方の検討, ランドスケープ研究 **75**, （5）, 597-600
7) 宮城俊作（2015）日本の歴史的都市をランドスケープ・アーバニズムから読み解く, ランドスケープ研究, **78**（4）, 340-343

コラム4

1) 村上修一（2001）ジェームズ・C・ローズの空間形態にみる曖昧性, ランドスケープ研究, **64**（5）, 501-506
村上修一（2000）近代のランドスケープ・デザインにみる空間の曖昧性―ジェームズ・ローズ邸を事例として, 建築文化, **55**, 124-129

第2章
目標像の共有

2.1 共有される目標像のあり方

2.1.1 はじめに

 計画とは，現状や課題を踏まえて目標像を設定し，その実現に向けた方策を立案することである．風景計画を策定するにあたっては，前章で見てきたように現状や課題を踏まえて目標像を設定する必要がある．また，それを特定の地域社会で共有することで集団表象が生成され，地域社会がその実現に向かって動きはじめる．そのためには，地域社会で共有される目標像を設定し，それを共有しなくてはいけない．本章では，共有され得る目標像を設定するための観点と，共有するための方策について見ていく．詳細は各節で示していくが，ここではそれぞれの概要とその関係について見ていく．

2.1.2 共有される目標像設定の観点

 従来，風景を捉えるにあたっては，全体環境として捉える・空間形態と人間行動の関係から捉える・時間の重なりから捉える，というアプローチが指摘されてきた．目標像を設定するにあたっては，以上3つのアプローチを踏まえる必要がある．人間行動と空間形態の関係は，さらに共感・個性・意味・関係というキーワードを導き出すアプローチから検討される．人間行動と関連付けて空間全体を，時間軸をもって設定すべきであり，風景の先に生まれるものを見据える必要がある．

2.1.3 目標像の共有

 風景計画において，対立する風景に対する価値観（風景観）が対立することもある．そのためには，利害関係者も含めた合議によって，対象とする風景に関する様々な構成要素や成立要因を共有しながら目標像を設定する方法が有用といえる．

 目標像の設定においては，複数の空間スケール（広域・地域・地区）から風景を捉える必要がある．これらに取り組むことで地理的に近い範囲での風景の位相を把握することができ，たとえば類似する風景のまとまりが見られる範囲間での連携や調整なども考えられる．こうして連携を図りながら合議制に基づいて目標像を設定していくことで，目標像の共有が図られるといえる．

 現行の景観法においては，住民が参加可能であり，整った協議に関しては尊重義務が発生する景観協議会が設置できるようになっているものの，その数は少なく，実際にどう共有するかといった過程は未だ途上といえる．

2.1.4 地域における風景計画の位置付け

 現行の各自治体で策定されている景観計画は，総合計画を最上位として都市計画マスタープランや緑の基本計画・中心市街地活性化基本計画・環境基本計画・農業振興計画などを上位計画としていることが多い．これは，意匠や色彩が独立して検討されている結果といえる．しかし，「目標像設定の観点」で見た通り，風景計画における目標像設定においては，空間全体を人間行動の関係を踏まえて検討する必要がある．したがって風景計

画の目標像とは，空間や環境と地域社会をどう結び付けるかといった，地域の総合計画の空間や環境への落とし込みと捉えるのが適切といえる．合議制によって目標像を共有することで，こうした目標像から，たとえば文化的景観のおもな構成要素である一次産業地の維持管理に関して，農地などの管理への所有者以外がどう関わるか，生産された農作物は誰がどこでどのように消費するかなど，個別具体の計画や事業に展開させ，一体的な地域運営を検討できる可能性も考えられる．

　日本における近世以前の風景画は，人々の活動も含めたすべての要素を描き出していた．とくに地区レベルでは，われわれ現代人が，絵図から当時の人々の活動や環境との関わりを読み解くように，人の行動も含めた目標像を表現することで，地域全体で空間や環境への関わり方を共有し，そこから個別の計画や事業を導き出す展開も考えられる．

　しかし，現状の総合計画は土地利用配分など空間の総合調整が欠けていたり，その下位に位置する個別法における住民参加方式が異なったり計画年限が異なるなどの課題が指摘されている．風景計画の目標像とは，地域社会の有り様の可視化であり，自治体が策定している様々な計画における目標の可視化ともいえる．誰が，どこで，何をするか，そのために空間および生活・生業をどうするのか，を像で表現することで，各計画と住民や事業者が結び付きやすくなり，風景の先を検討できる状況になっていくことが期待される．

〔伊藤　弘〕

2.2　目標像設定の観点

2.2.1　風景を捉える3つのアプローチ

　風景を計画するためには，目標とする風景の質を設定し，その実現のために必要な方策や手段を時間の経過にあわせて検討し，漸次適応していくことが必要である．これは，非常に複雑な要素の関係や異なる次元の捉え方をていねいに紐解いていくプロセスであるといえる．

　とくに風景計画における目標像の設定が他の建設環境の計画と大きく異なる点としては，以下の3つが挙げられる．1つ目は目標像となる環境を構成する要素が非常に多様で，複雑に影響し合う関係によって成立していること．2つ目は物理的な空間形態だけではなく，人間行動との相互作用で目標像を捉える必要があること．3つ目はある固定的な目標像を設定するだけではなく，時間を経ることで目標像そのものが変化していくということである．では次に，これら3つのアプローチから風景計画の目標像のあり方を考えてみたい．

2.2.2　全体環境としての風景像

　風景を構成する要素を捉えてみると，地形や土壌，水系などの土地基盤をはじめ，気候や微気象などの大気環境，その中で生育する植生などの緑地環境といった自然的な要素だけでなく，建築や道路などの建設環境を形成する社会的要素が組み合わさった全体環境としての風景（total landscape）が成立している．さらに，これらは複雑に影響を与え合い，時間の経過に伴って変化しながら形づくられている．アメリカのモダン・ランドスケープアーキテクチュアを牽引したガレット・エクボはトータル・ランドスケープの概念を提唱し，私たちがどこにいても見たり感じたりするすべてのものがランドスケープであると述べている[1]．

　風景の目標像を設定することは，各構成要素のあり方を個別に検討するような単純な環境形成のプロセスではなく，多様な構成要素の関係の全体像を総合的に描くことであるといえる．そして，多岐にわたる構成要素が複雑に組み合わさった総体としての風景像を描くためには，各要素間の関係をいくつかの段階的なアプローチによって漸次構築しながら，同時に統合化していく必要がある．

2.2.3　空間形態と人間行動の関係から捉える風景像

　風景は自然的・社会的な要素による空間形態（space behavior）だけで成立しているものではない．中村は「景観とは人間をとりまく環境のながめに他ならない」として，風景における環境の重要性を指摘しているが，「しかし，それは単なるながめではなく，環境に対する人間の評価と本質的な関

わりがある」[2]と続けて述べており，見る側の人間の行動や働きかけ（human behavior）も風景を形成する不可欠な要素である．このような人間と空間の関係がつくる風景の質について，久保は人間と空間との有機的関連性を解明し，良好な全体環境を形成することが必要であり[3]，ヒューマンビヘビアラルアプローチとスペースビヘビアラルアプローチといった人間と空間の両面から都市の全体環境の質を捉えることが重要であると指摘している[4]．

風景の目標像を捉えるうえでは，このような空間形態と人間行動との相互作用を踏まえることが不可欠である．ここでは，空間形態と人間行動との関係から捉える風景の目標となる質を図2.1のように整理した．左右には人間行動の軸を【多様性】-【主体性】で示している．人間行動の主体性とは，人々が空間に能動的に働きかける態度を示し，空間の価値を高めたり，特徴を際立たせたりするものである．一方，多様性とは空間に適応した自由なふるまいがいくつも重なり合う状態のことであり，人々の行動の集積が場所のムードをつくり出すような状況のことを指している．上下には空間形態の軸を【デザイン力】-【包容力】の対比で示している．空間形態のデザイン力とは，風景のシンボルとなるような強いビジビリティを持つことを指している．一方，空間の包容力とは，人々の行動に応じて用途を柔軟に変化させるポテンシャルを持つことである．これらの2軸の組合せから人間行動と空間形態の関係を次の4つの視点で整理した．

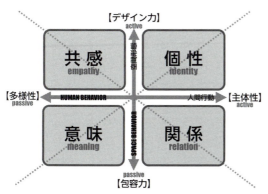

図2.1 人間行動と空間形態の関係

1つ目は，生活も空間もアクティブに風景に働きかける「個性（identity）」を創出するアプローチである．アイコニックな視対象をデザインすることやビスタといった眺望性の確保，フレーミングやピクチャレスクといった絵画的に風景を捉える構図をつくることによって，風景の強い印象を牽引することが可能である．また，名所とよばれるような象徴的な空間演出や記念撮影の舞台となるような場のセッティングによって，人々が積極的にそこを訪ねたり，身をおいてみたりしたいと思わせることで，風景に対する誇りや愛着を抱きやすくすることができる．

2つ目は，風景に対する人々の主体的な働きかけを空間が許容することで成立する「関係（relation）」を構築するアプローチである．日本の生活文化が培ってきた社寺境内は，祭りのようなハレの場と日常のケの場としてのまったく違う二面性を受け入れる空間となっている．このような可変性の高い空間は，人々の積極的な行動を受け容れることができ，人間と空間との密な関係を構築することが可能である．また，ニューヨーク・ブライアントパークの可動ベンチとテーブルの設えやプレイパークのような子供が自由に遊び場を創造できる仕組み，近年日本でも広がりを見せつつあるマーケットやマルシェのような市の新しい展開などは，人々が空間に関わるきっかけをつくり，賑わいの風景の創出に大きく寄与している．このような人々の行動を誘発する装置の工夫や柔軟な空間運用の仕組みによって幅広い活動を展開することができる．人と人との関係を直接的に築くことは容易な取組みではないが，パブリックライフとパブリックスペースの双方を用いた関係づくりのアプローチでは，人と空間との関係がいくつもつくり出されることで，副次的に人と人との関係が誘発されていくというプロセスを経ることが可能となる．

3つ目は，自らの行動だけでなく，他者の行動も理解し，尊重しあえるような状況をつくり出す「共感（empathy）」を醸成するアプローチである．計画でもデザインにおいても強いリーダーシップで風景を変えるのではなく，個々の主体性を持った活動がゆるいネットワークを形成することで相

互に魅力を高め合うようなガバナンスが求められている．槇は，現在のようなばらばらの都市に対する働きかけをつなぎとめるものが「共感」であるとし，これまでのようなユニバーサルやスタンダードを目指す思考から，共感に基づくヒューマニズムのようなものが世界的なネットワークとして展開されるようになっていくのではないかと指摘している[5]．近代的な計画理論に沿って空間の機能を限定していくことで，人々の均質な行動を強要するのではなく，老若男女の多様な行動が共鳴することで，空間の価値や効果を高め合い，風景の魅力にフィードバックしていくことが求められる．

4つ目は，人々がそれぞれに抱く風景への多様な思いを空間が受け入れることで風景に「意味（meaning）」を付与するアプローチである．これは人々の多様な行動とそれを受け入れる空間の包容力の相互作用によるものであるが，そこから創出される風景の意味は，人々がそれぞれ抱くものである．個人の経験や思想，その時々の感情によっても大きく異なる非常に複雑なものであり，意味の内容そのものをコントロールすることはできない．しかし，高度経済成長期のように空間をはじめからつくり出す時代でなく，すでにある空間の魅力向上が求められる現在においては，いま目の前にある風景に対する意味をいくつも重ね，深めていくことでその価値を高めていくことは，これからのもっとも重要なアプローチであるといえる．

2.4.4 時間の重なりから捉える風景像

風景計画が単なる建設環境の計画ともっとも異なる点は計画の対象とそれを見る主体がそれぞれ時間とともに変化することである．人工物と違って，自然も社会も時間とともに移り変わる．また，これらの相互関係も時間を経て大きく変わっていく．このことは風景が「育つ（metabolize）」ものであることの証ともいえる重要な点である．

風景計画において考えておくべき時間の捉え方は大きく2つに分けられる．1つ目は過去の時間と未来の時間という「時間の蓄積と予測」の視点である．これまでその土地が営んできた風景の文脈（context）を読み解き，そこに積み重ねられた時間の蓄積をさらに未来へ継承していくことができるかを考える必要がある．また計画された風景はつくられた時点で完成なのではなく，できた後も時間の経過に伴ってさらに良くなっていくような未来への期待感を計画に組み入れることが重要である．植物はその象徴であり，徐々に大きく育つことで風景の価値を高めていくものである．さらに，「景観10年，風景100年，風土1000年」といわれるように，計画する時間の長さにも注目する必要がある．長い時間経過を予測することは難しいが，目の前の課題だけに対応していたのでは本質的な風景を計画することはできない．長い時間と短い時間をつなぐための目標設定が求められる．

2つ目は「時間のサイクル」の視点である．1日の太陽のサイクル，1年の季節のサイクルなどの時間の周期性を踏まえた風景像の設定が必要である．宮城は時間のサイクルについて，変遷や遷移のように移り変わっていくという，日本語の「うつろい」という言葉に当てはまるものを意識することの重要性を指摘しており[6]，繰り返しながら少しずつ変わっていく目標像の移ろいを計画に含めることが求められる．

このように，時間の経過を踏まえると，常に同じ風景というものは存在しない．環境と主体との関係において風景は絶えず変化しており，目の前のコントロール可能な環境だけを操作すれば風景が計画できるというものではない．風景像の設定においては，この変化する関係に順応的に対応することが不可欠である．

2.2.5 風景の先へ

風景の目標像を設定する際に重要となる視点を見てきたが，最後に付け加えておくべきことは，風景を計画し，実現したその先に何があるのかを考えることである．太田が日本における景観問題は課題認識そのものが創造力に乏しく，矮小化されていることを指摘している[7]ように，風景像を描き，実現することは，単に美しい風景をつくることだけが目的ではないはずである．魅力的な風景が社会に対してどのような価値や効果を生むの

かが問われなければならない．風景の目標像を設定する際にもっとも大切なことは，風景の先に生まれるものを見据えて風景像を描くことである．

〔武田重昭〕

2.3 目標像の共有

2.3.1 風景計画とその性格

景観，風景は，様々な人々の営みの結果として形成され，環境の総合的指標であることから，風景計画は，単に景観の操作をするのではなく，人々の生活，生業，地域との関わりを計画，設計することとなる．したがい，風景そのものが純粋な目的たり得ないことは自明であり，風景計画では，風景を成立させる空間に対し様々な角度から評価の視点を設定し，その評価結果を土地利用という形で総括し，地域の営みを風景の観点から再創造することになる．

冒頭で触れた通り，風景には環境指標としての総合性があり，その一方で，京都北山や宮崎飫肥などの有名林業地で個性あふれる森林景観が見られるなど地域性も豊かである．また，生活，生業との関係の中で時間をかけて風景が成立してきた経緯から理解できる通り，長い時間軸としての歴史性をも持つ．それゆえ，評価者によって評価軸は異なり，風景に対する評価結果がまったく違うものになることがあるが，それ自体は当然の帰結であり，評価軸を統一するなどして評価を行う必要がある．

2.3.2 風景の効用，価値

地域の個性ある風景は，その地域に住む人に安らぎ，快適性を提供し，審美性が高い場合には住む人，訪れる人に美的満足を提供する．また，風景を通して背景にある地域の文化，個性を知ることができ，知的欲求を満たすという側面もある．さらには，富士山のようにシンボル化した風景（図2.2）では国民的風景ともなり得るため，一定の集団への帰属意識を喚起する．2011年の三陸沿岸部の復興では，津波という危険事象から人をまもるため，山を削って土地の嵩上げを行った事例

図2.2 江ノ島から富士山（筆者撮影）
富士山の場合，山容を見ただけでそれとわかるほどに国民的に共有されており，周辺地域に住む人々にとって共有された風景であり，地域への帰属意識へとつながる．

があるが，毎日目にしてきた山がなくなることに対して怖いという子どもの声が聞かれたことからも，地域で共有されてきた風景の管理は重要である．その他，風景そのものが観光資源化されると観光収入が生じ，経済的価値に結び付く他，貨幣価値尺度では測ることが難しい学術的価値や地域の誇りの醸成といった効用もある．

2.3.3 風景に対する価値観の対立

風景の背後にある生業，人の自然への関わり方は時代とともに変化する．たとえば，イングランドの牧場風景は17世紀からの約1世紀の間に形成されたといわれるが，18世紀に始まる食料自給政策に対応して，大地主はそれまでの牧羊地の相当部分を耕地に改変し，田園風景が変容したといわれる（図2.3）．このように，農業の構造変化は土地利用の変動をもたらし，農村風景が劇的に変貌することがあるが，反対に，地域で土地利用の変化が少なくなり安定する過程もある．しかし，前述の通り，風景に対する見方は人によって異なるため，とくに変化が産み出されるときに対立を生み出す．

たとえば，奈良県中央部に位置する明日香村は中央集権律令国家の誕生地であり，飛鳥時代の宮殿や史跡が多く発掘される歴史性豊かな地域である．1980年代には，生きた歴史的風景を追体験できる古都として農村風景の持続的保存に取り組み，都市化の影響を強力に規制しつつ，農業立村を宣

図 2.3 英国コッツウォルズ地方の田園風景（筆者撮影）
牧羊地は地域にとって特徴的な価値ある風景であり，農業構造の変化は風景に変化をもたらす．

言したほどの村である．しかし，農地転用規制の強制力の不足も伴って，施設園芸によるビニールハウスと古都の歴史的風景の間に価値観の対立が見られた．農業の近代化と飛鳥らしさを持つ農村風景との間にジレンマがあり，現在はビニールハウスの素材，色について調整を図っている（図 2.4）ものの，今後も継続的な検討が必要な課題である．

近年では，太陽光発電のソーラーパネルが景観，地域の風景を損ねるといった事例もある．日照時間が長く，内陸性気候で晴天率の高い山梨県北杜市では，2015年度時点で，住宅用を含むと4000件を超える太陽光発電事業申請が提出された．とくに，市内全域に点在する太陽光発電所が景観を損なうものとして苦情が寄せられ，森林の消失と無機質な太陽電池の可視性による景観問題に発展している．環境に優しいエネルギーの積極的活用を目指す政策と地域の景観保全の価値観の対立の構図であり，とりわけ，急傾斜地や山腹を拙速に造成し，景観への配慮がないことが問題点として指摘されている．自然エネルギーの活用に伴う景観問題は今後も生起すると予想され，北杜市の事例は注目すべき事例であろう．

2.3.4 風景の目標像の共有の重要性と必要性

特定の社会集団，あるいは特定の文化圏内で暮らしている人々の間には，ある種の風景的イメージが共有され，この共通の風景的イメージを媒介として，人々は共同体の生活空間の有り様について

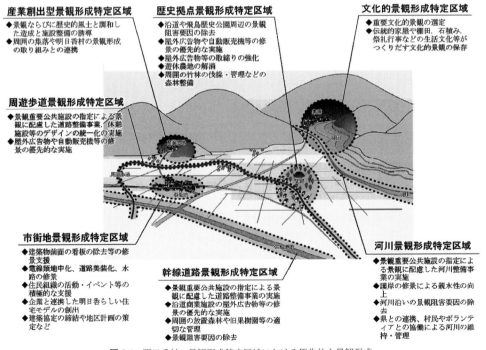

図 2.4 明日香村の景観形成特定区域における優先的な景観形成
歴史的風土との調和，伝統的家屋や棚田，石積み，祭礼行事などの生活文化がつくりだす文化的景観の保存，遊休農地の解消などが目指されている（出典：明日香村[1])．

想念を交わし，語り合うことで互いに結び付けられる．これが「風景の集団表象」であり，風景が共同体への帰属意識，地域への誇りを醸成することから，風景を保全する，再創造する，いずれの場合においても風景の目標像の共有はきわめて重要な課題である．実際には，長い時間をかけて生活，産業の変化は起きており，そのような中で安定した風景の価値認識を共有し，目標像を共有することが求められる．前述の価値観の対立は価値認識を共有する1つの過程であり，合意形成に向けた重要なプロセスである．価値観の対立は意見の相違の表出であり，風景の変化に対して無自覚であることのほうが問題を深刻化させるといえよう．

2.3.5 目標像の共有方法と合議の意義

目標像の共有の方法論を考える前に，そもそも目標像がどの程度まで一致するのかという問題があるが，ここでは，風景計画の立案のための一連の作業過程，地域内での協働の中で，ある程度ぼんやりとした輪郭を描くことができると想定しておく．その場合，風景の目標像の共有に向けては，まず，自然特性，土地利用，景観の解析，評価など，風景について議論するための素材を集める段階がある．この段階については別項に譲ることとし，ここではおもに，次の段階となる，目標像の一致度を高める合意形成の方法論について解説する．

地域の景観計画や風景づくりの取組みにおいては，たとえば，景観学習会，市民会議，計画策定委員会，景観形成審議会，パブリックコメント，地域説明会といった順序の検討過程が確保されるのが一般的である．合議については，古くから，有能で善意な独裁者1人は，効率性，知的創発性の観点から集団の合議に優るとされ，その点を実証した研究成果も少なくない．また，当事者の数が多いとよけいにこじれるという指摘もあり，人が集まって議論すると厄介である．しかし，1人の人間は本質的に過ちを犯す，グループの決定では，過ちを犯してもその程度が小さい，極端な回答が少なく穏当な結果を生み出す，合議制自体に「民主的」価値があるなど，合議に対する疑念を払拭する回答もある．風景計画が，地域の営みを風景の観点から再創造する取組みであることを考えると，合議することに意義を見出せる．

2.3.6 目標像の共有範囲

目標像の議論に参加する利害関係者の範囲は，特徴のある風景のまとまり，空間的広がりを考慮する必要がある．たとえば，風景との向き合い方，伝統的な管理手法は集落ごとに異なる可能性があり，成立した風景の類似性に配慮することが求められる．それゆえ，合議の初期の段階では，類似する単一の風景のまとまりを考慮し，合議の共有範囲を決定することが望ましい．実際の風景計画では，地区（集落）レベル，地域（市町村）レベル，広域（県）レベルへと議論の範囲を拡大することになるため，最小単位の合議の結果を統合し，風景の共通性と差異性を考慮しつつ，より広い風景のまとまりを構成していくこととなる．空間のスケールによる議論の内容の違いについて触れておくと，空間スケールの小さい，地区レベルの計画対象は具体的な「もの」に近づき，囲繞景観が想定され，操作主義的な議論になる．これに対し，より空間スケールが大きくなると，計画対象はマクロな現象となり，眺望景観が想定され，総合判断が求められる．なお，いうまでもないが，地区レベル，地域レベル，広域レベルへ，というように空間的に上位の計画へと議論の範囲を拡大する際，個別の解の積み重ね，単なる足し算によって上位計画が定まるわけではない．計画者には，下位計画と上位計画の不一致，矛盾等を解消する議論を促し，各スケールにおける風景の役割，価値を統合する難しい作業が求められる．

また，検討対象となる風景を特徴付ける要素によっても目標像の共有範囲は異なる．たとえば，風景にはゲシュタルト心理学でいう「図と地」の関係があり，同じ自然であっても扱われ方が大きく異なる．たとえば，都市景観の場合には，建築物や道路景観が風景の主題となり「図」として扱われるのに対し，自然や緑は「地」となり背景として機能する．一方，世界自然遺産，国立公園のような地域では，自然生態系，動植物のように自然そのものが主題となり，自然は「図」として扱

図 2.5 阿蘇草千里ヶ浜（筆者撮影）

放牧，採草，野焼きによって維持されてきた歴史があり，自然は「地」ではなく「図」となり，主題である．

われる．それゆえ，図と地の関係に配慮しつつ，風景を特徴付ける要素を特定し，その風景の特徴を支える人の参画が必要不可欠である．たとえば，阿蘇の自然風景（図 2.5）は放牧，採草，野焼きによって維持されてきた歴史がある．自然は主題の 1 つであり，風景計画においても重要性が高い．このような場合，阿蘇を管理する国，県，市町村はもとより，牧野組合や草原の維持管理に参画してきた地域の人々の意見を反映する仕組みが必要である．ただし，類似する特徴ある風景の広がりが自治体の境界を越えることがあり得るということに対し留意する必要もある．つまり，目標像の共有の過程は自治体を単位として行われることが多いのに対し，より広い範囲に類似する特徴ある風景が分布することがある．この場合，両者に不整合が生じ，意味のある風景の広がりが分断されることになりかねず，この点は合意形成上の課題である． 〔山本清龍〕

コラム 5　地域計画における風景計画の実際

一概に「地域計画」といっても，国，都道府県，市町村などの策定主体の違いや，対象とする地域の広がり，計画目的などによって様々であるが，多くの場面で風景計画の概念や手法が導入されている．「風景」や「景観」という用語が地域計画や行政分野で使われるようになって 40 年程が経過し，用語としてはすでに一般化しているように思う．しかし，長年の実務経験の中では，見えの評価や見る人の認識を行政的な価値判断の根拠にすることに対する担当者の理解を得るのが難しいことが多々あった．また，検討内容はまさに風景計画そのものであるにもかかわらず，それが風景計画とは認知されない場合もあった．こういう場面に遭遇するたびに，用語の普及とは裏腹に風景計画の幅広い概念の普及やその有効性に対する理解を得ることの難しさを痛感したものである．

筆者自身は恩師でもある樋口忠彦の著書『景観の構造』（1975 年）から風景計画の世界に足を踏み入れた．当該著書は景観をデザインするという観点から，その構造を分析的，分類的に捉えて体系化したものである．多くの実証調査や研究事例，科学的分析結果などを用いて簡潔にまとめられており，当時としては画期的な著書の 1 つであった．風景や景観の評価はあくまで個々人の主観に左右されるものであり，行政的な価値判断には馴染まないと主張する担当者に対しては，よくこの著書からの引用をもって，その客観性への理解を得ることに成功した．筆者は実務面でも随分長い間，恩師の著書に助けられていたことになるが，時間の経過とともに見え方の分析・評価の計画への組込みに対する行政の理解は進んでいったように思われる．ただし，見る人の価値認識やその変化，見る人への働きかけを地域計画の中でどのように扱うべきかについては，残念ながら今もなお試行錯誤が続いている．

また，筆者自身は国立公園や離島・辺地など，豊かな自然環境や固有の文化を有する地域を担当とすることが多かったため，保護地域制度におけるゾーニング計画やゾーニングに基づく適正な保全・活用を実現するための整備・管理計画に関しての実務経験を積む機会が与えられた．このような地域を対象とする場合，とくに風景を構成する場（対象地域）の資源性の把握と評価が重要となるが，当時，筆者がもっとも興味を惹かれたのが『景相生態学―ランドスケープ・エコロジー入門―』（沼田眞編，1996 年）であった．当該著書は第一線で活躍されていた生物学，生態学，地理学，造園学，環境・情報工学などの著名な研究者らの執筆による景相生態学の解説書である．あえて「景相」という用語を使うことで広義の景観，五感や心の世界を含む景観，人間活動やその歴史的影響も含む景観を捉えようとする姿勢は，まさに筆者が考えていた風景計画のアプローチそのものであったこと

から大変勇気付けられたことを記憶している．

しかし，風景を構成している様々な自然要素の変化を，時間経過と人為的管理強度を踏まえて目に見える風景として再現することは現在でも大変難しい．そのため，風景地の適切な管理やコントロール手法とその効果についての客観的な説明材料を提示したうえで合意形成を図り，地域計画に反映したいとの筆者の思いは今も十分に果たせずにいる．現在でも様々な地域で，目に見え難くなっている潜在的価値のていねいな掘り起こしや，未来に向けて人々の暮らしや心に安定をもたらす新たな風景の創出が求められている．風景計画における新たな手法や技術の開発は，こうした要請に応えるためのツールとしてきわめて有効であると考えられることから，この分野での研究成果の現場レベルへの早期普及が強く望まれる．そして本書がその一助となり，地域計画に関わる若き実務者に勇気を与える存在となることを密かに期待している．

〔松井孝子〕

コラム6　時間の中の風景

「私たちは，この世界に手を加えて，それを保護したり変化させたりすることによって，私たちの願望を表現しようとする．計画についての議論は，常に変化するものをどう扱うかにかかわってくる」人々の時間に対する意識から都市を計画することを思考したケヴィン・リンチはこのように述べ，「都市の変化をうまく運営することができれば，それによって歴史と生活のリズムをドラマティックに表現することができるだろう」と指摘している[2]．時間を味方につけた風景計画とは果たしてどのようなものだろう．松尾芭蕉は「不易を知らざれば基立ちがたく，流行を知らざれば風新たならず」といっている．不易とはどんなに世の中が大きく変化しても絶えず変わらずにあるものであり，反対に流行とはその時々の状況にあわせて絶えず変わっていくものを意味する．時間が経っても変化することのない本質的な風景の価値と時間の変化に応じて新しく見出されていく風景の価値．この2つを両立させていく計画こそ，時間をポジティブに捉えた風景計画といえるのではないだろうか．

これを人と自然の関係に置き換えてみれば，自然の営みとは不易であり，人の営みは流行だと考えられる．常に変わらない自然の中で，人は絶えず風尚に従って新しいものを探し求めているに過ぎないのではないか．しかし，2016年の熊本地震の後に，現地を訪れ，被災された方々から震災後の避難や応急の経験を聞くうちに，むしろ自然とは絶えず変化するものであり，どのような状況にあっても変わらない人の営みの存在こそが大切なのではないかと気付かされた．ある地区では身近な公園を日頃から共同で管理し，利用を通じた人と人とのつながりが育まれていたことで，災害時でも当たり前のこととして助け合いながら無事に困難を乗り越えたという話を伺った．日常的な人の営みが築かれているために，地震という不測の自然の変化が，コミュニティの絆を断つのではなく，むしろより揺るぎないものにした．

どんなに小さな庭の中であったとしても，自然は絶えず変わりゆく．むしろ変わらなければ自然の魅力はない．フランスの作庭家であるジル・クレマンは草や木が自然の遷移の作用として移動し，その移動のダイナミズムの中で構成されていく庭を「動いている庭」[3]と呼んでいる．そして，このような時間の変化を受け入れながら自然と向き合う最善の方法は「できるだけあわせて，なるべく逆らわない」ことだと述べている．自然の営みに新しい価値を見出し，受け入れられるかどうかは，私たちの社会の営みの基盤が揺るぎないものであるかどうかにかかっている．どんな変化もよい方向に受け入れられる許容力が備えられていなければならない．レジリエンスと呼ばれる災害に対する回復力の計画の本質は，自然のコントロールを考えるばかりではなく，このような社会的な包摂性の問題でもあるのではないだろうか．

変わらないものがあるからこそ，変わるものの魅力が際立ち，変わるものがあるからこそ，変わらないものの価値が更新されていく．人と自然との共生とは，このような時間の中の風景を計画することではないだろうか．

〔武田重昭〕

本稿は文献[1]に掲載されたコラム「変わるものと変わらないもの」に加筆修正を加えたものである．

コラム7　復興計画と目標像—多面的な環境評価と統一的な利用基準化—

2017年にIFLA最高賞を得たオランダのStork

planの背景にはIan L. McHargの手法を導入したWesthoffの半自然の概念や，McHargの教え子であるVroomの河川工学とランドスケープデザインの協働への後押しがあった[1]．一方で各省庁の情報を合本したオランダ第三次国土計画は，大建築家の基本計画から匿名的な共同計画への重要な転換点となるが，当時の経済低迷や情報量の多さゆえに活用できなかった．また日本でも，2011年の東日本大震災後に，様々な分野から復興計画が提案された．個々の計画間の整合性や，その優先順位付けが課題となり，また被災者から見れば同じ有識者である異なる専門分野からの相反する提言（防潮堤は必要・不必要，放射能汚染の影響は小さい・大きい）も地域の分断につながった．災害後の混乱した状況下で，どのように復興目標が設定・共有されるべきだったのか？　一事例として多面的な環境評価と，その計画応用を短期間で広範囲に両立する可能性を考察する．

McHargは1969年に異分野の環境評価を統合する計画論（以下E・P）を提案し，日本でも環境評価と計画応用が一体となるはじめての思想として紹介された．1980年には国土庁により第三次全国総合開発に向けて東北6県の1/50万の環境条件図とその区分ごとの災害リスクや公益的機能の相対ランク得点表が整備された[2]．本資料はアメリカ以外の国（国土計画）への応用事例として貴重である．総合的な開発行政を目指した田中角栄により国土庁が設立された経緯や，オランダの第三次計画にはない多岐にわたる環境情報に統一的な相対ランクが導入された点も興味深い．

2011年の津波被災地である福島県新地町（当時，加藤憲郎町長）は，被災集落の自力再建と公営住宅化を市民参加で調整した数少ない事例である[3]．初代復興課長の鴇田芳文氏を中心に初年度から協議に多くの専門家の協力を仰ぎ，筆者も2011年末にJLAU・JSURPの井上忠佳氏の仲介を得て，先の国土庁の紙地図データをデジタル化し，独自に分析した住宅候補地の災害リスク評価結果を提供した．同町は2012年以降も，年30回もの地道な住民協議を経て，被災地でもっとも早く人口を震災前とほぼ同数に回復させた．東日本被災地全体は専門家の支援を受け巨額の復興費を活用したにもかかわらず，被災者が10万人も他地域へ流出した．被災地では比較的に小面積の新地町は，ていねいな市民参加型の計画に向いていたが，注目すべき成果といえる．

2011年と2015年に筆者が提供した災害リスク評価データとていねいな住民協議により同町が選択した住宅移転地（候補地）を比べると，最終的に同様のエリアが開発適地となった．1969年の計画理論と1980年の広域地図（1/50万）の再利用であることを考えると驚くべき合致といえる．①環境評価指標はシンプル（危険度が高い，普通，危険度が低いなど）だが，複合的な視点から開発適地を可視化するE・P．②アジア初の多様な環境データから洪水や，耐震性などの相対リスク評価を可能にした国土庁のデータ．2つの併用により，被災地で数少ない成功を収めた新地モデルと同等の復興住宅適地の選択を短時間で，より広範囲に実現できた可能性がある．

〔上原三知〕

本稿は，科学研究費補助金　若手研究（B）15K21039，および新地町国土利用計画策定に関する受託研究の成果である．同成果は2018 International Federation of Landscape Architects (IFLA) のResilience by DesignにてOutstanding Awardsを受賞した．

コラム8　グリーンインフラ戦略に見る社会ニーズの特定方法

良好かつ持続的な自然とのふれ合い，レクリエーションの場の提供は，風景計画の題目の1つとされてきた．ここでは健康増進やレクリエーション性の向上を客観的かつ戦略的に実現する手法としてGIの概念に触れたい．

グリーンインフラ（以下，GI）とは米国で発案，欧米諸国を中心に浸透している社会資本整備手法の1つである．GIの定義やその実態については各国差異があるが，おおむね自然環境構成要素が有する公益的機能（水管理，温熱環境調整，土砂流出防止，生物の生息地，教育・地域活動・レクリエーションの場など）を，デザインマネジメントを通じて発現させ，人々や生物に諸利益を提供するものというのが基本であろう．GIはその導入目的や地域的要請にあわせて適切にデザインマネジメントされてこそ，期待される機能が最大化される．

さてこのGIによって提供される機能やGIへの地域的要請（社会ニーズ）を客観的かつ面的に把握する手法として，英国リバプール市の事例を紹介する．

英国リバプール市では医療費の削減や健康増進などを大きな目的としてLiverpool Green Infrastruc

ture Strategy（以下，GI戦略）が策定された．本戦略はリバプール市の法定開発計画におけるGIの効果を高めるうえで有効といえるだろう．

　ここで着目したいのは，日本においても同様の分析が可能ということである．国勢調査は5年に1回を目安に小地域ごとに人口やその構成が明らかにされており，一般に公開されている．また環境省が実施する自然環境保全基礎調査においては，土地の被覆状態を面的に記述する植生図をはじめとして，膨大な自然環境に関するデータが蓄積・公開されている．このような積み上げのデータを目的的に解釈していくことで，計画・事業化の根拠として十分に活用することができる．

　2018年現在，日本においてもGIは国土形成基本計画および第4次社会資本整備計画に位置付けられ，議論が活発となっており，徐々に現場でも実践されるようになってきている．今後は日本における実践をもとにPDCA的にブラッシュアップが図られる．今後の動向に注視したい．〔橋本　慧〕

文　献

2.1節

藤原　敦（2008）風景画の分析を通した地域把握の手段としての風景の表象表現に関する研究，東京大学農学生命科学研究科森林科学専攻修士論文

大杉　覚（2010）日本の自治体計画：分野別自治制度及びその運用に関する説明資料No.15，財団法人自治体国際化協会，p.18

日本建築学会編（2017）景観計画の実践，森北出版，p.201

2.2節

1) 都田　徹，中瀬　勲編（1990）ガレット・エクボ：ランドスケープの思想．PROCESS：Architectur90
2) 中村良夫（1977）土木工学大系13　景観論，彰国社
3) 久保　貞（1982）造園学の新しい研究方法の開発とその展開，造園雑誌，46（2），116-121
4) 久保　貞他（1980）都市景観へのビヘビアラルアプローチ，建築と社会，61（7）
5) 槇　文彦（2014）住むことから都市景観を考える：建築が共感の場を生み出す未来へ，建築雑誌，129（165312）
6) 早稲田大学渡辺仁史研究室時間 - 空間研究会（2013）時間のデザイン　16のキーワードで読み解く時間と空間の可視化，鹿島出版会，pp.115-119
7) 太田浩史（2006）景観の先を見よ，10＋1 No.43　都市景観スタディ―いまなにが問題なのか？，INAX出版，pp.162-172
8) 増田　昇（1998）日本造園学会編，ランドスケープ体系第2巻ランドスケープの計画，技法堂出版，pp.49-58

正誤表

場所	誤	正
p.50右段最終行から p.51左段最初の行	…Liverpool Green Infrastructure 保護・増進に関する施策根拠として…	…Liverpool Green Infrastructure Strategy（以下，GI戦略）が策定された，本保護・増進に関する施策根拠として…（下線部分を挿入）
p.51左段最終行から右段最初の行	…ニーズに応え施策のture Strategy（以下，GI戦略）が策定された，本戦略は…	…ニーズに応え施策の戦略は…（下線部分を削除）

9) 中瀬　勲（1998）日本造園学会編，ランドスケープ体系　第3巻ランドスケープデザイン，技法堂出版，pp.8-16
10) ケヴィン・リンチ著，東大大谷研究室訳（1974）時間の中の都市，鹿島出版会
11) 宮城俊作（2001）ランドスケープデザインの視座，学芸出版社

2.3 節
1) 明日香村（2011）明日香村景観計画概要版, p.11
塩田敏志編著（2008）現代林学講義 - 森林風景計画学，地球社
屋代雅充（1992）景観計画設計手法の体系化，ランドスケープ研究，**56**（2），146-153
明日香村（2011）明日香村景観計画（概要版）
横山光雄（1982）田園風景計画と景域保全の視点より，農村計画学会誌，**1**（1），29-34
浅川初男（2015）太陽光発電と景観 - 地域の営みを踏まえた農村空間の有効利用，地域生活学研究，**6**，46-60
中村良夫（1982）風景学入門，中公新書，60-61
Lorge and Solomon (1955) Two models of group behavior in the solution of Eureka-type problems, *Psychometrika*, **20**, 139-148
Fisher and Ury (1995) Getting to Yes-Negotiating Agreement Without Giving, In: *Penguin Books*
亀田達也（1997）合議の知を求めて - グループの意思決定，共立出版

コラム 6
1) 一般財団法人日本造園組合連合会編集（2017）伝統の継承と創造　千樹萬幹，p.181
2) ケヴィン・リンチ著，東大大谷研究室訳（1974）時間の中の都市，鹿島出版会
3) ジル・クレマン（2015）動いている庭，みすず書房

コラム 7
1) 武田史朗（2016）自然と対話する都市へ，昭和堂，pp.74-79.
2) 国土庁計画・調整局（1980）エコロジカル・プランニングによる土地利用適性評価手法調査
3) 江田隆三（2014）福島県新地町・防災集団移転促進事業，建築雑誌，**129**（1655），44-45

コラム 8
1) Forest, M. (2010) Liverpool Green Infrastructure Strategy Technical Document, p.164

第3章
目標像を実現させるための手法

3.1 風景地の整備：
個別要素および要素間の関係

本節では，風景地の整備を行うにあたって検討すべき，屋外空間を構成する個別要素と，要素間の関係について概説する．

3.1.1 個別要素

屋外空間を構成する個別要素には，床面，側面，天井の3種類がある．床面とは，主として水平方向に広がりを持つ面である．面が水平でなく傾いている場合や，平坦でなく凹凸の場合もある．また，小規模な広場のように，その輪郭がはっきりしている場合もあれば，広大な草原のように輪郭がわからない場合もある（図3.1）．床面は，人やものを下から支えている．人にとっては，その状態が当たり前であり，知覚の対象となりにくい．

表層の材質の選択によって，床面の機能や様相を変えることができる．たとえば，芝生のような非舗装面の中に，一定の幅の舗装面を配置することで，移動のための空間を構成することができる（図3.2）．一方，非舗装面は，座ってランチを食べたり，キャッチボールをしたりといった，滞留型利用のための空間となる．また，舗装面と非舗装面とを格子状に配置することで，移動空間と滞留空間の両方を混在させることができるとともに，リズミカルな床面のパターンをつくり出すことができる（図3.3）．

側面とは，主として垂直方向に立ち上がる面である．高さ，厚み，長さという3方向の寸法によって，大きさや形が異なる．側面が滑らかな場合もあれば凹凸の場合もある．また，柱状の要素を並べて，側面を構成する場合もある．立ち上がっているため，視覚の対象となりやすい．側面の形や配置を工夫することで，人の移動に影響を及ぼしたり，ひとまとまりの領域を示したりすることができる．図3.4の左側には，本来ピロティを

図3.1 広大な草原の例（ツェルマット，スイス，筆者撮影）

図3.2 芝生の中に一定の幅の舗装面を配置した例
（ヴァージニア大学，アメリカ合衆国，筆者撮影）

図 3.3 舗装面と非舗装面とを格子状に配置した例
(ネーションズバンク・プラザ,アメリカ合衆国,筆者撮影)

図 3.5 ポプラを一列に配置した側面の例
(ウォーターワークス・ガーデン,アメリカ合衆国,筆者撮影)

図 3.4 2通りの側面の例
(ヴィラ・サヴォア,フランス,筆者撮影)

図 3.6 日光を透過させる天井の例
(ポストオフィス・スクエア,アメリカ合衆国,筆者撮影)

支えるものだが,側面を構成する3本の柱がある.人は柱の間を通り抜けることができる.一方,右側には,側面を構成するガラス面がある.人はガラス面を通り抜けることができないが,視線は透過する.

樹木を並べることで,側面の機能や様相に変化を加えることもできる.たとえば,垂直性の強い形状のポプラを一列に配置することで,枝葉の向こう側が透けて見える側面を構成することができる(図 3.5).

天井とは,主として水平方向に広がりを持つ面である.床面との違いは,視点より上にあり,頭上をおおうということである.床面や側面に比べて,行動に対する影響が小さい.雨よけや日よけとして機能する場合もあるが,日光を透過させて陰影を楽しむ設えの場合もある(図 3.6).

樹木の樹冠によって変化のある天井を構成する

図 3.7 イロハモミジの樹冠による天井の例
(無鄰菴庭園,京都市,筆者撮影)

こともできる.たとえば,イロハモミジの樹冠は繊細なテクスチャの天井となる(図 3.7).

3.1.2 要素間の関係

複数の床面，側面，天井の組合せによって，様々な機能や様相の空間を構成することができる．図3.8は，複数の側面によって構成された空間の例である．ガレット・エクボがデザインした小公園を，著者が模型で再現したものである．高木の列で複数の側面を構成し，空間を分節している．また，壁に見えるのは低木の生垣であり，同様に空間を分節している．人の視点より高い高木は視線に干渉するが動線には干渉せず，逆に，視点より低い低木は視線に干渉せず動線に干渉する．視線と動線に対する影響の異なる囲みが共存する空間となっている．

また，図3.9は，舗装された床面，並木と建物ファサードの側面，樹冠の天井で構成された空間の例である．樹影が床面や側面に落ち，通りの景観に変化をもたらしている．図3.10も，床面，側面，天井によって構成された空間の例である．カエルのオブジェと舗装園路が配された水盤の床面，赤い手すりと黒い橋脚の列の側面，歩行者デッキの天井が重なり合っている．

以上のように，屋外空間を構成する個別要素と，要素間の関係について概説したが，屋外空間の基本的な構成方法については，佐々木らがより詳しく述べている[1]．個別要素の種類や要素間の関係が挙げられている他，特定の体験や行為を想定する空間の構成方法や，構成を検討するための図面や模型の表現方法，さらに，空間の特徴をつかめるようになるための訓練方法が示されている．

また，前掲の写真で示したように，風景地における整備事例のフィールドワークを通して，屋外空間の基本的な構成方法を学ぶこともできる．専門家がデザインした事例ばかりでなく，たとえば，川にかかる堰の取水口付近に設えられた仮設物のように，利用者のニーズに根付いた空間からも学ぶことが多い．　　　　　　　　　　〔村上修一〕

図3.9 床面，側面，天井によって構成された空間の例
（ポートランド市内，アメリカ合衆国，筆者撮影）

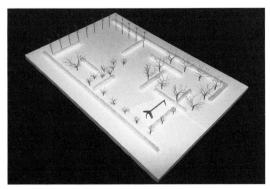

図3.8 複数の側面によって構成された空間の例
（ガレット・エクボ作の小公園の再現模型，筆者撮影）

図3.10 床面，側面，天井によって構成された空間の例
（リオ・ショッピングセンター，アメリカ合衆国，筆者撮影）

3.2 見る人への働きかけ

3.2.1 情報とメディア

風景は，実空間や実物と情報の組合せによって立ち現れる．すでに述べたように，風景計画で取り扱おうとしている風景とは，特定の社会において共有される（させる）風景であり，そのためには共有する情報が必要となる．

近年の情報機器の発達などによる多様な媒体（メディア）を通して，文字や画像，音声など様々な性格の情報が発信されるようになった．情報は見られる対象から発生するものであるが，「メディアはメッセージ」といわれるように，メディア自体も見る人に働きかけを行っている．

日本においては，江戸期の版画技術の発展によって絵図が全国に流布され，特定の場所が名所として広く認識されるようになった．その後，テレビやスマートフォンなど情報機器が発達するにつれて，見る人の，風景における情報と実空間の受け取り方が異なってきた．絵図から写真，静止画から動画へと情報の性格が変化すると同時に，メディアの変化によって情報と実空間の，見る人が受け取るタイミングも変化している．かつては情報と実空間の受け取るタイミングに時間差があった．案内本などガイドブックを携帯して実空間を見たとしても，そこには時間差があった．しかし，携帯端末のアプリケーションを利用することで，画面上では実空間情報と画像情報が同時に重なり合って出現し，それを見る人が受け取るようになっている．本項では，こうした風景における情報の付与に関して，メディアごとの特徴について論ずる．

情報機器の他には，そこに内在する情報を見る人に伝えるという点で，空間もメディアとして捉えることができる．情報機器だけでは「見る」中心の計画になってしまうが，今まで述べてきたように「見る」「する」の関係を構築し，それをもって共有する風景を創出する風景計画においては，空間もメディアとして取り扱う．

一方，かつて生活や生業において使用されていた道具や建造物，土地利用などが文化財や世界遺産に指定・登録されることにより，広く社会にその存在が認識されるようになるのは，入り込み客数の変化を見ても理解できる．本節では対象となる要素などを広く伝える（＝対象となる要素と見る人をつなげる）媒体をメディアとして論じる．そのため，本来は対象を守ることを目的とした文化財や世界遺産など法制度による指定や登録も，現実はそれを通して国民や住民が広く知る（両者をつなぐ）ことになるため，メディアとして取り扱う．

3.2.2 文字と画像

前述したように，絵図からはじまったメディアは，写真・動画へと発達してきた．日本における絵図は遠近法などを用いずに，対象範囲にある空間の要素を一枚の絵に収めるように描いていた．一瞥することが難しい実空間においても，絵図に描かれることで，対象範囲およびその見方が提示されていたとも考えられる．西洋画や写真では，上記の絵図とは異なり，遠近法などによって見られる対象のうち中心となる要素（図）と背景となる要素（地）が決まってくる．こうした絵図や写真によって実空間は何らかの意図をもって切り取られ複製され，視覚に特化して社会に広がっていった．

テレビやビデオの普及に伴って動画が出現するようになると，音声も複製されるようになった．これによって，より実体験に近い体験が複製されるようになった．しかし，いずれも特定の時間・特定の視点からの情報によるものであり，見る人は有限の情報を体験するにとどまっている．

3.2.3 情報機器の発達

スマートフォンなどの情報機器の発達により，今まで別々に時間差をもって捉えられてきたり，ある程度固定的に捉えられたりしてきた情報と実空間は，同時にかつ流動的に捉えられるようになった．現在は，先述した通りに，見る人が体験する実空間に様々な情報が孔をあけて入り込んでくるという「多孔空間」になっている．これによ

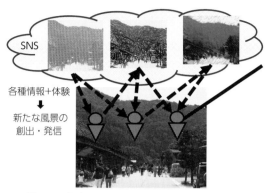

図 3.11 体験の中で結び付けられ続ける情報と空間

り，実空間や利用状況に変化はなくても，行政や地域外の市民，住民などによって発信される情報およびそれを踏まえて実空間を体験（風景体験）した人自身による発信などにより，実空間への情報の付与は絶え間なく行われている（図 3.11）．また，従来異質であった情報（歴史的背景や各人の感情）と実空間は，情報機器の中で同質になり，重ね合わさって新しい風景が創出される．

3.2.4 法制度による「特化情報」

本来，昔から伝わってきている道具や建造物，土地利用，自然風景地を守るために制定され，登録・指定によって運営されている法制度も，文化資源などと一般社会をつなげるメディアとして機能している．その評価基準は，たとえば世界遺産は「顕著な普遍的価値」が見出された資産であり，日本の文化財は「歴史上，芸術上，学術上価値の高いもの」となっている．それぞれ，国際協力の喚起や国民の文化的向上と，世界文化の進歩への貢献がうたわれており，メディアとしての機能を果たそうとしていることがうかがえる．こうした「特化情報」は，あくまでもその法制度の価値基準（国際的なもしくは国全体における）に従って行われた結果である．登録・指定によってわかりやすい情報が付与され，広く共有されやすくなる一方，当然この登録・指定の対象にならないものの立地する地域における意味や機能・文脈などもあり，それらが忘れられたり，時には隠されたりしていることも指摘されている．

世界遺産や文化財などを「活用」するひとつのやり方として解説パネルの設置が多く見られる．その内容は「世界遺産としての」「文化財としての」対象の解説や紹介が主となり，情報による意味付けが助長され，対象となっている空間やモノのみが捉えられる傾向にある．

3.2.5 空間と利用状況

空間には，歴史的背景やデザイン思想など様々な情報が内蔵されている．これらの情報は，空間に存在する様々な要素のレイアウトによって顕在化される．これらの情報によって，対象空間における見る人の行動が規定される．すなわち，見る主体と見られる対象の関係が規定される．たとえば，千葉県香取市佐原は，かつて舟運で商業都市として栄え，そのころに建てられた伝統的建造物が多く残っていることから，重要伝統的建造物群に選定されている．現在，舟運で使われていた小野川の護岸は，かつての船着き場はほとんどなくなり，安全のために，本来なかった手すりが設けられ，修景として柳の木が植えられている．このため，川と伝統的建造物群が分断され，その関係を行動と結び付けて読み解くことが困難になっている（図 3.12）．

また，人による利用状況も情報を付与する．たとえば，船を利用して子供たちが下校している様子（図 3.13）からは，離島での学校生活の様子をうかがうことができる．一方，白川村荻町では土日は台湾や中国などからくる多くの観光客と観光業に従事している住民という状況が，山深い環境

図 3.12 環境と分断される伝統的建造物群（筆者撮影）

図3.13 船で下校する子供たち（筆者撮影）

図3.14 観光客で賑わう白川郷（筆者撮影）

と一般には珍しい合掌造り集落空間に内在する情報（養蚕や茅葺き）との関係から異質（テーマパーク的）な情報を発信していることになっているといえる（図3.14）．また，銀座など東京の繁華街で人がいない状況を撮影した写真集も，先述の白川村とは逆の情報の組合せによって異質な情報を発信し，結果，「珍しい」風景が生成される．逆に，何もない空間である広場には情報は内在しておらず，周辺の建造物や人の利用によって情報が付与され，様々な風景が生成される．

3.2.6 ガイド・インタープリテーション

自然公園や世界遺産などでは，住民などによるガイドプログラムが展開されている．文化財や自然地などでは，解説員（ガイドやインタープリター）が見せる対象の背景などを来訪者に解説することで，対象に情報を付与している．

ここにおいては，解説員自身も，文字や画像中心の解説パネルやガイドブックとは異なるメディアの役割を果たすことがある．たとえば自然環境においては，五感を使ったネイチャーゲームによって，解説員と来訪者が感動（情報）をシェアしようとする取組みが行われている．

一方，文化財ではそのような取組みは見られない．これは，植生やそこで生息する動物種，一様でない内部空間など多種多様な要素で成立している自然環境とは異なり，特定の機能などによって成立していた，いわば限定的な情報を内在する文化財がその機能を失って，「見る」鑑賞の対象になったことと関係していると考えられる．しかし，見せる対象と解説員の関係や解説の仕方によっては，解説員自身が解説パネルとは異なるメディアの役割を果たすことも考えられる．たとえば白川郷の合掌造り民宿では，囲炉裏を囲んで住民であるご主人がかつての生活や，その中での合掌造りとの関係などを話してくれる．これによって，そこの宿泊客は，ご主人の体験に感情を移入することができると考えられる．

3.2.7 複合するメディア

以上，今まで見てきたメディアは，単独で機能しているのではなく，それぞれ関係し合って機能している．

東京・浅草の浅草寺は明治期に公園指定を受けると，浅草6区など行楽地としての整備とともに案内書や絵図では公園として多く紹介されるようになった．浅草寺は公園の一施設として見られるようになるとともに，浅草寺として紹介されるのは中心の観音堂周辺だけとなり，浅草寺の境内地は浅草寺と公園に分断されていった．

本項で見てきたように，情報に様々なメディアが関連付けられることで，見る人ごとに様々な取捨選択がなされている．そうした中で，いかに見る主体が感情移入できるようにメディアを使うか検討する必要がある．そのためには，見る人が，視覚だけでなく各自の五感を総合的に結び付けて感情を移入できるような工夫が必要になってくる．

〔伊藤　弘〕

3.3 見る人と風景地との関係構築

3.3.1 風景づくりにおける「他力本願の原則」

風景づくりを実践するにあたって遵守すべき原則の1つに「他力本願の原則」がある.

他力本願の原則とは，表3.1に示した「景観設計の5原則」の1つである．これは土木景観研究で著名な篠原修がシビックデザインを念頭に掲げた考え方であるが[1]，都市から自然地域まで，あらゆる場面で適用可能である．そのため，風景づくりに携わる者は，実務の際，つねに念頭においておく必要があると考えられる.

5原則には，①設計基準に従うだけではなく，対象となる場所や構造物の日常的な使われ方や歴史に配慮すべきという「応格の原則」，②機能的な設計根拠から導き出せる形態そのままを使用せず，デザインを再検討すべきという「洗練の原則」，③都市インフラや森林など，風景としては脇役としての背景にまわることが多いものでも，ディテールを重視して設計すべきとする「背景の原則」，④風景づくりでは全体の基調を整える一貫性が重要な一方で，面白みを出すために要所で「めりはり」をつくらなければならないという「『めりはり』と首尾一貫の原則」に加えて，⑤風景づくりでは自然と他者の力をうまく活用して役立てるべきであるという「他力本願の原則」が掲げられている.

5原則のうち，4つ目までは，自分自身が構造物や建築物を設計・デザインし，この世に新たに景観をつくり出すことができるという土木工学的な前提に立った原則だといえる.

一方で，最後の「他力本願の原則」だけは，自分が責任を持ってデザイン可能な範囲は限られていることを自覚したうえで，風景づくりに取り組まなければいけないことを原則化していることに特徴がある.

つまり，風景地づくりにおいて，見る人と風景地との関係を念頭において計画を立てる際には，何をおいても「景観の設計は1人ではできない」，「厳密な意味での完成はない」という原則を念頭におかなければ，事がうまく運ばないのである.

ただし，そうだからといって，すべてのことを他力本願で丸投げしてしまっては計画そのものが成り立たなくなる．実務者は，目標像とする風景を実現させるためには，どのような点は自分でコントロールできるのか，どの部分は他力本願に任せなければいけないかを適切に判断して，計画を立てる能力を身に付けなければならない.

その際に必要になるポイントが「篠原の景観把握モデル」の概念の理解と，景観構成要素の操作性に対する理解，とくに視点場整備と見通しの確

表3.1 景観設計の5原則

応格の原則	設計基準による機能的な格付けに加えて，景観設計では「表通り・裏通り」「目抜き通り」「横町」「路地」といった格付けがある．したがって，日常的な使われ方や歴史を考慮した「格」への配慮を行ってデザインをする必要がある.
洗練の原則	道などの人工物は，強度や耐久性を考慮して設計されるが，その根拠の数値のままに作られた施設は必ずしも美しくない．美しくするには「洗練」が必要で，全体のバランスなどを再検討し，デザインすることが必要である.
背景の原則	風景の主役と脇役，さらに舞台との関係を踏まえた景観設計をする必要がある．多くの都市インフラや森林地域などは「背景」にまわることが多いが，粗っぽく仕上げてはいけない．ディテールを重視し，味わいを備え，目触り，肌触りをよくすべきである.
「めりはり」と首尾一貫の原則	全体として基調が整い，「めりはり」のきいた風景が美しい．風景づくりでは，施設配置や土地利用などを統一させ，首尾一貫した理念を具現化させる必要がある．しかし，一方で無理に首尾一貫性を実現させると，面白みに欠ける場面が多々あるため，風景の「要所」を捉え，「めりはり」をつける.
他力本願の原則	景観の設計は1人ではできない．また厳密な意味での完成はない．風景は，自然の推移や時間的変化，居住者の活動によってつねに変化するものであるから，風景づくりでは「自然と他者の力」，つまり他力をうまく活用し，役立てなければならない.

(篠原[1])を参考に筆者作成)

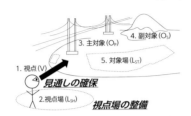

図 3.15 5つの景観構成要素と視点場の整備，見通しの確保の必要性

保の重要性である．

3.3.2 景観把握モデルの理念と視点場整備の重要性

「篠原の景観把握モデル」は，シーン景観（scene landscape）を念頭につくられたモデルで，5つの景観構成要素から成り立つ（図3.15）．

5つの景観構成要素とは，①景観を眺める主体（人）である「視点（V: viewpoint）」，②視点近傍の周辺空間（眺める主体（人）の周囲の環境）のことを指す「視点場（L_{SH}: landscape setting here）」，③一次的な影響力を持つ視対象である「主対象（O_p: primary object）」，④二次的な影響力を持つ視対象である「副対象（O_s: secondary object）」，⑤主対象や副対象近傍の周辺空間（眺められる主体の周囲の環境）のことを指す「対象場（L_{ST}: landscape setting there）」である．風景づくりを進めるにあたっては，これら5つの景観構成要素の実情を適正に踏まえたうえで，要素の関係性を把握し，どの要素が操作可能かを吟味しなければならない．

「風景を眺める」ということを現象においては，5つの景観構成要素のうち，見る主体である「1. 視点」の役割と，見られる主体である「3/4. 主/副対象」との関係性がもっとも重要であることは論を待たない．そのため，風景づくりというと，視対象をどのように整備するのかといった点に目を奪われがちになる．しかしながら，遠方にある視対象が計画者側から自由に操作できることはまれである．

3.3.3 視点場の整備と見通しの確保

その点について，由田は，視点と視対象との関係で成立する風景づくりの実践で合理的な方法は，下記の3つに集約されると指摘する[2]．
　①視点を設けて，そのまわりの視点場を整備する
　②眺められる対象を整備する
　③視点から眺められる対象が見えるように，見通しを確保する

そして，このうち②の手法は，ダムや橋梁，巨大建築物などをつくる土木工学的な景観改編を伴う場合には操作性があるが，上述の通り，一般的なランドスケープ計画では操作し難いことを指摘している．とくに日本のように山岳や湖沼，海洋などの遠景域の自然風景が視対象となることが多い国土においては，視対象の直接的操作を計画に織り込むことは現実的ではない．そのため，由田[2]は，①と③の整備方針の重要性を強調している（図3.15）．

そのことを模式的に示したものが図3.16である．図3.16はある高台の展望地の俯瞰景を題材とし，視点場の整備の必要性と，見通しの確保の重要性を示している．図3.16の上図のように，美しい風景を俯瞰するために設置された展望所でも，視点場の整備を怠り，風景の見通しが確保できなくなると，視界が遮られ，風景が楽しめなくなるという原理を示している．現実にこのようにして見通しがきかず有名無実化した展望所は，現在日本の至るところで見ることができる[3]．

風景づくりの計画・施工を行う担当者は，視界がひらけ，美しい風景を楽しめる視点を探し出し，視点場の草を刈り，灌木を伐る作業を行い，図3.16の上図のように良好な展望スポットを創り出すことに成功する．そしてその展望スポットは，はじめのうちは多くの来訪者を呼び込み，観光レクリエーションの拠点となっていく．しかし，展望所の管理の担当者が異動などで交代するうちに，その展望景の価値が徐々に担当者の中で共有されなくなってくる．そして，視点場の整備事業が予算不足などで滞ると，草本や灌木が生長しすぎて，展望所からの風景が閉ざされてしまう．

視界が閉ざされ，風景が見えないと，展望所には人が寄りつかなくなり，寂れた治安の悪い場所へと変化してしまう．

しかし，このような状況も，簡単な整備で回復

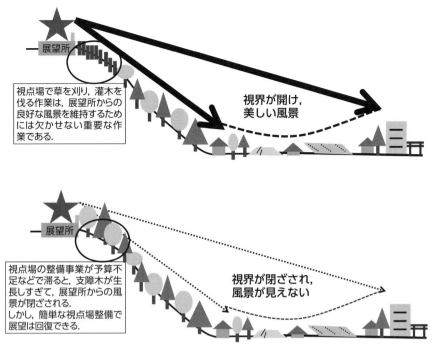

図 3.16 視点場の整備を怠り，風景の見通しが確保できなくなる原理

できる．たとえば，図 3.17 のように，数本の支障木を伐採するだけで，見通しの確保が回復する展望地は全国に多数存在している．新たな観光施設づくりに多額な予算をかけるよりも，このような展望地を回復させるだけで，観光立国としての日本の自然地散策などにおける風景の質は格段に上がることは論を待たない．ちなみに，図 3.17 の右端のマツは見通しの確保と無縁なので伐採しなくてもよいことがわかる．そして，もともと刈払地だった場所に生えた数本の灌木の伐採は，生物多様性にはほとんど影響しない．

また，展望を確保するため空地にしておいたにもかかわらず，担当者が替わることでサクラなどの花木を植え込んでしまった展望所なども，日本国内には少なくない．これは当初の理念が引き継がれなかったために起こる事例である．どうも日本の造園や森林管理の現場担当者は空地に植物を植え込みたい習慣があるようなのだが，サクラの木が生長すると，当然展望は閉ざされてしまう．そしてサクラの花の見頃は春の数週間に過ぎないため，それ以外の時期はずっと視界を閉ざす支障木へと変化してしまう．そのような場所について

図 3.17 数本の支障木を伐採するだけで展望が良くなる
（筆者撮影）

右端のマツは見通しの確保と無縁なので伐採しなくてもよい．
数本の灌木の伐採は，生物多様性にはほとんど影響しない．

図 3.18 展望所の視点場の目前に植えられたサクラの伐採
（筆者撮影）

は，図 3.18 の通り思い切ってサクラの木を取り除く作業が必要になる．

このような状況は，得てして展望地の管理担当者の引継不足によって生じることが多い．そのような場合に備えて，展望地の案内看板に，どのような見通しがきくのかを写真で示しておくことも

図 3.19 展望景を案内板に示しておくと見通しの確保がはかられているか否かを確認できる（筆者撮影）

図 3.20 神奈川県平塚市の海岸防砂林（筆者撮影）

1つの手だと考えられる（図 3.19）．このような看板の存在は，担当者の引継のみならず，来訪する市民へ展望風景の共有コンセプトづくりにも寄与する可能性がある．

なお，一旦見通しを閉ざされてしまった展望地の通景伐採を行う際には，市民の合意形成プロセスが必要になることも多い．観念的に木を伐ることは罪悪だという考え方を持つ市民も少なくないからである．また，実際にはもともと刈払地に生えた草木を取り除く作業であるため，生態系や生物多様性に大きな影響を与える可能性が低いのだが，伐採などに懸念を示す市民も少なくない．そのようなことに陥らないためにも，その展望スポットがもともとどのような状況にあったのかを正確に伝え続けるツールとして，写真入りの看板は役に立つといえる．

3.3.4 多面的機能との整合性

以上の通り，風景づくりのための実践的手段としての視点場の整備と見通しの確保の重要性について述べてきたが，最後に多面的機能との調整について述べて本章を閉じたい．

図 3.20 は神奈川県平塚市の海岸防砂林の風景である．平塚市の海岸一体は，都市計画公園の計画地に指定されているが，一部の開園地以外では未整備のままである．そのような一角から撮影した写真が図 3.20 である．

この地域をどのように整備していくかということについては，景観整備の上からすれば見通しの確保を行うために手前の低木林を伐採することが最善の解になる．しかしながら，この地域において林を伐ってしまうと，飛砂への対応ができなくなってしまう．また，この地域では津波に備えて避難タワーの準備が進められており，俯瞰景の確保についてはそのタワーの日常利用が想定される．そのため，グラウンドレベルから必ずしも海を俯瞰できなくともよい．そして，飛砂防止機能や防風機能を，風致・観光機能よりも優先させるべきである．

このような多面的な海岸の活用にあわせて，森林整備の方向性を適宜選択していくことも今後必要になると考えられる． 〔田中伸彦〕

コラム 9 サイバーフォレスト（cyberforest）

「インターネットの先にある本物の自然」がサイバーフォレスト（http://www.cyberforest.jp）です．スマホやタブレットなどで，いつでもどこからでも今の森を画像と音で見て聞けます．藤原（2004）はサイバースペースに構築する感性情報を含む森林環境情報基盤と定義したように，森をライブとアーカイブで公開しています[1]．

ライブは実時間で経験する森です．画像からは開花・新緑・紅葉や朝陽・霧の様子が，音からは早朝の鳥のコーラス，雨や風の様子が生々しく伝わってきます．これらに感動すると思わずSNSに投稿します．こうしながら季節と年を経るにつれて，人々の心に記憶が積み重なりながら，遠くにある森が少しずつ身近にある裏山のように感じら

アーカイブは追体験と再確認のできる共有の森です．ライブで同時経験ができなくとも，話題になった様子をいつでも公開ファイルで確認できます．またふとした折りに，数日・数年前の様子が気になれば改めて確認ができます．そこに新たな感動があればまた投稿されるでしょう．過去の遠くの森も，SNSを通じて発信されます．人々のコミュニケーションを通じて世代や時代を超えて身近な森が共有されるのです．

サイバーフォレストは，人三世代100年を超えて継続しながら感性情報を蓄積することで，全球で共通する風景観を醸成すると期待しています．これまで多様なスケールと最大三世代で共有されてきた様々な風景が，サイバーフォレストにより全球へと拡張され，広大なひとつの風景として認識できるようになるでしょう．地上の人々と今この瞬間の森を経験しながら，後世に感性情報記録を残し続けるのです．後世の人もそのときその瞬間のライブ経験を継承しながら，そのときまでのアーカイブを引き継ぐのです．つまり実存する森が，サイバーフォレストのライブとアーカイブを含めて継承されつづけることができれば，そこには新たな森の風景，広大な地球規模の風景が形成され，共有され，継承され続けることになります．このように実物の森とサイバースペースの森・サイバーフォレストによる実験を進めています．

現在，サイバーフォレストではライブ音が注目されています．風景にはサウンドスケープが含まれますが，遠隔の森や自然の様子は，意外にもその音から深く強く感じ取ることができて，楽しいのです．たとえばわずか10秒間の音には6種を超える鳥のさえずりが含まれています（図3.21）．同じ周波数帯と時刻とが重複しないようにさえずっているそうで，種の多様性記録ともいえます．鳥類研究では繁殖期（4-6月）早朝にライブ音を調査者が自宅で聞きながら毎分ごとに鳥の種を同定する鳥類調査手法Audio Censusを開発し[2]，2012年より継続されていて，そのデータは経年変化の記録となって活用されています．

皆様も是非サイバーフォレストを体験してください．
〔斎藤 馨〕

コラム10　風景創出に向けた新しい技法

風景を創り出すためには，状況に応じた様々な目標設定や計画が必要となる．ただ，人がどれだけ創造力を働かせても，すでに存在しない過去の風景や，これから創られる未来の風景を思い浮かべることは容易ではない．virtual reality（仮想現実：VR）や augmented reality（拡張現実：AR）といった新しい技術は，創り出したり思い起こしたりしようとする風景を具現化するためのツールとして応用が進んでいる．VRとARの違いであるが，VRは対象空間すべてを仮想的につくり上げて表現するのに対し，ARは現実空間の一部に仮想的な対象物を取り入れる技術となる．これらの技術が風景創成において必要となる場面は，過去を再現する場面，未来を創造する場面，そして情報を付加する場面であるといえるだろう．

まず過去の再現や未来の創造を要する場面は，つねに発生していると考えられる．自然公園などの風景地や文化財の建造物などは，経年による変化も大きい．加えて，日本は自然災害も多いため，

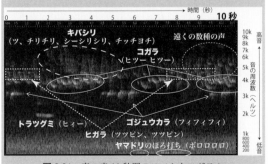

図3.21　森の音10秒間のスペクトログラム
（映像：http://youtu.be/BEg-W3gJjfc）
（2013年5月1日4：46 AM　東大秩父演習林　#tetto）

図3.22　建物の新築におけるAR活用例（筆者撮影）

図 3.23 AR による案内看板（筆者撮影）

現存の風景が一瞬にして失われる可能性もある．一方で，人の手によって変化が施される場面もある．それらの場面に対して VR や AR を適用することは，誰でもわかりやすい形で表現するという目的に対しては大変有用である（図 3.22 参照）．ただ，わかりやすいがゆえに見た人に先入観を与えてしまう可能性も否めない．そのため，再現においては根拠を明確にすること，創造においては綿密な予測を行うことが，それぞれ重要になると考えられる．

一方，とくに AR は既存の風景に対して情報を付加し，理解を深める効果を持たせることもできる（図 3.23 参照）．このような AR の使い方も有用であると思われるが，過度な付加は「AR 越しの景観破壊」にもなりかねないので，これからの風景計画における新たな留意点となるかもしれない．

〔國井洋一〕

文 献

3.1 節
1) 佐々木葉二他（1998）ベーシックスタディ ランドスケープ・デザイン，昭和堂，pp.88-137

3.2 節
川畑香奈（2015）公園指定に伴う浅草寺に対する認識の変化，筑波大学人間総合科学研究科世界遺産専攻修士論文
藤原 敦（2008）風景画の分析を通じた地域把握の手段としての風景の表象表現に関する研究，東京大学農学生命科学研究科森林科学専攻修士論文
鈴木純一（2015）メタファーとメディアの関係性に関する一考察：「接続／切断」と「同一化／差異化」の相互性，メディア・コミュニケーション研究，**68**，95-108
渡辺裕木他（2018）メキシコ市ソカロにおける空間の捉え方と活動の変遷，ランドスケープ研究，**81**（5），577-582
渡邉真菜美（2017）国立公園指定と世界遺産登録における吉野の評価とその背景，筑波大学学位請求論文
アーウィン・パノフスキー著，木田 元訳（2009）〈象徴形式〉としての遠近法，筑摩書房
佐々木正人（2002）レイアウトとアフォーダンス，奥出直人・後藤 武編『デザイン言語』所収，慶應義塾大学出版会，pp.127-150
中野正貴（2000）Tokyo nobody，リトルモア
マーシャル・マクルーハン（1987）メディア論 人間の拡張の諸相，みすず書房
李 孝徳（1996）表象空間の近代―明治「日本」のメディア編制，新曜社

3.3 節
1) 篠原 修編（2007）景観用語辞典 増補改訂版，彰国社
2) 由田幸雄（2017）森林景観づくり―その考え方と実践―，日本林業調査会
3) Tanaka, N. (2009) Urban Forest Management and Public Involvement for Observatory Conservation, *International Symposium on Society and Resource Management Abstracts*, **15**, 65

コラム 9
1) 藤原章雄（2004）：マルチメディア森林研究情報基盤「サイバーフォレスト」の概念構築と有効性の実証的研究：東京大学博士論文
http://hdl.handle.net/2261/40222
2) Saito, K. *et al.* (2015) Utilizing the Cyberforest live sound system with social media to remotely conduct woodland bird censuses in Central Japan, *AMBIO*, **44** (Supplement 4), 572-583
doi:10.1007/s13280-015-0708-y

コラム 10
國井洋一，大輪叙史（2017）拡張現実（AR）技術による景観シミュレーション：東京農業大学世田谷キャンパス新研究棟を事例として，東京農業大学農学集報，**62**（1），40-46
吉川皓唯，國井洋一（2012）造園分野への拡張現実感（AR）の利用と展開性について，東京農業大学農学集報，**57**（3），185-195

第4章
持続的な風景の実現

4.1 予測評価

　事業を行う場合や管理する場合，景観や環境にどのような影響を与えるか，あるい将来何が起こり得るかを予測評価することは重要である．以下には，その手法として，シミュレーションやアンケートについて述べる．

4.1.1 シミュレーション
　シミュレーションとは，設計などのために，モデルを作り模擬的な実験を行うことである．ここでは，景観のシミュレーションと，環境のシミュレーションに分けて考える．また，実物の模型を使用したシミュレーションもあるが，以下にはコンピューターによる計算をおもに解説する．

景観のシミュレーション
　景観のシミュレーションは，植林や森林伐採をした場合に景観が変化するか，設計した公園をつくった場合に景観がどのようになるかを，コンピューターグラフィックス（CG）を用いて予測するものである．景観の基本的な構成要素は，地形，建物，植物であり，この3要素でも用途によっては十分リアルな景観CGが作成可能である．また，その他の構造物や車などの物体，人間，動物などを加えることにより，よりリアルな景観CGが作成できる．

　地形のモデル化には，数値標高モデル（digital elevation model：DEM）が使用されるが，5 mメッシュ，10 mメッシュのデータが国土地理院で公開されている．公園，庭園などの設計では，このメッシュサイズでは，不十分でより細かなサイズのDEMが必要な場合が多い．その場合，自分で測量することが必要になる．

　現在では，ドローンなどを使用して撮影した，多数の写真を合成し，3次元データを得る技術である structure from motion multi view stereo (SfM-MVS) が急速に発展した．SfM-MVSで得られるのは，DEMではなく樹冠や屋根までの高さの情報であるDSM（digital surface model）であるが，地形の概形であれば測量は比較的簡単に行える場合も多い．

　建物のモデルは，単純なものは立方体の集まりに，模様を貼り付けることにより建物モデルを作成できる．また，実際に設計に用いた3次元データを使用できる場合もある．

　地形，建物のモデル化は比較的簡単なのに対し，複雑な植物の形状を精巧にモデル化するには，植物モデリングの技術が用いられる．植物モデリングの歴史は古く，Honda（1971）が最初の植物形状モデルを発表した後[1]，様々なモデルが作成された．De Reffyeら（1988）のモデル[2]をもとに作成されたAMAP（Atelier de Modelisation pour l'Architecture des Plants）では，数百種類の植物の形をシミュレートし，様々な成長段階の植物のCGを作成することが可能となった（図4.1）．AMAPが商業的に実用化されたのは1990年ごろだが，景観用としては当時すでに技術的には完成の域に達していた．植物の種類をメニューから選び，年齢を入

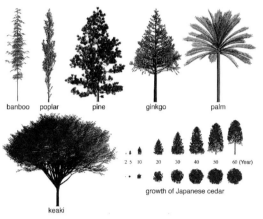

図4.1 AMAPにより作成された植物モデルの例

図4.2 VRMLを用いたwalk-through（歩き回る）シミュレーションの例（Honjo and Lim[9]より）

力するだけで，簡単に植物の形状データを手に入れることができる．残念ながら，このシステムは現在では販売されていないが，現在の水準でも世界最先端のシステムといってよい．

AMAPを使用した公園景観のシミュレーションは，森本（1993）により糺の森，桂離宮庭園の例が先駆的な例である[3]．また，地理情報システム（geographic information system：GIS）とAMAPとのリンクにより，斎藤ら[4]（1993）にリアルな森林景観シミュレーションを行った．その後，Honjo and Lim（2001）は，VRML（virtual reality modeling language）の応用により，空間の中を歩き回る経験ができるシステムを開発した（図4.2）．

植物形状を生成するソフトウェアは，多数市販されており，Xfrog（Greenworks社）やPlant Factory（E-on software社）などが有名である．これらのソフトウェアでは，植物形状を作成するための

パラメータを，すべてユーザーがコントロールすることができるので，マスターすれば高度な利用が可能となる．Vue（E-on software社）などの景観用ソフトウェアで，これらの植物形状は使用できるので，誰でも手軽に植物の3次元景観CGを作成できる．

ゲームを作成するためのソフトウェアをgame engineというが，これを景観設計に応用することも可能である．有名なgame engineには，Unity，Unreal Engineなどがあり，最近の植物モデリングソフトウェアは，これらのgame engineでも使用できる．game engineを用いて設計した3次元の景観の中を，ゲームの主人公のようにリアルタイムで歩く体験をすることが可能である．

次世代の植物3次元形状モデルとして，植物形状と環境との間の相互関係や，光合成などの植物の生理的メカニズムをモデルに取り入れた精巧な植物モデルも，functional-structural plant modeling（FSPM）の分野で研究されている．このようなモデルを景観シミュレーションに取り入れれば，植物の光合成を考慮した精密な環境モデルにより，たとえば地球温暖化の影響などのような，様々な環境下での景観変化予測が可能となる．

環境のシミュレーション

ここでは，公園などを設計した場合，温度，湿度，風速，風向，放射などの環境要素がどのようになるかを予測する手法について解説する．環境のシミュレーションでは，基本的には地上大気，地中温度，放射環境の3つのモデルを同時に計算する．

地上大気のシミュレーションでは，温度，湿度，風速，風向の挙動を，流体の方程式により記述する．流体の方程式を，コンピューターで解く手法を，CFD（computational fluid dynamics）とよぶ．CFDの理論やプログラムは，非常に複雑である．天気予報などでも，CFDは用いられるが，公園上の気流のような小規模の現象では，異なった乱流モデルが使用される．最近では，CFDのソフトウェアにも使いやすいものがあり，比較的簡単に環境のシミュレーションが可能である．

地中温度のシミュレーションでは，地中温度の熱伝導方程式が用いられる．年間を通して地温が一定である深さまでの範囲をとり，地表面の熱収支と地表面地温を境界条件として，熱伝導方程式を解くことにより，地温の分布を得ることができる．地中の熱伝導率，熱容量が異なると，温度分布が異なるため，地中にどのような種類の土壌が存在し，その熱伝導率，熱容量がどの程度かを推定あるいは測定することがシミュレーションの準備として必要である．

放射環境のシミュレーションは，比較的簡単に行うことができる．太陽の位置は，緯度，経度，時刻を決めれば算出でき，大気の散乱を考慮して，地上に到達する太陽光の放射エネルギーが計算できる．また，都市部の場合には，建物や樹木の影もDSMを利用してモデル化し，詳細な放射量の計算を行う．

地上大気，地中温度，放射環境のシミュレーションは，地表面のエネルギー収支を接点としており，地表面温度がエネルギー収支をもとに計算され，境界条件として使用される場合が多い．

シミュレーションを2次元，3次元で解くかは，計算時間に影響する重要な要素であるが，最近ではコンピューターの高速化，メモリ容量の増大により，3次元のシミュレーションが幅広く行われている．

公園などの屋外空間のシミュレーションには，ENVI-metがよく使用される[5]．CFDシミュレーションの他，地中の温度分布，日射の影響の計算を含めることができるため，上記で説明した地上大気，地中温度，放射環境のシミュレーションに必要な機能がそろっている．

放射環境と，温熱快適感に特化したシミュレーションモデルとしては，SOLWEG[6]，RayMan[7]などが有名である．山崎ら[8]やHonjo et al.[10]は，SOLWEGを応用して東京都心部の温熱快適感を計算した．図4.3に東京駅付近のWBGT（wet bulb globe temperature，温熱快適感指標の1つ）のシミュレーション結果を示す．〔本條 毅〕

4.1.2 アンケート

本項では風景計画におけるアンケート調査で，検討・配慮するべき事項を示す（表4.1）．

a．なぜアンケート調査を実施するのか

風景計画に関わる研究や調査のメジャーな手法の1つとして，アンケート調査が挙げられる．風景の評価は，風景を見た人（主体）の主観的態度（個人に内在する好みや情緒，価値判断の傾向）に左右される．アンケート調査ならば主観的態度の検証が可能であり，様々な評価測定方法が開発されている．たとえば，リッカートスケール，SD法，一対比較法，スケッチマップ法，エレメント想起法，風景イメージスケッチ法などがある．ただし，主観的態度の解明方法はアンケート調査だけではない．個人へのインタビュー調査やフォーカスグループ調査でも可能である．アンケート調査はいわゆる量的調査にあたり，「個人の価値観が風景の評価に影響を与える」といったリサーチクエスチョン（仮説）の検証に有効である．一方，「どのような問題があるのだろうか？」「なぜこのような結果となるのだろうか？」など，クリティカルクエスチョンといった答えの見当がついていない状況の解決を目的とした調査には適さない．そのような場合には，いわゆる質的調査であるインタビュー調査などの実施を検討したほうが良い．

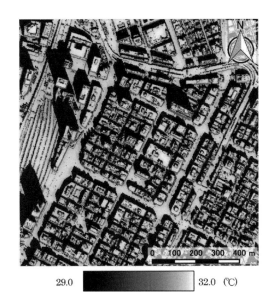

図4.3 東京駅付近のWBGT（2015年8月7日の12時）シミュレーション例（山崎ら[8]より）

表 4.1 風景計画におけるアンケート手順と配慮事項

ステップ	必要○	検討事項	備考
a. 調査できるのか	○	主観的な評価を量で調査するのか	質的な評価も含む場合，インタビューなども併用する．
	○	評価の対象風景は明確か	展望地からの眺め，道路，まち，森林，農村，都市など．
b. 調査対象と調査方法		1) 風景の構成要素の見え方	現地で，あるいは写真や動画に対する印象を調査する．
		2) 風景の土台となる地域の文化・歴史・環境資源を発掘する	地図などを提示して，場所のイメージを調査する．風景の写真を示して印象や似たものを集める調査をする．
		3) 地域や集団に共通して見られる風景評価	想起する風景のイメージや印象を調査する．森林，農村，都市といったテーマに対するイメージを調査する．
c.1 調査内容や調査対象の情報収集	○	1) 調査対象の風景や地域に関する情報	地図，空中写真，各自治体のまちづくり関連の計画書，史資料や古い絵図といった過去の資料を集めて，分析する．
	○	2) 調査手法や設問作成の方針に関する情報	既存の学術論文，学会や政府が出している調査手法のガイドライン，過去の同様な調査を集めて，重複のない調査を実施する．
c.2 収集した情報を参考に目的に沿った設問を作成する		1) 数字を記入する設問	回答しやすいように，設問を限定的にする．分析は比較的しやすい．
	○	2) 選択肢を選ぶ設問	調査目的・内容に応じて調査方法を選択する．
		2-1) 性質や状況を選択する設問	例．性別，年齢，居住地など．
		2-2) 両極尺度	例．「熱い−寒い」のどちらに気持ちが近いのかを選ぶ．
		2-3) 単極尺度	例．ある考えに対して「非常に思う」「やや思う」といった同意の程度を選ぶ．
		3) 単語や文章を記述する設問	回答者の思いつく単語や文章を書いてもらう調査．
		4) 地図やスケッチを描画する設問	風景に対するイメージを地図やスケッチで書いてもらう調査．
		5) 提示された地図に回答を書き込む設問	風景に知識や体験を持っている回答者が地図に記入する．
	○	(注) 設問の順番は，回答しやすい設問から始める．個人の特徴（性別，年齢など）を訊ねる設問は最後に提示することが多い．明らかに個人を特定できる設問は避け，個人情報保護に配慮する．調査時に2)の選択肢を含めると，回答しやすい．設問の尺度と分析方法を考えながら設問を作成する．	
c.3 回答者の立場に立って質問票を確認	○	1) 質問の分量が多すぎないかの検討	質問の分量が多いと，回答の途中で集中力が低下することや，回収率が下がることがある．例．A4かA3紙1枚程度で両面使いが，調査としては妥当な量．
	○	2) フォントサイズ・行間にも注意を払う	設問が見やすくなるようにフォントやフォントサイズ，行間に配慮し，レイアウトを工夫する．見やすい，わかりやすいが大切．例．フォントサイズ12ポイント
	○	3) 言葉の意味の違いによる誤回答を防ぐ	人により想像する意味や内容が異なる可能性がある専門用語や抽象的な言葉は，調査用紙で具体的に説明する．あるいは，例示する．
		4) アンケートのタイトル	主題が明確なタイトルをつけるとバイアスがかかることがあるので，汎用的なタイトルを使用することも検討する．
d. 予備調査を実施する	○	1) 設問に誤った情報の提示や選択肢の漏れはないか	調査対象である風景や地域についての知識や情報を持つ人（専門家や関係者など）に確認をとることが望ましい．予備調査は，数名から数十名に実施．
	○	2) 設問や選択肢がわかりづらくないか	回収率に直結するので，回答者と似た属性の人に確認をとることが望ましい．
	○	3) 設問の分量は多すぎないか	自由記述や設問が多すぎると回収率が下がるので，注意が必要である．
e. アンケートの実施		1) 面接調査とは，調査員が回答者と直接対面して質問をし，回答を記録する方法	回答時の様子や発言も記録できる．回答の仕方を補足説明でき，スケッチマップ法や風景イメージスケッチ法などで有効．評価グリッド法も同時に実施できる．コストの増加や，調査員の説明が影響を及ぼす可能性が懸念される．
	○	2) 郵送調査とは，質問票の配布と回収を郵送で行う方法である．配布は，実施者がポスティングする場合もある	コストを抑え，無作為で大勢の人々を対象とした，風景評価の調査が可能である．一方，回収率が低いといった問題がある．質問の分量を抑えたり，回答方法に工夫が必要．ポスティングでは，配布時に位置などの属性を設定できる．
		3) 電子調査とはインターネット上で行う調査	大規模な調査がしやすいが，サンプリングの面で課題が生じやすい．例えば，SNSなどでの調査依頼では，調査で得た結果が社会の実態に沿っているか確認できない．調査会社が持つ大規模な回答者群からサンプリングするなどの工夫が重要．画像の調査では，回答者の使用ディスプレイに色合いが依存する．
	○	4) 調査対象となる風景が実際にある場所かどうか	オンサイト調査がベストである．時間や予算，複数風景の同時比較などによってはオフサイト調査もある．風景には，眺めの広がり具合，時間による空の変化や温度感，聞こえてくる音，風の有無，視点場の雰囲気などを含まれる．風景のイメージなど，人々の想起や記憶を調査対象にする場合はオフサイトを選択しても問題ない．
	○	5) どの集団（母集団）に調査するかによって結果は異なってくるため，調査目的を踏まえながら調査対象者を検討[1]	サンプリングとは，調査対象の母集団から調査依頼の対象となる人を抽出することである．抽出するサンプルの大きさは，回収率を配慮しながら決める．サンプリングの方法は，性別や年齢が母集団と同じ比率になるような工夫もある．調査対象の集団以外の集団にも調査するかどうかの検討も必要である．
f. 調査結果を分析する	○	1) 分析の事前準備	データ化の前に，回答が書き込まれた回答用紙にデータ管理用の番号を記入．
	○	2) 分析	表計算ソフトなどを使って，回答のデータ化を行う．分析には市販の統計パッケージを使用することが多い．単純集計で，全体の傾向を掴んだのちに，仮説や目的に合わせた分析を行う．クロス表や，値の平均値の差や回答割合の差の検定を行ったりする．差の検定は t 検定，F 検定，Wilcoxon検定，χ^2 検定，フィッシャーの直接確率検定などがある．その後，多変量解析に進む．

表 4.1 風景計画におけるアンケート手順と配慮事項（続き）

ステップ	必要○	検討事項	備考
g 調査結果を公表する	○	調査結果を提示するだけでなく，実施した調査の方法についてもていねいに明記する必要がある．	通常のアンケートでは，実施日，質問紙の配布・回収方法，回答者のサンプリング方法，配布枚数と回収枚数・回収率，質問項目を論文や報告書にて記載する．これに加えて，風景評価の調査では，1) 評価者（年齢，性別，風景に関する興味の度合いなど），2) 評価言語（問いかけの言葉など），3) 提示景観（調査に用いた写真，スライド実験の場合はスクリーンと回答者の距離と画角など），4) 地図，5) 写真が撮影された時期，6) 気温，天気，風，音など，7) 景観の提示方法（写真，スクリーン）の明記が望ましい[2]．

文献[1], [2]を参考にした．

b．アンケートの目的を検討し，その手法を選ぶ

主体の主観的態度を知ることが風景計画におけるアンケート調査実施の目指すところではあるものの，さらに一歩進んだ目的として，①風景の構成要素の見え方が主体の風景評価へ与える影響を知る，②風景の土台となる地域の文化・歴史・環境資源を発掘する，③とある集団に共通して見られる風景評価の様子や地域の人々が持つ風景に対する固有の価値観を明らかにする，などが挙げられる．①の調査方法としては，調査対象となる風景を映した画像，あるいはシミュレーションで作成した画像を用いて，風景に対する印象を回答者にアンケート用紙に記入してもらうことが挙げられる．②は，アンケート用紙で地図を提示して，知っている場所や地域のシンボルだと思う景観の位置に印を付けてもらい，それに対する評価を書き込んでもらう方法や，地域のシンボルやランドマークなどの位置を示す地図を描いてもらうスケッチマップ法，地域の特徴的な風景を付箋に書いてもらい，グループで意見交換をするワークショップ法が挙げられる．③は，①と同様の方法が挙げられるが，他にも，主体が想起する風景のイメージを把握する調査もある．イメージの把握には，森林，農村，都市といったテーマに対して想起したキーワードを記述するエレメント想起法や，想起した風景を描画する風景イメージスケッチ法が挙げられる．

c．アンケートの設問を作成する

アンケートの設問の作成では，まず，調査内容や調査対象に関する情報収集が必要である．的外れな質問内容や重要な選択肢の漏れを防ぐためである．これらのミスは，回答しやすさや回答者からの信頼を損ね，回答率の低下につながりかねない．設問の作成では，①調査対象である風景や地域に関する情報，②調査手法や設問作成の方針に関する情報などを収集する．①は，地形図や土地条件図といった地図，空中写真，各自治体のまちづくり関連の計画書（景観計画や緑の基本計画など）などが有効である．また，史資料や古い絵図といった過去の資料にも目を向けたい．②は，既存の学術論文，学会や政府が出している調査手法のガイドラインなどが有効である．たとえば，環境省の「環境影響評価技術ガイド　景観」が挙げられる．また，同様の調査がすでに実施されていないかを確認するための情報収集も必須である．回答者は時間や労力を割いて回答に協力している．調査1回あたりの時間は短いかもしれないが，何度も繰り返すと相当な時間となる．「調査されるという迷惑」という言葉も存在するほどである．先人が積み上げた知識や調査のノウハウを生かしてより良い調査を行うためにも情報収集には力を入れるべきである．

情報収集ののち，アンケートの目的に沿った設問の作成を開始する．風景計画におけるアンケートの設問は，1) 数字を記入する設問，2) 選択肢を選ぶ設問，3) 単語や文章を記述する設問，4) 地図やスケッチを描画する設問，5) 提示された地図に回答を書き込む設問などが挙げられる．これらの中でも選択肢を選ぶ設問については多岐にわたる．風景計画においては，2-1) 性質や状況を選択する設問（例：性別や居住地を選ぶ），2-2) 両極尺度（例：形容詞対「熱い−寒い」のどちらに気持ちが近いのかを選ぶ），2-3) 単極尺度（例：ある考えに対して「非常に思う」「やや思う」といった同意の程度を選ぶ）などが挙げられる．どの形式で質問するかは慎重な検討が必要で，行える統計解析の種類は設問で扱う尺度水準によっ

て決まる．尺度水準については，4.2.2項で解説する．数値で表せる間隔尺度や比例尺度は，比較的，選択式の設問よりも様々な統計解析を行える．設問の順番は，深く考えなくても回答できる設問から始めると良い．はじめから考えさせる質問や，回答に手間がかかる質問だと回答してもらえない可能性が高まる．個人の特徴（性別，年齢，居住地など）を尋ねる設問は最後に提示することが多い．なお，個人情報の保護が求められている昨今では，個人の特徴を尋ねる設問は必要最低限とすることが望ましい．

質問票を作成したら，回答者の視点に立って質問票の適切さを確認することになる．まず，①質問の分量が多過ぎないかの検討が必要である．質問の分量が多過ぎたり，自由記述の設問が多くて回答に手間がかかったりすると，回答の敷居を高めかねないし，回答途中で集中力が低下して後半の設問の回答が疎かになりがちである．次に，②フォントサイズにも注意を払うことが大事である．回答者によっては小さい字を読むことが大変なこともある．フォントサイズも含め，調査票に余白を設けることで見やすくするなどレイアウトの工夫が重要である．そして，③言葉の意味の勘違いによる誤回答を防ぐためにも，質問票上で，調査の鍵となる専門用語や抽象的な言葉を説明することは大切である．一般的な用語だとしても，人によって想像する意味が異なる可能性があるためである．

なお，④アンケートのタイトルの付け方は2通りある．アンケートの主題が明確なタイトルであれば，関心がある人に回答してもらいやすくなる．一方，あえて主題を不明瞭にした汎用的なタイトルがある．汎用的なタイトルは，明確なタイトルの調査結果が関心のある人に偏ってしまうのに対し，その偏りを低減できるといわれている．

d．アンケートの予備調査を実施する

本調査を実施する前に，質問票を用いて予備調査を行う．予備調査の実施目的は①設問にて誤った情報の提示や選択肢の漏れはないか，②設問や選択肢の表現がわかりづらくないか，③設問の分量は多過ぎないかなどを確認することである．①は，調査対象である風景や地域についての知識や情報を持つ人（専門家や関係者など）に確認をとることが望ましく，②と③は回答者と似た属性の人に確認をとることが望ましい．アンケート調査を開始すると質問票の変更はできない．予備調査を有効に活用して，本調査に向けて調査票の質を確実に改善することが重要である．

e．アンケート調査の実施

アンケート調査の実施方法は様々だが，風景計画の調査でよく用いられる①面接調査，②郵送調査，③電子調査を解説する．①面接調査とは，調査員が回答者と直接対面して質問をし，回答を記録する方法である．回答者の回答時の様子や発言を記録できる．複雑な設問にて回答の仕方を補足説明でき，スケッチマップ法や風景イメージスケッチ法などで有効である．また，評価グリッド法といった評価の要因を探る手法も同時に用いられる．ただし，コストの増加や，質問によっては調査員の説明の仕方が回答へ影響を及ぼす可能性が懸念される．②郵送調査とは，質問票の配布と回収を郵送で行う方法である．メリットは大規模な調査がしやすい点にある．調査員を必要としないため，コストを抑えた調査ができ，無作為で大勢の人々を対象とした，風景評価の調査が可能である．一方，誤った回答方法や回答漏れの確認ができない，回収率が低いといった問題がある．質問の分量を抑えたり，回答方法がわかりやすい設問にしたりといった工夫が重要となる．③電子調査とはインターネット上で行う調査である．メリットは大規模な調査がしやすい点，回答漏れがあるとエラーが出るため回答漏れが生じにくい点，回答者が質問票を返送する手間がないといった点が挙げられる．しかし，サンプリングの面で課題が生じやすい．たとえば，SNSなどを使って調査依頼を拡散し，回答したい人が自主的に回答する方法では，調査で得た結果が社会の実態に沿っているかどうかを確認できない．調査会社が持つ大規模な回答者群からサンプリングするなど，可能な限り，結果の代表性を確保する工夫が重要である．画像を用いる調査では，回答者の使用ディスプレイによって画像の色合いが異なる場合があ

り，注意が必要である．

実施方法と関連して，④調査対象となる風景が実際にある場所で行うのかどうかも検討する必要がある．風景には，視野の広がり具合，時間による空の様子や温度感，聞こえてくる音，風の有無，視点場の雰囲気なども含まれる．画像ではそれらを再現しきれないため，風景を実際に経験できる場所での調査実施（オンサイトでの実施）がベストである．しかし，同じ回答者に対して複数の対象風景をオンサイトで調査することは時間や予算などによって難しいこともある．その場合は画像を用いてオフサイトで行うことも検討する必要がある．風景のイメージなど，人々の想起や記憶を調査対象にする場合はオフサイトを選択しても問題ない．

次に，調査対象者の決め方だが，⑤どの集団（母集団）に調査するかによって結果は異なってくるため，調査目的を踏まえながら調査対象者を検討する必要がある．その際，調査対象の集団以外の集団にも調査するかどうかの検討が必要である．たとえば，若者による風景評価の特徴を明らかにする場合，他の年齢層も調査対象にしなければならない．若者の結果だけでは，その結果が若者だけに見られる特有なことなのか，他の年齢層でも同様の結果を示すのかの判断がつかないからである．

どの集団を調査対象にするか決めたのちに，サンプリングの方法とサンプルの大きさを決める．サンプリングとは調査対象とする母集団から調査依頼の対象となる人を抽出することであり，その目的は調査結果の代表性の確保である．理想的な方法は，母集団に属する人々のリストを手に入れ，そこからランダムに対象者を抽出するか（無作為抽出），リスト全員に調査をするのかの2点である．しかし，リストの入手や作成が不可能に近いこともある．その際には有意選出法を行うこととなる．たとえば，割当法が挙げられる．サンプルのデモグラフィック属性（性別や年齢など）が母集団と同じ比率になるように各属性のサンプルの数を検討し，その属性を満たす人々から決められた人数を調査する方法である．サンプリングの方法やサンプルの大きさの決め方は[1]詳細を解説しているので参照のこと．ただし，実態として，筆者が公開されている緑の基本計画で行われたアンケート調査の回収率を調べたところ，30%程度の自治体がもっとも多かった．他の主体が行う調査では回収率がもっと低くなる可能性があり，回収率も想定した質問紙の配布が必要である．

f．調査結果を分析する

質問紙を回収したら，表計算ソフトなどを使って，回答のデータ化を行う．分析には市販の統計パッケージを使用することが多い．単純集計で，全体の傾向を掴んだのちに，仮説や目的に合わせた分析を行う．クロス表や，値の平均値の差や回答割合の差の検定を行ったりする．差の検定はt検定，F検定，Wilcoxon検定，χ^2検定，フィッシャーの直接確率検定などがある．その後，多変量解析に進む．

なお，それぞれの統計解析手法で解析の条件や注意点がある．たとえば，差の検定の結果の解釈にて，有意確率が低いから「属性間に違いがある」といい切ってしまうというミスがある．χ^2検定の結果，有意差が確認された．しかし，男女ともに「そう思う」と回答した人は8割以上を占めており，男女ともに大部分の回答者が意識していると考えられ，意識の傾向に違いは見られない．有意差の有無で終わらず，選択割合の様子もきちんと確認をすることが重要である．また，サンプル数が多い検定ほど少しの差でも有意確率が低くなる問題があり，サンプル数に左右されない効果量という値への注目も必要である．他にも統計解析上は相関関係にあるように見えても，実際は別の要因が相関していて，見かけ上の相関関係であることもある．これを擬似相関とよぶ．「これらは直接的に関連があるのか？」と疑問を持ちながら解析結果を考察することが重要である．

g．調査結果を公表する

調査結果は論文や報告書などで公表するわけだが，ただ調査結果を提示するだけでなく，実施した調査の方法についても丁寧に明記する必要がある．調査の適切さを判断したり，同様の調査を実施する際に調査条件を合わせたりするためであ

る．通常のアンケート調査では，実施日，質問紙の配布・回収方法，回答者のサンプリング方法，配布枚数と回収枚数・回収率，質問項目を論文や報告書にて記載する．これに加えて，風景評価の調査では，①評価者（年齢，性別，風景に関する興味の度合いなど），②評価言語（問いかけに用いられた言葉など），③提示景観（調査に用いた写真，スライド実験の場合はスクリーンと回答者の距離など），④地図，⑤季節・時間（写真が撮影された時期など），⑥気象条件（気温，天気，風，音など），⑦景観の提示方法（プリントした写真の提示，スクリーン上で画像を提示など）などの明記が望ましい[2]． 〔古谷勝則・髙瀬　唯〕

コラム 11　風力発電施設の印象評価と環境アセス

再生可能エネルギーへの転換が進められているが，発電コストが低く，導入ポテンシャルが高い風力発電は国内外問わず各地で導入が進められてきた．しかし，近年計画される風力発電事業の多くは，容量・規模ともに大型化の傾向にあり，風車による景観の悪化は住民が風力発電事業に反対する大きな理由の1つとなっている．畦地他[1]によると，日本の風力発電事業は環境アセスの対象外であったこともあり，2012年5月までに計画された155事業のうち，59事業において計画段階でなんらかの環境紛争が発生し，そのうち19事業が景観の悪化を争点とするものであった．このような背景のもと，2012年より風力発電事業が環境アセスの対象事業とされたが，景観への影響評価については，対象事業となる以前から使用されていた，NEDOが定めた自主アセスのためのマニュアルを踏襲したもの

図 4.4　風況適地とされる北海道の沿岸域に林立する風力発電施設（北海道寿都町，筆者撮影）

で，風車の可視・不可視や見えの大きさのみを景観への主要な影響として評価していた．そもそも，風況適地は沿岸部に集中しているため，実際には平面的で見通しの良い海岸線に風車群が林立することとなり（図 4.4），距離を取る以外に景観的影響を緩和することは難しい．

しかし，そもそも風景とは「外的環境が共通であっても，その眺めは人によって異なる」[2]ものであり，風力発電事業に限ってみても，こうした差異は多く指摘されている．たとえば，風力発電そのものに対して否定的な考え方を持っている人や，海岸の利用目的が明確な人，地元への愛着が強い人ほど，風力発電施設に対して否定的な評価や行動をとることが知られている．さらに，設置主体の違いによる景観の印象への影響も指摘されており，自治体主導の風力発電施設に比べ，民間企業主導では否定的な評価となった例もある．観光客よりも風力発電施設の付近の住民の方が風車に対して「威圧感」や「違和感」を強く感じるという指摘もある．したがって，風車の可視・不可視や見えの大きさだけではなく，このように「見えることでどのような影響があるか」を把握する必要がある．これは環境アセスにおける景観への配慮事項としてすでに明記されているものであり，評価対象地域で生活する人々の生活景に敬意を払い対応すべき事項であろう．現在，環境省では立地適地をあらかじめ選定するゾーニング事業をモデル的に実施しているが，生活景の風景評価を事前アセスとして取り込むことも有効かもしれない．

〔松島　肇〕

4.2　環境影響評価

4.2.1　影響要因
a．風景

中村[1]は「景観」を「周囲を取り巻く環境の眺めそのもの」と定義し，その眺めに関わる人々の民族・文化・時代といった背景が「風景」を形づくるとした．つまり，風景とは視対象である「環境の眺め＝景観」を，眺める主体である人が見たときに，脳内で個々人の有する様々な情報が練り上げられて知覚されるもの，といえる．そのため，「風景の変化」を考えるとき，大きくは視対象である景観そのものの変化（開発，環境変化，気候

変動など），および眺める主体の変化（知識，社会・文化的背景など）に分けることができる．また，景観影響評価法に基づき公表されている，風景に関する基本的事項として，「人と自然との豊かな触れ合い」が挙げられ，具体的には「景観」と「ふれあい活動の場」を考慮することが明記されるが，これは対象地の環境が有する価値を，その場所の景観を人がどのように受け止め認識するかという側面と，その場所でどのような活動を展開するかという側面から評価することを意味している[2]．すなわち，視対象である景観そのものの状態とともに，眺める主体の価値認識をあわせて考えることが重要としている．

ここでは，これら風景の変化を引き起こす要因を「風景への影響要因」として概説する．

b. 視対象である景観の変化

眺める対象としての景観そのものの変化は，見るべき対象の大きな改変や変質，場合によっては対象そのものの喪失を伴う点で，風景変化の影響要因としてはもっとも大きな影響を有するといえる．ここで述べる景観とは，視対象となる地形，自然現象，生態系，人工構造物などから構成される環境の眺めを指す．

第一に，人間活動による人為的改変のような，直接的改変による景観の変化が挙げられる．たとえば，森林の伐採や人工構造物の設置，老朽化した構造物の撤去や建替えなど，景観を構成する要素を直接的に改変することによる影響である．日本においては，1960年–1970年代における高度経済成長期に多くの自然景観が都市化や農地開発の影響により失われたことが知られている．これら多くの開発行為は，視対象である景観構成要素の大きな変化をもたらすが，それがとくに自然景観における開発行為である場合，自然的構成要素の喪失に加え，人工構造物などを設置することによる人工的構成要素の物理的増加や景観構造の変化，ならびに自然景観の人工化といった景観の質的変化が生じる．人工構造物の可視・不可視や見えの大きさ，素材，色彩，明るさなどの変化も景観の眺めを変化させる主要な要因である．

また，構造物を設置しない場合であっても，人間活動の結果として自然資源が減少・喪失する場合もある．その代表的なものが自然景観におけるレクリエーション活動であろう．たとえば，登山道の過剰利用による道幅の拡幅や侵食，車両の乗り入れによる砂丘の裸地化や地形の変化などが挙げられる．逆に管理放棄により景観が変化する例もある．里山の景観がその代表であろう．里山は，地域住民が自然地域において燃料用の樹木の伐採や山菜・茸類の採取のための下草刈りを行うことで維持されてきた景観であるが，生活様式の変化に伴い人の手が入らなくなったことで，次第に多様性が低下し，「荒廃」してしまったことが全国的に問題視されている．このように，特定の活動を許可あるいは禁止することで，景観の変化が引き起こされる．

第二に人為的改変などの間接的影響による景観の変化が挙げられる．これらは，視対象となる景観自体が改変を受けていなくとも，隣接する周囲の環境が改変されることにより，その影響が視対象となる景観にも現れる事象であり，場合によっては中・長期的スケールでその影響が表出することもある．たとえば，湿地周辺の農地開発などにより，湿地帯の地下水位が低下し，結果として湿地の乾燥化による草原・樹林化といった植生の変化（＝湿地景観の喪失）が起こる場合などが挙げられる．また，日本の海岸線における砂浜海岸の減少が著しいが，これも河川の改修工事による河道の安定化の影響で，下流へと流出する土砂が減少し，結果として砂浜への砂の供給が低下したことが要因として指摘されている．

第三に，気候変動の影響や社会環境の変化による景観の変化が挙げられる．近年，増加傾向にある集中豪雨や台風，高潮，酷暑といった極端事象は，毎年のように発生する「想定外」「観測史上初」といった自然災害として顕著に記録されるようになってきた．短期的には，こうした極端事象により引き起こされる危険な自然現象により，地形や生態系の急激な改変といった形で景観への影響が見られる．また，長期的には温暖化や海面上昇といった環境の変化により引き起こされる地形や生態系の変容が，景観への影響として懸念されてい

る．さらに，こうした気候変動の影響は災害復旧事業や国土強靭化事業といった，直接的な景観改変を助長する可能性もある．東日本大震災による激甚災害からの災害復旧事業として，長大な防潮堤が海岸線に建設され，さらに盛土造成地盤への海岸林の植林といった大規模な景観改変は記憶に新しい．また，社会環境の変化とも密接に関連しており，先に述べた通り経済成長が著しい時代には都市開発や内湾の埋め立てなどの大規模な開発が行われたが，その後の景気の低迷や少子高齢化による人口減少は，造成後の未利用地や耕作放棄地の増大を引き起こした．近年では，再生可能エネルギーへの期待の高まりを受け，こうした土地では大規模な太陽光発電施設の設置や風力発電施設の建設が行われるようになり，新たな景観変化の要因ともなっている．

c．眺める主体の変化

こうした景観の変化には，それを眺める主体である人間の社会的価値観の変化による影響も大きい．社会的価値観の変化は，先に述べた社会環境の変化とも密接に関係していると考えられるが，価値観はより景観を眺める主体の影響を強く受けた要因といえよう．

たとえば，自然草原の景観（高山植物群落，湿地，海岸草原）は，温暖多雨な日本においては国土面積の1％程度でしか見られない希少な景観である．しかし，同じ自然草原であっても，高山植物群落は希少な植生として積極的に保全されてきた一方で，身近に見られた湿地や海岸草原は不毛な土地として，積極的に農地や都市への転用が図られる開発の対象でしかなかった．高山帯に比べて都市域に隣接していることもあり，そのアクセスの容易さによる利用価値の高さが背景にあったと考えられるが，結果として日本の湿地の60％以上が消失することとなった．その後，湿地に関しては生態基盤としての重要性や保水・調整といった生態系サービスが認識されるようになると保全の対象と見なされるようになったが，海岸草原は近年の海岸侵食の影響もあり，全国的に危機的状況が続いている．

こうした社会的価値観は，大きく普遍性と固有性から構成される（表4.2）．普遍的価値とは，その時代や地域において誰もが普遍的に共有している景観評価の表象であると考えられる．代表的な評価項目として，自然性，眺望性，調和性，審美性などが挙げられるが，いずれも視覚的特性に着目した多くの知見が蓄積されている．たとえば，環境省[3]がまとめた「風力発電施設の審査に関する技術的ガイドライン」では，見え方への影響（眺望対象への介在）として，風力発電施設による眺

表4.2 風景の価値観を構成する評価軸と代表的な指標

評価軸	認識項目	指標例
普遍的価値	多様性	地形の複雑度，植生・土地利用のモザイク度など
	自然性	緑視率，緑被率，植生自然度，人工物の視野内占有率など
	眺望性	可視空間量，視野角，視野構成など
	利用性	利用者数，利用しやすさ，利用者の多様性など
	主題性	主要視対象の有無，対象への視覚的介在など
	力量性	視距離，見えの面積，仰角，高さ／視距離，圧迫感など
	調和性	色彩対比，スカイラインへの干渉，形状類似性，整然度など
	審美性	美しさ（「普遍的価値」の総合的な指標）
固有的価値	固有性	他にはない独特な特徴など
	歴史性	歴史的遺産，史跡，古くからの継承など
	地域性	地域の原風景・シンボル・生活習慣・文化などと関わりの深い特徴
	希少性	地域で失われつつある特徴など
	親近性	地域の人々に親しまれている特徴など

（出典：文献[2]を参考に作成）

望対象への直接的・間接的な介在やスカイラインの切断, 見えの大きさ, 配置, 色彩などを挙げている. これらは比較的操作可能な要因であることから, 景観への影響評価においてとくに注視されてきた項目である.

一方, 固有的価値とは, 特定の地域や特定の主体に固有の価値観であり, 必ずしも多くの人々が重要とは考えない眺めや活動であっても, 当該地域の人々にとっては他に代えがたい重要な眺めや活動であることもある. 代表的な評価項目として, 固有性, 歴史性, 地域性, 希少性などが挙げられる. 全国的には普通種であっても, 地域絶滅の危機に瀕している種の存在などは代表的な固有的価値といえよう.

ここで注意せねばならないのが, この固有的価値観は, 視対象である景観の有する価値観だけでなく, 眺める主体の有する価値観に左右される点である. 眺める主体, すなわち人間は個々人が様々な背景を有しており, 同じ景観を眺めていても, それぞれの年代, 性別, 居住地, 居住年数, 知識, 嗜好性といった背景の違いより, その眺めの評価も異なることが知られている. つまり, 評価主体が生得的に有する普遍的価値観と, 地域性や時代性といった民族・文化・時代により後天的に育まれる固有的価値観が複雑に影響しあって形成されるのが風景評価なのである[4]. 風景を眺める主体とは, その風景に関わる人々すべてを指す. その地域に居住する住民や職場を有する市民, 通勤・通学のための通過者, 観光に訪れた観光客などである. さらに, それぞれの主体が背景として, その地域との関わりの深さなど, 様々な歴史, 文化, 嗜好を有する. これらが風景評価に影響する要因となることから, 風景計画において環境影響評価を行う際には, 多様な背景を有する多様な主体を評価主体として選定する必要がある. また, 年齢, 性別による違いも多くの研究にて報告されていることから, 評価主体を選定するうえでいわゆる人口統計学的属性への配慮も必要である.

しかしながら, 現実的にはこれらの人々すべてを網羅することは非常に困難であり, 通勤者など, 組織化されていない個々人の意見を集約することは現実的ではない. そのため, 多様性に配慮しつつも, 事業の規模や性質, 地域の特性を考慮して, 対象とする評価主体を絞ることはやむを得ないであろう. ただし, 生活景への影響を少なからず受ける地域住民については, 優先的に評価主体として意見を聞く必要があろう.

d. おわりに

京都市東山にある南禅寺は臨済宗南禅寺派の総本山として1291年に開創され, 700年以上の歴史を有する格式高い寺院の1つである. この境内に1890年, 琵琶湖疏水を通すレンガ造りアーチ構造の近代的高架水路「水路閣」が建設された (図4.5). 伝統的歴史を有する木造寺院群の境内を横切る形で, 当時最先端のレンガ造りの西洋建築を導入するということで大変な反発があったとのことであるが, 120年を経た現在, 苔生したレンガや成長した木々に覆われ, 国指定史跡などとして南禅寺界隈の観光名所の1つとなっている. デザインに大いに配慮されたことはもちろんであるが, 120年という時間がつくり出した「然び (さび)」の風景といえよう. また, 風景を眺める主体の価値観も「異質な西洋建築」から「歴史ある建築遺産」へと時間とともに変遷してきたに違いない. 風景は変わらぬものもあるが, 必ずしも普遍ではなく, 時代や人とともに変化し, 形成されるものでもあるといえる. 造園の世界では, つくった直後が完成ではなく, 木々の成長とともに適正な管理が重要とされる. 人工施設にも耐用年数が数年のものから数十年のものまで, 様々である. 近年

図 4.5 南禅寺南禅院の門前を横切る琵琶湖疏水「水路閣」
(京都市, 筆者撮影)

の気候変動などの影響と考えられる極端事象の増加や，少子高齢化による都市の縮退といった劇的な社会的変化を見ると，環境影響評価や風景の将来予測は大変困難になってきたといえる．状況にあわせて，将来の姿を見据えた時間軸による評価も必要であろう．

風景への影響を考えるとき，その地域の自然，歴史，文化を理解し，影響を最小限に留め，場合によっては新たな価値を付加するものでなければならない．そのためには，影響評価を通じて，風景計画への多様な主体の参加を促し，主体間，主体－環境間の情報を共有し，相互理解を深める一助となるような取組みが必要であろう．

〔松島　肇〕

4.2.2　評価主体，評価手法
a．評価の評価主体

環境影響評価や公共事業事後評価などでは，景観・風景評価に一定の客観的根拠が必要となる．しかし，景観・風景（以下，風景とする）を評価する主体は人であり，評価には個人差が出てくる．評価ではこれら個人差を可能な範囲で少なくし，客観的な結果を得る必要がある．同じ風景であれば，評価する人が変わっても，同じような評価が得られることが望ましい．しかし，風景を構成する要素はきわめて多く，評価の基準も多様である．また，世論調査のように多くの評価者が，風景の評価をすることも難しい．どうしても，少数の専門家や，選ばれた代表者による評価になる．これら限定された評価者による調査でも，できるだけ共通の評価ができるように，次のことに配慮する．①何のための評価なのか，②どこを（どこから）評価するのか，③誰がいつ評価するのか，④評価の基準や手法は何か，である．

b．何のための評価なのか

評価の対象が，現状なのか，将来予測なのか，事業後の評価なのかにより，評価に違いがある．現状であれば，現在の景観・風景を評価することになる．将来予測であれば，現状と複数の代替案の比較による評価が中心となる．代替案は，フォトモンタージュやCGなどのシミュレーションで画像などが作成されることが多い．事業後の評価であれば，現状による調査に近いが，おもに事業前との比較が中心となる．この場合は，視覚的に限定した風景（景観）に対する認識・印象の変化のみでなく，地域住民の活動や利用実態，経済的な効果も含めて事業が評価されることになる．

c．どこを（どこから）評価するのか

まずは，注目すべき風景資源や眺望点を抽出することから始まる．抽出するには，既存の調査を参考にしながら，地域の自然的，歴史的，文化的特徴や，住民の風景認識に配慮する．風景資源と眺望点を抽出してから，眺望景観を評価する．眺望景観とは，展望台からの眺めのように，場所と眺める方向を限定して，人の風景に対する評価を調べる場合である．身近な身の回りの風景の構成要素を全体として評価する場合（囲繞景観）は，地域の人々が大切にしてきた場所，身の回りの生活の場で利用している場所，地域の人々に古くから親しまれてきた場所などにも着目する．

d．誰がいつ，評価するのか

眺望景観の場合，主要な眺望点があるので，眺望点の利用状況から，誰がいつ評価するのかが分かりやすい．現地で評価するのであれば，利用者を対象にすることになる．現地で評価する場合，太陽の位置や天気が，風景の評価に大きな影響を与えることがあるので注意が必要である．たとえば富士山の眺望地点で，晴天で富士山が眺望できる場合と，曇天で富士山が眺望できない場合，当然，評価結果が変わってくる．また，調査する季節による影響も大きい．そこで，眺望景観の評価に写真やスライド，ビデオを使用することがある．この場合は，利用者の多い季節，時間帯で，眺望対象が見渡せる天気のときに風景を記録することになる．記録した写真などを，室内で評価者が見て，評価することが多い．シミュレーションで将来予測の画像を作成し，この画像を対象に評価することも可能である．誰が評価するのかという，評価主体の選定も重要となる．開発行為であれば，開発主体，地域住民，観光客，行政担当者，専門家などによって，必ずしも評価が一致するとは限らない．それぞれの嗜好性および立場や利害に

よって，評価が偏ることもある．評価主体の選定には，注意が必要であり，特定の立場の人のみの意見で風景を評価することは避けるべきである．

e. 視覚分析を中心とした評価手法

視覚分析を中心にアプローチした評価の方法を図4.6にまとめた．図の左列に「それぞれの風景評価で何を明らかにすべきか」という「評価の目的・対象」がある．さらに，その目的・対象にどのようなアプローチをとるかという捉え方が中列の「評価尺度と測定方法」である．右列には得られた評価結果の「分析方法」を示した．

風景評価には，評価尺度を設定する場合としない場合がある．評価尺度を設定する場合は，子供の成績通知表にある5段階や10段階の学力評価に近い．評価尺度のない成績通知表では担当教員の所見や，生徒の活動の記録など数値化されない項目が中心に記載される．

f. 評価尺度を設定しない測定方法

評価で評価尺度を設定しない例としては，人間がどこを見ているかを，眼球運動を使って記録する方法がある．たとえば，注視点の頻度が高い場所は，風景上ていねいに扱う必要があるなどと判断することがある．視覚分析に加えて，生理的反応も研究されている[1]．

情報量やイメージ分析の測定方法には，想起法，再生法，再認法がある．これらの方法は，自由な意見を聞く方法として有効である．想起法とは，被験者に，どこに何があったかなどの情報やイメージを言語的に回答してもらう方法であり，エレメント想起法ともいう．再生法では，地図やス

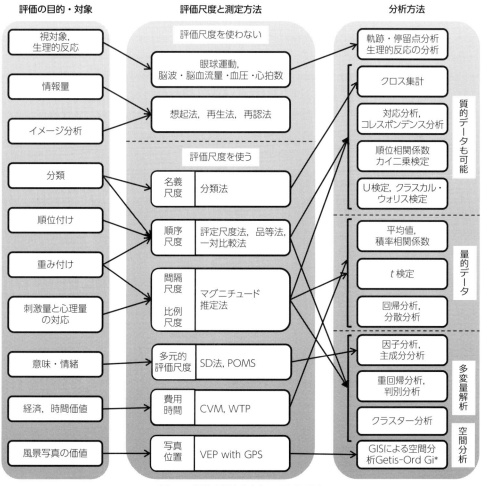

図4.6 視覚分析を中心とした評価手法

ケッチを描いてもらい，風景の特徴的な情報やイメージを再生する．再認法では，対象の風景と類似（共通）している部分を選んでもらう方法である．たとえば，被験者に対象地内で写真を撮影してもらい，撮影された写真を使って対象地の風景を特徴付けることもある．被験者に写真を撮影してもらう手法はGPS（global positioning system）やGIS（geographic information system）を活用して，空間別の風景評価という新たな手法として活用が期待される．これらの方法は，風景の情報量やイメージを分析する意味で有効である．

g. 評価尺度別に見る評価の測定方法

風景の評価尺度を設定する場合，統計で一般に使われる名義尺度，順序尺度，間隔尺度，比例尺度（比率尺度）によって整理できる．

名義尺度を用いる測定方法に分類法などがある．分類法は，複数の風景写真を設定した評価基準で選択・分類する測定方法である．たとえば，国立公園の写真を複数提示して，似た写真でグループに分類し，名称を付けてもらうことにより，風景の特徴を知ることができる．あるいは，選択基準を示して写真を選択してもらい，その選択頻度により次に述べる順位付け評価（順序尺度）にすることもある．

順序尺度による測定方法には，評定尺度法，品等法，一対比較法などがある．評定尺度法とは，被験者に調べたい項目（選択肢）を提示して，被験者が自分にもっとも当てはまると思う項目を選んでいく方法である．品等法とは，被験者がある基準のもとに順位を付ける方法である．応用した手法にQ-Methodがある．この手法では，評価軸を決め，その評価軸上で写真の順位を決めてもらう方法であり，とくに評価が曖昧になりがちな評価軸の中間に多くの写真を分類し，評価のはっきりしやすい評価軸の両端には1枚ごとの写真を割り付ける方法である．比較的，日本以外の国で用いられることが多い手法である．一対比較法とは，n個の対象を2つずつの組合せとして，その組合せごとに被験者に評価してもらう．この方法は，2つの対象の比較判断で評価が容易であるため，信頼性の高い手法といわれている．しかし，比較対象が増加することにより，被験者への負担が急増するので，比較対象数には配慮が必要である．たとえば，5種類の風景の比較であれば，10通りの組合せであるが，10種類の風景の比較では，45通りの組合せとなる．

間隔尺度と比例尺度の測定方法には，マグニチュード推定法がある．この手法では，標準となる風景を定め，これと別の風景と比較させて，両者の感覚的な違いを数値によって直接的に推定させる方法である．たとえば，標準の建築物の写真を100として，次に建築物の規模を変化させてシミュレーション写真と比較させて，それらの感覚的な大きさの違いを直接数値で推定させる方法である．風景の評価では，被験者の評価値が，感覚の大きさを忠実に反映しているかについては，注意が必要である．

風景を構成する要素がきわめて多く，評価も多次元であることから，風景評価にSD法（semantic differential method）などの多次元的評価尺度を使用することがある．SD法は，意味微分法ともいい，10から20程度の評定尺度を使用して，風景の感情的なイメージを把握する手法である．POMS（profile of mood states）は，人のおかれた条件のもとで変化する一時的な気分・感情を測定する．

風景を対象とした経済価値を尋ねるCVM（contingent valuation method）も使用されている．CVMでは，風景を保全するために支払ってもよい金額を記入することにより，風景を評価することになる．WTP（willingness to pay）はお金の代わりに，回答者が体験にどのくらいの時間をかけてもよいかを聞く手法である．

h. 評価基準

風景評価の評価基準を設定する場合，規範となる基準があるかを検討する．国立公園のような自然風景地の場合，人工物が風景に影響を与えないようにして，自然環境を保全する．このように規範が明確な場合，安定した評価結果を得られる可能性が高い．これらの評価では，たとえば，主要な眺望点からの眺めについて，風景を阻害する人工物の見える量を減らすことや，地域周辺との調和を目指した風景評価となる．おもな価値軸とし

ては，自然性，眺望性，傑出性，多様性，利用性，快適性，統一性，調和性，審美性などがある．

地域の人々が生活する身近な風景を対象とした風景評価では，自然性などの規範となる基準に加えて地域固有の価値軸にも配慮する．住民が日常的に接している風景の認識は，風景の専門家や観光客などの非日常的な風景評価結果と違いが生じる場合がある．日常的に接する都市や農村などの風景特性を幅広く捉えた風景評価も大切である．たとえば，風景に配慮したまちづくりが行われれば，地域の価値を向上させ，地域住民にも誇りとなる風景が，地域の資産となるはずである．そのためには，風景形成に関わる関係者が互いの共通の認識に立つことができるように，できるだけ客観的，論理的な風景評価を行う必要がある．この場合は，従来の開発行為などによる風景の視覚的な変化を評価する風景評価と異なり，地域の人々が感じている風景の価値観を捉える必要性がある．この場合，誰でも普遍的に共有している規範（普遍価値）だけでなく，地域固有の価値観（固有価値）にも照らした風景評価が必要となる．地域固有の価値観には，固有性，歴史性，郷土性，親近感などがある．

i．写真や動画，スケッチを使った風景評価

風景評価で画像を，評価の刺激に使用する場合は，画像サイズにも注意が必要である．たとえば「はがき」程度の大きさの写真サイズであれば，風景の分類には使用できるが，建築物の規模などの評価は難しい．A4サイズなどの画像を使用することもある．スライドやビデオを使用する場合は，投影する画面の大きさと評価者の位置から算出される画角を，撮影したカメラの画角とそろうようにすることが必要である．風景評価時には，評価者の画面との距離と画面の大きさを調整し，記録しておくことが必要になる．これら調整をしても，風景全体の空間的な広がりについては，評価が難しい側面がある．また，ビデオの場合，音声を使用すると，音声による評価が風景評価に影響を与える場合もある[2]．VEP（visitor employed photography）／写真投影法では，被験者が撮影した写真を用いた風景調査である．写真撮影時の位置情報をGPSロガーやジオタグなどから取得して，GIS上で写真の撮影位置の空間分析をする．また，撮影した写真から，風景の特徴的な情報やイメージを再生する研究方法もある． 〔古谷勝則〕

4.2.3 心身への影響
a．風景から受ける影響

風景に対する評価主体の評価・認識を明らかにすることは，物理的な環境要因を操作し，より良い風景を実現していくうえで不可欠である．一方で，そのような風景を体験した私たちの心身に，どのような影響がもたらされるかについては，誰しもが気になるのではないだろうか．そこで，ここで

表4.3 風景の心身への影響を調べる評価指標

	曝露期間	評価指標	備考
身体の評価	短期的影響評価	唾液中アミラーゼ活性・唾液中コルチゾール濃度・血圧（収縮期・拡張期）・脈拍・副交感神経活動・交感神経活動・脳血流量など	比較的入手しやすい計測機器もある．専門家でなくても分析可能な評価指標も多い．
	長期的影響評価	NK細胞・抗がんタンパク・免疫グロブリン・（ノル）アドレナリン・オキシトシンなど	検体収集に医師・看護師などの専門職の協力が必要な場合がある．分析機器や分析費用が高価になる場合も多い．
心理の評価	短期的影響評価	POMS・STAI（State-Trait Anxiety Inventory）・PANAS・ROS・SVS・VAS・TMSなど	無料で使用可能な質問紙もある．設問が少項目で回答者の負担も少ないものが多い．
	長期的影響評価	SCI・WHOQOL26・S-H式レジリエンス検査・GSES・TBSなど	有料の質問紙が多い．分析や解釈に専門的な知識が必要になることがある．

は風景を体験することで得られる心身への影響を可視化し評価する方法について紹介する．

風景から受ける影響を評価する場合，まずその風景に接した（曝露された）時間が問題になる．たとえば，2時間程度の短期間の曝露の影響（一時的な休憩や散策を想定した場合）を評価するのか，あるいは丸一日〜数日間または定住した場合など，長期にわたる曝露の影響を評価するのかで，心身の評価に用いられる指標の種類がそれぞれ異なる．以下，身体・心理の順に整理する（表4.3）．

b．身体への影響の評価

最近まで風景を刺激として身体への影響を調べる研究は実験室で行われることが多かった．室内実験では刺激の操作性が高く，被験者の負担が少ないという利点もあったが，室内での実験結果が現実の風景から受ける影響をどれだけ正確に反映できているのかについては常に議論があった．ところが近年，計測機器や蓄電池が小型化され持ち運びが可能になり，さらにその性能も向上したため，屋外のような計測条件のよくない場所でも身体への影響が可視化および評価できるようになった．ここでは短期間の風景への曝露による影響（短期的影響評価）と，長期間の風景への曝露による影響（長期的影響評価）の視点から，風景が身体的にもたらす影響の評価法について述べる．

（1）身体への短期的影響評価

身体の短期的影響評価が可能な生理指標をいくつか挙げる．たとえば，自律神経系（生体の意志とは無関係に，内臓・血管・腺などの機能を自動的に調節する機能を持つ機構）のうち，風景に曝露されている間，または曝露前後の交感神経（外敵や外からの刺激に瞬時に反応できるように体勢を整える機能を持つ）や，副交感神経（緊張した身体を休めて疲れを解消したり，修復したりする機能を持つ）の活動の変化を調べることで，短期的体験の影響を評価できる．このとき，副交感神経活動が昂進（多くの場合，交感神経活動が低下している）した場合，それだけリラックスできる風景体験だったことを意味しており，反対に交感神経活動が昂進（多くの場合，副交感神経活動が低下している）した場合には身体を活性化する風

図4.7 唾液の採取（筆者撮影）

景体験であったと評価される．また，脳前頭部の血流量を直接計測し，脳活動の沈静化・活性化の状況をモニタリングすることで，身体への影響について評価することも可能である．

さらに，収縮期（心臓が全身に血液を送り出すため収縮した状態）および拡張期（全身から戻った血液が心臓にたまり拡張している状態）の血圧，脈拍数（1分間あたりの動脈の脈拍の数）は，簡便であるが身体への短期的影響を評価するのには便利な指標である．また，内分泌系の唾液中コルチゾールの濃度，消化酵素の一種である唾液中アミラーゼの活性などを指標とし，身体的な影響を視覚化して評価する方法もある（図4.7）．両者とも検体の採取自体は非常に簡便だが，唾液中コルチゾール濃度は分析費用がいまだ高額である（本書執筆時）．また経験上，唾液中アミラーゼ活性は，アクティブな活動による身体の変化はよく捉えるが，癒しやリラックス効果など，パッシブな活動による変化を捉えるのにはあまり向いてないように思われるなど，指標ごとに長短がある．

身体への短期的影響については，現在では評価法を選べば市販の計測機器を用いた評価が可能である．たとえば，携帯型の血圧計を屋外に持っていき，計測条件を揃えて（活動後の計測前には十分な安静時間を取ることも重要である），心拍数や拡張期・収縮期血圧を計測し，評価できる．また，携帯型の唾液アミラーゼ活性計測機器を使って，消化酵素の活性を指標とし，屋外で簡便に身体への影響を評価できる．一方，以前は計測機器が高額だった交感神経活動および副交感神経活動の評

価についても，近年では数万円で計測機器が購入できる．また，データ取得用のPCやスマートフォンなどと組み合わせればリアルタイムでの計測・評価も可能である．

（2）身体への長期的影響評価

ある程度の曝露期間を経ると，免疫などを指標とした評価が可能になる．たとえば，NK細胞（ナチュラルキラー細胞：自然免疫の主要因子として働き，がん細胞やウイルス感染細胞の拒絶に重要とされる）の活性度合いや，免疫グロブリン（血中に含まれる抗体のことで，IgG，IgM，IgA，IgD，IgEの5つのタイプに分類される）A，G，Mの濃度などが指標になる．また，血液以外にも，長期的影響を調べるために，対象者の尿を採取してアドレナリンやノルアドレナリンなどを指標として評価することも行われている．

これらの方法は免疫能などの身体の重要な機能を評価することになるため，評価には医学的な知識が必要になる．また，血液や尿が分析対象となる場合，対象者に対する侵襲性が高いこと，および血液などの採取・分析には医者や看護師などの医療スタッフ，外部の専門機関の協力を得る必要があり，より専門的な評価法だといえる．また，まだ風景評価の研究では試されていないが，幸福ホルモンと呼ばれるオキシトシンなども，将来的には良い評価指標になることが期待できる．

c．心への影響の評価

任意の風景がどういった特性を持つのか，またそれが各人の価値判断の体系においてどのように価値付けされるのかについては，これまでに人の認知や評価を対象として多くの研究がなされてきた．しかし，風景が私たちの心にどのような影響を与えたのか，について科学的な調査が行われるようになったのは，それらと比較しても最近のことである．

まず，心が風景から受ける影響を調べるには，風景への曝露前後で心的な状態がどの程度変化したのかを客観的に評価できる道具が必要になる．一般的に，心の評価にはその道具として質問紙を用いることが多い（図4.8）．

風景研究に関する質問紙は，ある時期まで風景

図4.8 質問紙への回答（筆者撮影）

自体の評価を目的としたものが多く，ごくまれに心が受ける影響を評価しようとする質問紙があっても，調査者が独自に設計したものが用いられていることが多かった．しかし，調査の都度調査票を作成したのでは，他の研究結果と比較することが困難であり，結果の妥当性についても客観的に主張することができない．つまり，風景への曝露が心に与える影響を調べるためには，評価したい対象を正確に捉えているか（妥当性），回答の安定性はあるか（信頼性）を確認しながら質問紙を作成することが必要なのである．

しかし近年，妥当性および信頼性が担保された質問紙が数多く生まれたこともあって，以前よりも正確かつ多様な側面から心への影響の評価が可能になっている．心への影響を評価する場合，気分や感情，主観的な感覚が短期的影響を評価する指標となるのに対して，長期的影響を評価する場合には，個々人の信念や価値観に関係する，より抽象的な概念が指標となることが多い．以下は同区分に基づいて，風景への曝露が心に与える影響について整理する．

（1）心への短期的影響の評価

気分の状態や変化を評価するために用いられる調査票としてもっともよく用いられるのがPOMS（気分プロフィール検査：profile of mood states）である．もともと，アメリカで開発された質問紙であるが，信頼性と妥当性を具備した日本語版がある．緊張−不安，抑うつ−落ち込み，怒り−敵意，活気，疲労，混乱，の6指標から気分の状態を評価できる．使い方としては，風景への曝露の前後で二度回答を求め，その差分値によって気分の状

態の変化を調べる．もともと，正規版（設問数：65項目）と短縮版（設問数：30項目）が販売されていたが，近年，「友好」尺度を追加したPOMS2（profile of mood states 2nd edition）が発表された．

一方，ROS（回復感尺度：restorative outcome scale）もよく使われる．ROSはフィンランドで開発された質問紙である．設問項目が6項目と非常に簡易であり，信頼性および妥当性が確認された日本語版が存在する．ROSは主観的な回復感（ストレスなどによって疲労した心の状態が，何らかの原因によって主観的に回復してきたと感じる度合）を評価できる．また，風景への曝露が感情にもたらす影響をPANAS（正・負感情目録：positive and negative affect schedule）によって評価できる．PANASはPOMSと同じくアメリカの研究者によって開発され，日本語版も開発されている．回答者の感情状態をポジティブおよびネガティブの両側面から評価できる．

主観的活力のレベルは心理的健康や幸福感に関係するという指摘がある．その点に着目し，海外の研究者らが主観的な活力（活力感）を評価する尺度として，SVS（活気感尺度：subjective vitality scale）を開発している．それを参考に，信頼性および妥当性を検討したSVS日本語版が国内での評価に用いられることがある．

なお，POMSやSTAI（状態-特性不安尺度：state-trait anxiety inventory：特性と状態の両面から不安感を評価する質問紙．臨床分野でよく用いられる）は有料であるが，PANAS，SVSおよびROSは無料であり，回答項目も6-16問と比較的少なく回答者への負担が少ない点で魅力がある．その他にも無料で使用できる質問紙として，VAS（visual analogue scale）やTMS（temporary mood scale）などがある．

（2）心への長期的影響の評価

風景への長期的な曝露の評価を行う場合には，価値観や信念といった短期的な曝露によって変動しにくい概念が指標となることが多い．その1つに，ストレスコーピングを指標とする評価法がある．ストレスコーピングとは，ストレスに対する対処方法のことであり，長期的な風景への曝露によるコーピング（対処方法）への影響を評価する．国内ではSCI（ラザルス式ストレスコーピングインベントリー：Lazarus type stress coping inventory）が開発されている．

また，幸福感とも関連が深いQOL（quality of life）の評価も行われる．QOLとは，どれだけ人間らしい生活や自分らしい生活を送り，人生に幸福を見出しているかに着目した概念であるが，国内では，WHO（世界保健機関：World Health Organization）が編集し，国内の研究者によって翻訳・監修されたWHOQOL 26が使用できる．この質問紙では，身体的領域，心理的領域，社会的関係，環境領域，そして全体の5つの側面から，長期的曝露を受けた個々人のQOLへの影響を評価できる．

さらに，心理的なレジリエンス（精神的回復力やストレスに対する抵抗力・復元力）も評価対象になり得る．レジリエンスを評価する質問紙として，S-H式レジリエンス検査票（Sukemune-Hiew resilience test）がある．この質問紙では，ソーシャルサポート，自己効力感，社会性の3つを指標として総合的に風景への長期曝露がレジリエンスに与えた影響を評価できる．

さらに，自己効力感が単体で評価対象となることもある．自己効力感とは，心理学者のバンデューラ（Bandura, A.）によって提唱された概念で，自分自身が希望することの実現可能性に関する知識，あるいは自分にはこのようなことがここまではできるものであろうという感覚のことである．人は自己効力感を通して自分の考えや，感情，行為をコントロールしているとされる．風景への長期的曝露による自己効力感の影響を調べるために，国内の研究者によって開発されたGSES（一般性セルフ・エフィカシー尺度：general self-efficacy scale）が利用可能である．GSESでは，行動の積極性，失敗に対する不安，能力の社会的位置付けの3つを指標として風景に長期間曝露された際の自己効力感への影響を客観的に評価できる．

最後に，環境に対する価値観や環境への関心を調べるための質問紙として，TBS（Thompson and Barton scale）を取り上げる．TBSはソンプソン（Thompson, S. C. G.）らによって開発された質問紙で，回答者が環境に対してどのような価値観や

関心を抱いているのかを評価できる．海外では北欧や米国の研究者によって用いられており，国内でも信頼性および妥当性を検討した日本語版が開発されている．TBS日本語版には，3つの環境指標が設定されており，価値観の評価には，生態系中心主義性，人間中心主義性の2つの視点から，環境への関心については，環境無関心を指標として評価できる．

d．おわりに

本項では，風景のもたらす心身への影響を評価する方法について紹介した．すでに述べたように，評価技術・計測機器の進歩によって身体への影響を評価する技法は今後も新たに生まれ続けていく．一方，心への影響の評価についても，今後，新たな質問紙が開発されることで，評価可能な心理的領域はさらに広がることになるだろう．このような混沌とした状況ではあるが，調査者が何を評価したいのかをしっかりと見極め，現存する選択肢の中から，目的に合った評価法を適切に選ぶことが重要だという点については，時代を問わず共通する．　　　　　　　　　　〔高山範理〕

コラム12　定性的な評価

　風景は，人の心的な世界とつながっている．そのため，風景の把握とはすなわち，人の主観を通して環境へのまなざしを把握することに他ならない．わたしたちは万人が共通して，環境情報のすべてを1つ残らず認識しているわけではない．人は見たいものしか見ないのである．つまり，私たちは環境情報の中から自分に必要なものだけを選択して見ているのであって，人によって「目のつけどころ」が違うのである．

　こうした風景を研究する様々な試みも行われてきた．人によって異なる目のつけどころを調査する代表的な手法として写真投影法がある．協力者にカメラを渡し，気になる場所を自由に撮影してもらう．そして，その人がどのように環境の視覚情報を切り取っているかを通して，その人が見ている世界を把握しようという手法である．しかし，切り取られた画角の中のすべての情報を，その人が意識してシャッターを切ったわけではない点には注意が必要である．つまり，写真に写り込んだ環境情報の中の何にその人が意識を向けたのかを確認する必要がある．

　一方で，空間と結び付く概念の構造を把握しようとする試みに，コンセプトマップやマインドマップと呼ばれるマッピング手法がある．風景の表象の側面に特化し，空間に与えられた意味の構造を明らかにすることで，その人にとっての生きられた世界を描き出す手法といえる．よく知られるものは，リンチのメンタルマッピングという手法である．人が普段頭の中に持っている地図を描いてもらうことで，その人の生活している世界を空間的要素とそのつながりとして抽出する．まさに，空間の中で選択的に記憶されている要素が，その人の頭の中でどのような表象としての地図に変換されているかを捉える手法である．

　さらにイプセンは，風景の表象として，人はその場所の象徴的なシーンのイメージを頭の中に作り上げていると主張する．上田はそれを風景イメージと呼び，そうした象徴的なシーンイメージを抽出する手法として，風景イメージスケッチ手法を提案している．リンチのメンタルマップが，シーンイメージの集積として把握された世界を頭の中の地図に変換したものであるのに対し，人々が場所ごとに持つ個別の象徴的なシーンイメージそのものを抽出しようという試みである．これらの手法では共通して，風景として認識している環境の要素，要素間のつながりが描かれるが，中でも風景イメージには，風景を捉えている主体自身の空間的定位，そして風景の見方としての文化的なフィルターまでが表されるという特徴がある．

　こうした，人の心的な世界としての風景を，イメージを通して把握しようとする調査によって，風景が，その人の持つ言語的な体系や，絵画やテレビなどを通じて獲得した視覚的な「型」を通じて捉えられている様子を定性的に分析することができる．

　近年ますます求められているまちづくりや住民参加における合意形成には，こうした個人によって異なる個人表象としての風景や，集団の中で共有されている集団表象としての風景を把握し，相互理解を促したうえで議論していくことが求められる．そのためにも，人々の主観的な風景を把握する研究手法の一層の発展が期待される．

〔上田裕文〕

コラム13　風景評価と個人差

　風景評価は評価主体である個々人が，客体となる

風景（刺激）をどのように価値付けるのかによって決定される．このとき，個々人の嗜好性や判断基準が異なることから，本来的には風景に対するまったく同一の評価は存在しないものと考えられる．すなわち，古くは，ユリウス・カエサルが「…多くの人は，見たいと欲する現実しか見ていない」と喝破したそれである．このように，風景評価にはそもそも個人差が埋め込まれているといえよう．

しかし，それだと実務的な風景計画に資する客観的な情報となり得ず，風景計画者は困ることになる．一定の公共性を有する風景は特定の誰かの利益に供するものではないからである．したがって，自然地や都市部など，ある程度公共性を持った場所の計画を念頭に風景の評価を扱った研究では，標準人間（特徴を持たない最大公約数的な人間）を想定して調査・分析を行うのが一般的であった．できるだけ多くの被験者（評価主体）に刺激を与えて評価を行わせ，その平均値を用いて総合的に風景の価値を検討しようとするのがそれである．

とくにダニエル（Daniel, T.C.）とヴァイニング（Vining, J.）の風景評価における研究方法の5区分（生態学的モデル，形式美学モデル，精神物理学的モデル，心理学的モデル，現象学的モデル）[1]のうち，実験的なアプローチで行われることの多い精神物理学的モデルと心理学的モデルでは，その傾向が強かったようである．

一方で，環境心理学者のズービー（Zube, E.H.）は，1980年代初頭に，より良い風景計画には，利害関係者間での風景に対する考え方や評価の違いを認めたうえで，風景を創出・保全していくことの大切さを指摘している[2]．同様の指摘は，これまでに国内外で風景評価の個人差について行われた研究にも多く見られる．風景評価の個人差については，1960年代〜90年代に，多民族国家アメリカを中心に，評価の相違性と共通性をめぐる活発な議論が行われた．その際，個人差を調べるために用いられた刺激を時系列的に見ると，まず，①絵画，次いで②自然的対象（自然風景，森林風景など），③都市的対象（街路，住宅など），④農地や文化財，⑤生物多様性の高さ，⑥レクリエーション活動のしやすさなどの文化的サービスの質といったように，時代ごとの社会的関心にあわせて刺激対象となる風景の種類も変化し多様化してきたようである．その結果，誰もが美しいと思う自然風景や，見るに耐えない醜悪な風景，非日常性が高い風景については

評価の個人差が小さく，人為の影響が垣間見える庭園や農地，歴史的建造物などの風景については評価に個人差が生じやすいことなどが明らかにされた．今では，個人差の生じる可能性は風景の種類によって異なるというのがこの分野の一般的な考え方となっている．

これまでの結論として，男女や眼球の虹彩色の違い，脳の発達段階といった生物学的な要因を除けば，基本的に風景評価の個人差の問題は，最終的にスキーマ（特定対象に対する行動・行為についての信念や経験の集合体）の問題に帰着するとの考え方に落ち着きつつある．すなわち，評価主体は風景の体験やその場所での他の経験，教育や情報獲得の結果として何がしかの知識を得る．その知識を基礎として形成されたスキーマを手掛かりに，風景評価を行っていること，また，そのスキーマは同一の民族や文化下で基本的な共通性を有してはいるものの，個々人でかなり異なるため，風景評価が異なるのはある意味当然という指摘である．

〔高山範理〕

コラム14　室内調査と現場調査

風景評価の調査には，実験室調査とフィールド調査とがある．風景の体験そのものを調査するのであれば，その時その場所での1回限りの現象を複雑な要因の絡み合いとして総合的に捉える必要があるだろう．しかし，再現性が求められる科学的な調査においては，風景現象のある部分に注目し，その他の諸条件を揃えたうえで因果関係を明らかにすることが求められる．たとえば，風景評価の調査では，環境条件または主体の属性といった何かしらの要因を独立変数と見なし，それらが変化したときに，従属変数である風景の評価がどのような結果として生じるかを分析することになる．その際に，どのような因果関係を明らかにするかが調査の仮説にあたり，この仮説に応じた調査アプローチや，調査対象となる要因の絞り方が決定される．そして，必要となる環境情報や環境条件に応じて，室内で行われる実験室調査と，現場で行われるフィールド調査のいずれかが選択されることになる．

実験室調査には，人工的に条件を統制したうえで，一度に大量のデータを取ることが可能になるというメリットがある．つまり，独立変数の操作が容易で，その他の条件の統制が簡単であるため，実験の再現性が高く，仮説に従った因果関係を検証するた

めの厳密性を高めることが可能になるというメリットがある．これまでは，スライド写真やCG（コンピューターグラフィックス）などの視覚情報を被験者に提示し，評価してもらうような心理実験，風景を想起したうえでのインタビュー調査・アンケート調査などが一般的に実験室調査として行われてきた．再現性が高く，多くの被験者からデータを集めることができることから，定量的な調査に向いているという特徴もある．一方で，実験室で再現される環境情報の現実世界の再現性が問われることがある．また，被験者にとって日常から切り離された実験への参加が，現実の評価とは異なる結果を生じさせる可能性もある．その他，調査対象が仮説で絞り込んだ要因に限られてしまうため，それ以外の要因の影響については分析に限界が生じてしまうというデメリットもある．

フィールド調査は，実験室では再現が難しい，複合的な環境要因を対象とする際に用いられる．たとえば，被験者にとって特別な場所や馴染みのある場所について，日常の文脈に近い設定で調査を行うことが可能になる．また，人工的には操作できない，自然現象に伴う環境要因を対象とすることができる．この意味で，現実世界で応用できる汎用性の高い調査が可能であるというメリットがある．その一方で，独立変数のコントロールが難しく，その他の複雑な要因が入り込んでしまうため，仮説の因果関係が不明瞭になってしまうというデメリットがある．また，実験の再現性が低く，得られるデータの量にも限界がある．そのため，あらゆる要因が影響する現実世界での現象や体験を広く捉え，因果関係がありそうな要因を絞り込んで仮説を構築していくための定性的な調査に向いているという特徴がある．

実際には，実現性といった問題も，実験室調査とフィールド調査を用いる際の判断材料になる．海外や様々な地域の風景体験を比較する場合など，実際に多くのフィールドで時間や天候，調査協力者の体調や気分などの条件を統制した調査は不可能である．また，一般的には，過去の風景の再現や未来の風景の予測は，現場の空間を改変して表現することが難しかったりする．

今後のVR（仮想現実）やAR（拡張現実）技術の革新によって，再現可能な環境情報の限界や，風景体験の本質に関する新たな議論が，実験室調査とフィールド調査の選択にも影響を与えていくことが予想される．

〔上田裕文〕

4.3 風景地の管理と持続的な風景

4.3.1 持続的な風景に向けた実装
a．はじめに

今まで見てきたように，風景は実像と情報の組合せから生み出されることであり，風景計画とは地域のあるべき風景像を実現させるために実像と情報の操作手法を検討していくことである．一方，一旦形成された風景像は，地域個性の視覚的側面として持続的に管理し続ける必要がある．実像の管理とは，おもに視点場と視対象およびその関係の管理であった．情報の管理とは，その土地が有してきた記憶を地域内外で共有し，それを現代の生活様式や社会に当てはめていくことになる．

そのためには，視点場および視対象によって生み出される実像を実現させ，実現された実像（視点場と視対象の関係）への持続的な関わり方が必要となる．その関わり方によって情報は継承され付与されていくのである．本節では管理対象の区間分割を決める作業，関わり続ける管理体制の構築，それらを実現可能にする法制度について見ていく．これに当たり，本項では各作業の概要および風景計画における位置付けと作業同士の関連を示す．

b．管理対象の区間分割（ゾーニング）

範囲の設定では，関連する地域の諸要素を「文化的景観」という概念などで結び，その範囲が計画範囲となる．また，総体としての意味付けがなされるのであるが，実際に管理することを考えると対象範囲が広がり過ぎてしまう．要素が多いため管理方針などの策定が困難になる．これらによって時代の変化に伴う風景観の変化などに対応することが困難になる，といった課題が考えられる．そのため，範囲の中で要素を中心とした区間を決める必要がある．この作業がゾーニングであり，これによって各単位の像がより明確になり，目標像および管理過程での確認指標として機能し得ることになる．これによって，関連法制度との調整や体制の構築などがしやすくなろう．また，4.3.2項で示すようにゾーニングの計画対象を，地域（マ

クロ)−地区(メソ)−地点(ミクロ)と異なる空間の規模から策定することで,分割された隣接する区間どうしの関係や領域の取扱い,また時代および社会の変化に対応しつつも地域全体の特徴に即した計画の再検討が可能になるといえる.

c. 実施・管理主体と管理の時間軸

地域には,自然風景・生活風景がある.自然風景および伝統的な生活風景といえる「文化的景観」は,長期的に生成されるものであり,相互に関係している.一方,開発による短期的な環境の改変によって比較的短期に立ち現れる新たな生活風景がある.

これらの自然風景・新旧生活風景によって,地域全体の特徴を表象する〇〇八景など「風景の型」が生成される.こうして生成された「風景の型」に対して,さらに展望地や交通の整備など地域開発が施されることで観光が取り組まれるようになり,それがさらに自然風景や生活風景に影響を及ぼす.こうした短期に環境を改変する地域開発が,長期的視野に立った地域の目標像とどう関係するか,その位置付けを検討していく必要がある.

自然風景や文化的景観は,住民たちにとっては馴染みあるがゆえに気付きにくく,気付いたときには喪失してしまう恐れもある.八景などの風景の型を生成したり,観光に取り組むことによって守るべき風景を表出させ,長期的に継承し続けることも考えられる.また,それによって自分たちの生活風景や自然風景がどうなっていくのかも考えていく必要がある.自然風景や生活風景,観光はそのおもな主体が様々であり,長期的計画と短期的事業が関連しあっており,長期にわたって各主体を調整する中間組織の存在が求められよう.

d. 管理体制の構築

現在,都市域においても農村集落においても人口減少の見られる地域は多い.本来,地域住民の生活や生業が自然環境と関連付いて,現代社会が「文化的景観」と評価する風景が創出されてきた.しかし,生活や生業と自然環境の関係が希薄になったり,地域住民の数が減少してしまっている状況においては,域外との交流・連携も視野に入れる必要がある.そのためには,域内外の住民が共有しやすい像(集団表象としての風景)を示すことが有効な手段の1つとなる.このような共有すべき像をインベントリー化することで,域内外および関係主体の交流・連携を図ることができる.このためには,人材育成が急務であり,それは様々な交流から実現できると考えられる.

最近の法制度の潮流として,景観法や歴史まちづくり法などでは,住民やNPOが参画して設置される協議会が協議して決めた内容を,各計画に反映できるような制度設計をしている.このことにより,従来行政主体で行われてきた各種計画を,自分ごととして受け止めることも可能になろう.

e. 法制度

すでに今まで示されているように,風景とは,色々な要素と,見る主体との関係によって生成されている.従来,法制度が対象としてきたものは,上記要素の関係を見ると,土地利用などの不動産が多い.具体的には国土利用計画法で規定されている都市・農地・森林・自然公園・自然保全地域に関する制度があった.これらは土地に関する税金の軽減などインセンティブを設け,計画を実行しようとするものであり,その策定主体は行政であった.これらには,守るべきものに対して緩衝帯の設定がなされており(市街化調整区域や自然公園の普通地域,自然環境保全地域の普通地区など),各区間の地域における位置付けが示されているといえる.

地上にある建築物や樹木といった自然物など地物を取り扱ったものが,建築基準法や地区計画などになる.これらは土地の用途と関連付けて策定される.ここに,歴史性が加味されたものが伝統的建造物群保存地区(伝建地区)などである.これら従来の法制度では,たとえば伝建地区に隣接する地区については,緩衝帯としての機能の指定などは求められておらず,指定・選定された地区が単独で,極論をいえば地域から独立して守られる仕組みとなっていた.

2004年に景観法が公布されると,文化財保護法に重要文化的景観が設けられた.さらに,有形の文化財(建築物など)だけでなく無形の文化財(祭礼など)も含んだ地域環境の維持・向上を図

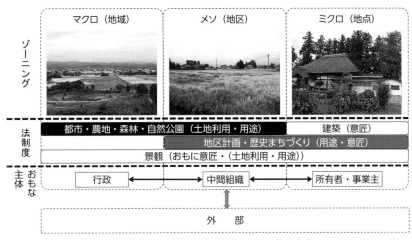

図 4.9 空間レベルと対応法制度・おもな管理主体

ることを目的に，地域における歴史的風致の維持及び向上に関する法律（歴史まちづくり法）が公布された．これらは，基本的に建築物などの地物を対象にしているが，それぞれ NPO や専門家，住民などによって構成される協議会の意見が計画に反映されるように設定されている．

このように，現在では法制度によって協議会の意向が担保されるようになってきている．

f. 計画から実現，持続的な管理へ

（1）空間スケール

各作業の関係を整理し，空間のスケールごとに対象・法制度・おもな管理主体の関係を見る（図4.9）．マクロレベルでは，国土利用計画法で定める都市・農地・森林・自然公園といった土地利用が対象になる．おもな主体は行政となる．メソレベルでは，土地利用は各法制度によって区域区分が，地物は地区計画や歴史まちづくり法によって意匠や範囲などが定められる．これらは，土地の用途なども規定する．おもな主体は，行政や専門家，NPO や住民などによって構成される協議会などの中間組織となる．ミクロレベルでは，地物の意匠などが，建築基準や地区計画・歴史まちづくりなどで規定され，そのおもな管理主体は所有者などとなる．ここにおいて，メソレベルはマクロレベルおよびミクロレベルと整合するものであり，そこのおもな主体となる協議会などの中間組織は，マクロレベルでは行政と協働し，ミクロレベ

ルでは所有者などの支援を行うというように，すべてのレベルに関与することが期待される．中間組織は外部とつながりを持つことも期待されよう．

現状では，景観計画はおもに建築物の意匠などが対象であるが，土地利用や用途と関連付けることの有用性についてはすでに指摘されるところである．

（2）空間スケールと時間軸（図4.10）

地域の特徴的な風景は，今まで見てきたように自然風景と伝統的生活風景を基盤に，長期的にマクロレベル・メソレベルで展開されてきた．そこに，土木工事や観光開発などの地域開発によって新た

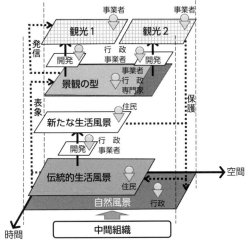

図 4.10 空間レベルと時間軸

な生活環境が創出されたり，観光地が形成されてきた．行政や事業者によって短期的にミクロレベルで行われると，異化された風景が立ち現れて注目を集め，そこから表象が生産され観光に取り組みやすくなる．その結果，地域の風景の基盤である自然風景や伝統的生活風景の環境や表象がその影響を受け，結果，地域全体の環境および表象が揺らいでしまう一方，こうした基盤となる環境や表象を磨いていくことも可能になる．

持続的に風景を維持管理していくためには，こうした一連の作業（各風景の表象生産とその外部発信および開発，観光による影響の管理）が必要であり，まず各風景に関わる主体間による地域全体の風景の共有を図る必要がある．また，観光による外部資本の獲得など外部とのつながりも持つ必要がある場合があり，ここにおいても中間組織がその役割を担うことが考えられる．

（3）中間組織のあり方

2018年現在，日本でも中間組織の取組みが様々に検討され，実践されている．中間組織のひとつであるDMO（Destination Management Organization）は，日本においては観光に限定されており，専ら地域資源の利用を検討する傾向にあるが，持続的な風景の実現における保護においてもその果たすべき役割があると考えられる．現在は日本版DMOを構築する過渡期にあるため，観光庁など行政によるDMOへの支援が行われている．しかし，今後はDMOが行政から支援を受けながらメソレベルでの管理を行うと同時に，ミクロレベルでのおもな管理主体である土地や建物所有者への技術的人的支援なども期待される．景観法で定める景観協議会や，歴史まちづくり法で定める歴史的風致維持向上協議会は計画策定に，景観整備機構や，歴史的風致維持向上支援法人は，計画策定後の施策の実践に関与することとなっており，計画策定から実施に至るまで一気通貫で関与する主体が規定されているとはいいがたい．こうした協議会をDMOのような組織にし，計画策定から実施に至るまで一気通貫で取り組むことも，計画の見直しなどを考えると効果的と考えられる．協議会

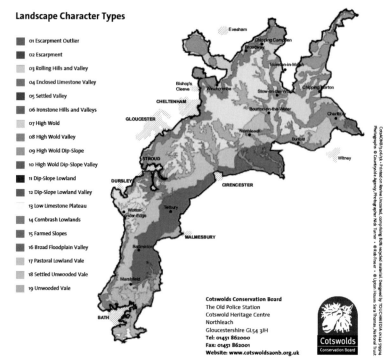

図 4.11　英国コッツウォルズ地域の風景の類型区分

地形や土地利用を中心に19に分類される．（出典：Cotswolds Conservation Board HP, https://www.cotswoldsaonb.org.uk/wp-content/uploads/2017/11/Landscape-of-the-Cotswolds.pdf，2018年取得）

や所有者への金銭的支援は，行政による補助金の支出や固定資産税の減免措置，修復費の支援などがある．

2018年度には，日本版BID（business improvement district）を目指して，市町村が受益事業者の範囲を設定し，そこから中間組織などの活動資金となる負担金を徴収することとする地域再生法の改正案が出された．風景を生み出すことによる受益者の考え方などは，改めて整理する必要はあるが，こうした制度を利用して，中間組織の活動資金を確保することも考えられる．〔伊藤　弘〕

4.3.2　ゾーニングとその意義
a．ゾーニングとは

ゾーニングとは公園計画や都市計画，建築計画などにおいて，1つの空間全体を機能，用途，法的規制などを指標としていくつかの小部分に分ける作業または過程をいう．とくに，風景計画では，対象地域をその景観特性を表す指標によって小地区に区分することを指す．一方，連続する橋梁の景観計画のような場合にはゾーニングは区間分割を意味する．

b．風景計画におけるゾーニングの位置付け

風景計画においては，ゾーニング自体がアウトプットになる場合と，それ以降に続く計画作業のベースマップとなる場合がある．前者では，風景の価値が高い地域を計画対象とする場合に多く，後者では，その他の一般の風景計画，景観計画において用いられることが多い．

c．ゾーニングの観点

計画対象地を風景的にゾーニングする際の代表的な観点はいくつかに分けることができる．1つは，景観の主対象の特性による区分であり，山岳や田園，河川などの卓越要素によってゾーニングすることである．また，水田や集落のように類似する土地利用，平野や丘陵，山岳のように地形の起伏，地形分類の要素，森林や湿地などの植生の要素も含まれる（図4.11）．2つ目は，景観の視点と主対象，対象場との関係性に基づく区分である．被視頻度の高い場所は風景の改変の影響度が大きいため重要度が高く，こうした要素を考慮することになる．また，主対象は仰角や俯角などの見え方によって印象が変わり，視点からの主対象の見え方の要素も重要である．3つ目は，可視領域や場の景観の類似性を単位として風景のまとまりを構成するゾーニングであり，GIS技術などを応用して空間区分することになる．

d．計画対象となる空間の規模とゾーニング

風景，景観を扱う計画の規模には様々あり，極端には単木を対象とする空間の規模から，国土までを扱う規模まであり，計画対象とする空間の規模についてあらかじめ検討しておくことが必要である．たとえば，景観アセスメントを想定して提案された3区分，地域（マクロ：macro），地区（メソ：meso），地点（ミクロ：micro）の3つのレベルに分けて検討することは有効な方法論の1つであり（図4.12），空間の規模を考慮することでゾーニングの意図，方針，観点が明確になる．しかし，空間の規模によって検討する風景の性格が異なることも考慮しておく必要がある．

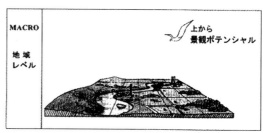

図4.12　風景計画の3つのレベル

扱う空間の規模によって検討対象となる景観の性格が異なる．
（出典：熊谷[1]）

まず，地域レベルでは，広い地域を対象として，上空から地域全体を眺めわたして計画するようなレベルとなり，「上からの風景計画」となる．この場合は，たとえば，地域の中で保護，保全を重視するエリアはどこなのか，風景の体験を重視するエリアはどこなのか，という観点から風景のポテンシャルを検討することになる．また，地区レベルでは，地区内で実際に人が眺める景観が検討対象となり，「横からの風景計画」となる．地上の視点から眺めた眺望状況，すなわち，眺望景観がおもな検討対象となる．さらに，地点レベルでは，ある視点（場所）において風景を体験する者にとっての身近な景観を検討するレベルであり，人を中心とする視点近傍を対象とするため「中からの風景計画」となる．それゆえ，人工物の形状，色彩，テクスチュア，植栽樹木の種類，位置，本数，樹高など細部に目が向けられることになる．さらにいえば，身の回りの身近な景観を対象とすることから囲繞景観の検討ということができる．

e．ゾーニングの実例と手法1：自然公園

自然公園法に明記される通り，自然公園の保護対象は「優れた自然の風景地」であり，同時に，利用の増進，生物の多様性の確保が目指されている．その自然公園では，自然の質に応じて保護と利用のためのゾーニングが行われている．具体的には，風致を維持するため特別地域を指定することができ，とくに必要があるときは，景観を維持するため特別地域内に特別保護地区を指定することができるという仕組みを持っている（図4.13）．

規制の厳しい順に概説すると，特別地域の中でもっとも厳しく行為が規制されるエリアが特別保護地区であり，公園の中でもとくにすぐれた自然景観，原始状態を保持する地区である．その他の特別地域は規制の強度によって，第1種，第2種，第3種の特別地域に区分される．第1種特別地域は，特別保護地区に準ずる景観を持ち，特別地域のうちで風致を維持する必要性がもっとも高い地域であって，現在の景観を極力保護することが必要な地域と位置付けられる．また，第2種特別地域は，農林漁業活動について，つとめて調整を図ることが必要な地域である．第3種特別地域は特別地域の中では風致を維持する必要性が比較的低

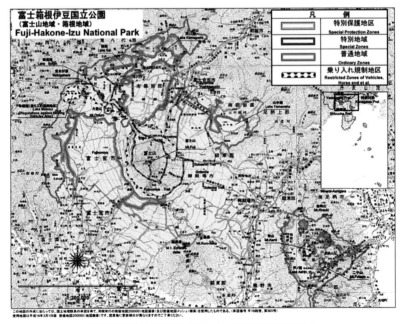

図4.13 富士箱根国立公園富士山・箱根地域公園区域図

富士山地域ではおおよそ五合目以上の山体と精進口登山道，青木ヶ原樹海が特別保護地区に指定され，他の地域とは規制の水準が異なる．（出典：環境省HP，http://www.env.go.jp/park/fujihakone/intro/files/area_1.pdf，2018年取得）

い地域であり，通常の農林漁業活動については規制がかからない地域である．その他，2009年の自然公園法の改正により，熱帯魚，サンゴ，海藻などの生物や，干潟，岩礁，海底地形がとくにすぐれている地区として指定される海域公園地区がある．さらには，特別地域や海中公園地区に含まれない地域で，風景の保護を図る地域として指定される普通地域がある．普通地域は，特別地域や海中公園地区と公園区域外との緩衝地域（バッファーゾーン）と位置付けられる．

f. ゾーニングの実例と手法2：景観計画

2004年の景観法制定により，強制力を伴う景観形成が可能になった．景観法の活用に向けては景観計画を策定することが必要であり，その内容の設定が各自治体に委任された．都市から農村部に至る各地域の個性が反映できるよう条例で規制内容を柔軟に設定できる．なお，2013年1月現在で568団体が景観行政団体である（図4.14）．

さて，景観計画においては景観計画区域と景観地区の2つのゾーニングの仕組みがある．まず，景観計画区域は，都市計画区域以外であっても指定が可能であり，届出と勧告によって緩やかな規制，誘導が目指されている．必要な場合には，条例で定めた一定の事項について変更命令が可能であり，地域内で，基準や届出対象行為をいくつかに分けて定めることも可能である．一方，景観地区は都市計画の手法を活用してより積極的に，良好な景観形成を誘導することが目指されている．建築物などの形態，色彩，その他の意匠など裁量性が求められる事柄については景観認定制度を導入でき，地域の景観の質を能動的に高めていくことが可能である．また，数字によって把握できる事柄（建築物の高さ，壁面の位置，敷地面積の最低限度）については建築確認によって計画の実効性が担保されている．

g. ゾーニングの境界と連続性

ゾーニングにおける境界線の役割は重要である．というのも，境界線の内側と外側の両者で規制の水準が異なり，風景の誘導，方向性が異なるからである．仮に計画がそのまま実行されれば，ゾーニングによって区分された各地域の風景が守られ，それぞれ個性あるものへと発展していくことが期待される．

一方，境界線についてはいくつかの考え方があ

図4.14 沖縄県竹富町西表島の景観計画区域内の地区区分
自然保護の重要度に応じて区分され，人が居住，滞在するエリアについては集落や島の玄関，リゾートと位置付けられて景観の保全と創造が目指されている．
（竹富町景観計画（2013）に加筆，修正）

る．1つは，境界線に強い力を持たせ，その境界線の明瞭性を高めるという考え方である．たとえば，スイスのように，境界線を市街化抑止の手法として強い力を持たせることで，農村風景の保全を図る事例もあり，そうした手法を採用できる背景に景観に対する国民的意識の高さが指摘されている．また，境界線の明瞭性を高めた場合，風景を見る者にとっては土地所有，土地利用，管理水準が明快になる．国立公園のような保護地域においては，公園地域とその他の地域の境界線が明瞭であれば，境界線を越える際に規制水準，管理水準が異なる地域に入ったという意識の変化を促し，環境配慮意識に基づいた行動へと誘導できる．

2つ目は，境界線の力を強めず，曖昧な境界線によって連続性を保持するという考え方である．たとえば，自然公園における普通地域は公園区域外との緩衝地域と位置付けられている他，世界遺産においても資産（property）を守るために十分な緩衝地帯を設けることが求められている．こうした仕組みは風景の連続性の保持に役割を果たしており，価値のある特徴ある自然風景地の隣接地に高規格道路，駐車場など不釣合いな人工物が建設される，歴史性のある文化資源の隣りに近代的な建築，産業の風景が展開する，といった不連続性の発生を抑止することにつながる．

現実問題としては，境界線の強制力については状況に合った考え方が採用されるべきであるが，境界線が境界線として機能しなくなることも少なくない．たとえば，都市のスプロール現象についてはこれまで繰り返し指摘されてきた通りであり，農村風景に無秩序な市街地が形成され，境界領域が虫食い状態になることはよくあることである．このような状況を生む理由については数多くの指摘があり，モータリゼーション，車の普及など社会状況の変化，土地や建物に対する税制，農地転用許可制度や開発許可制度の不備など制度面の問題，先に触れた意識の問題など様々であり，原因を特定することは困難である．

その一方で，ゾーニングの制度，手法を維持するために「適用除外」を認める米国のような事例もある．米国では，土地利用規制の根幹を形成する制度としてゾーニングの用途地域規制が採用されており，ゾーニング条例が禁じる土地利用方法がある場合に，禁じられた方法による土地利用を例外的に認める行為が適用除外である．適用除外は，利用に適した土地が利用されていない状態にあることを防ぐことを目指しており，ゾーニングがもたらす不当で過大な規制から土地所有者を解放することになる．それゆえ，適用除外は，条例の違法性を問う土地所有者の訴訟提起を防ぐ安全弁ともいわれている．

風景が伝統的慣習，自然への畏敬によって無意識に，しかしながら，秩序を伴って形成された時代があったのに対し，近代では，技術の発展，情報と物質の流動の広域化が進展し，形態，色彩，素材の行き過ぎた多様化が全体として均質化をもたらす時代である．風景を管理する制度，技術すらも，それらが目途とする秩序の形成が時代の速さに遅れをとる時代ともいえる．しかし，個性的で特徴のある一体となった風景を保全するための有効な方法論がゾーニングであり，少しずつ変化を続ける風景について，地域に住む人々が目標像を確認，共有するための行為としても位置付けられ，このあたりにもゾーニングの意義を見出せる．

〔山本清龍〕

4.3.3 風景地の形成と持続的な管理に関わる法制度

a．法制度の果たす役割

望ましい風景を形成し，形成された風景を持続的に管理するためには，風景の形成と持続的な管理に関わるルールが必要である．そうしたルールのうち国や地方自治体によって作られた法制度は，風景の形成と持続的な管理に大きな役割を果たしている．

法制度は，国や地方自治体が行えることを規定するとともに，一般市民の活動をも規定している．たとえば，風景の形成に大きく関係する景観法の景観地区内にて建築物を建てるときには，定められたデザイン，高さおよび大きさに収まったものしか建てられない．これは，景観法という法制度が一般市民の活動（建築物を建てること）を規制

しているからである．こうした法律による規制は，一般市民が自由に活動することを制限する一方，一定のデザイン，高さおよび大きさに収まった建築物から構成される統一感ある街並みを実現させる．このように法制度は，国・地方自治体が行えることを規定し，一般市民の活動を規制することによって，本書に関係する社会的規範の1つである望ましい風景の形成と持続的な管理の実現に役立っている．

本項では，そうした法制度を対象に，法制度を捉える視点を説明した後に，先の視点に関わる主要な法制度を説明する．

b. 実現への方途から法制度を捉える視点

望ましい風景の形成と持続的な管理に関わる法制度は，北村[1]によると，実現の方途に応じて，①規制的手法，②事業的手法，③合意的手法，④誘導的手法の4つに分けられる．

このうち規制的手法とは，前記した建築物を建てるなどの風景形成に関わる活動を行うときに従うべき制限を義務付け，それを守ることを強制する手法である．規制的手法による法制度の大半は，ある範囲の空間に「地域」および「区域」もしくは地域・区域よりやや狭い空間である「地区」を設定し，そこに制限を設定する「ゾーニング」という方式をとっている．同手法は，風景形成に関わる法制度の中で中心的な位置を占める手法といわれている．規制的手法に次ぐ主要な手法である事業的手法とは，道路や公園の整備などといった公共の福祉の増進に役立つ風景形成に関わる活動を，行政機関の関与のもと一定の公的資金の投入により行われる手法である．合意的手法とは，風景形成に関わる活動を行う人・組織と行政機関とが契約を結ぶことにより，既存の法制度により規制された内容以上，あるいは規制されていない内容を実現させるための手法である．同手法は，町丁目といった狭い範囲における風景形成に関わる固有の約束事（ローカルルール）を定めるときに活用されることが多い．誘導的手法とは，風景形成に関わる自発的な活動を引き出すための手法である．誘導的手法は，大きく活動を行う人・組織に経済的なメリットを与える経済的手法と行政機関が保有する情報の公開や表彰などを通じて活動に対する人・組織の意欲を引き起こす情報的手法の2種類から構成されている．経済的手法の主要な例としては，風景形成に関わる活動に対して金銭的な補助を行う補助金や風景形成に貢献している土地建物に発生する税金（例：固定資産税など）を削減・免除する税制優遇措置などが挙げられる．また情報的手法としては，「〇〇景観賞」といった名称のもと風景形成に顕著な功績を挙げた人・組織に対する表彰や，貴重な風景，市民に親しまれている風景などの情報を収集し，それらに「〇〇何景」といった題名を付けて，冊子やインターネットにより一般公開する風景目録（インベントリー）などが挙げられる．望ましい風景の形成と持続的な管理に向けて法制度を運用する際には，先の特徴を有する法制度群を，何を対象に何を実現させるのかに応じて，単独あるいは複数を組み合わせて活用する必要がある．

さて次項からは，これらの手法のうち中心的な位置にある規制的手法とそれを補完する合意的手法に相当する主要な法制度を説明する．規制的手法に関係する法制度の多くは，1974（昭和49）年に制定された国土利用計画法による土地利用基本計画の5地域区分に対応している．5地域区分では，国土を，都市地域（一体の都市として総合的な開発・整備・保全が必要な地域），農業地域（総合的に農業振興を図る必要がある地域），森林地域（林業の振興又は森林の有する諸機能の維持増進を図る地域），自然公園地域（優れた自然の風景地で，その保護及び利用の増進を図る必要がある地域），自然保全地域（良好な自然環境の保全を図る必要のある地域）に区分し，それぞれの特徴に応じた土地利用の調整等に係る事柄を定めるとされている（国土利用計画法9条）．そこで次項では，主要な法制度を，5地域と5地域に対応していない景観法および歴史的環境を対象とする法制度に分けて説明する．

c. 都市地域

都市地域に対応する都市計画法（以下，都計法と略）において風景形成の基礎を成す法制度としては，区域区分制度が挙げられる．同制度は，あ

らかじめ設定された都市計画区域を,「すでに市街地を形成している区域及びおおむね10年以内に優先的かつ計画的に市街化を図るべき区域」(都計法7条2項)である市街化区域と「市街化を抑制すべき区域」(都計法7条3項)である市街化調整区域とに分けるものである.さらに分けられた区域の具体的な風景の形成に関係する法制度としては,地域地区制度がある.地域地区制度のうち主として市街化区域に設定される用途地域は,市街地の風景の骨格部の形成に大きく関係している(都計法8条).用途地域は13種類(住居系:8地域,商業系:2地域,工業系:3地域(表4.4))から構成されており,各地域に用途規制(建築基準法48条.以下,建基法と略)と形態規制の2種類が定められている.用途規制とは,禁じている・禁じていない建築物の用途を,定めるものである.たとえば,住居系用途地域の1つである第一種低層住居専用地域では,ほぼ住居系の建築しか認められない.それに対して工業系用途地域である工業専用地域では,工業系と一部の商業系の建築が認められ,住居系の建築は認められていない.一方,形態規制とは,建築物の大きさや形を規制するものである.これらの内容は,用途地域と連動して決めることとなっている.建築物の大きさに関わる主要な規制としては,容積率と建ペイ率が挙げられる.容積率とは,「建築物の延べ床面積の敷地面積に対する割合」(建基法52条)である.建ペイ率とは,「建築面積の敷地面積に対する割合」(建基法53条)のことである.容積率と建ペイ率は,住居系用途地域において低い数値が,商業・工業系用途地域において高い数値が設定されることが多い.これ以外の建築物の形に係る規制としては,建築物の高さ制限がある.主要な高さ制限としては,低層住居専用地域内における絶対的高さ制限(建基法55条)と市街地内の日照の確保を目的とした斜線制限が挙げられる(建基法56条).一定規模の床面積を有する建物を建てる際には,建築確認と呼ばれる,先の規制に適合しているか否かに関する建築主事の確認を受けねばならない(建基法6条).用途地域以外の良好な風景の形成及び緑地保全を目的とした主要な地域地区としては,①豊富な緑地や郷土意識が高い市民が居住する等の良好な環境を有する土地の建築行為等を規制できる風致地区(都計法9条22項),②良好な生活環境の形成に資する樹林地等の緑地に対して現状凍結的な規制ができる特別緑地保全地区(都市緑地法12条)と,③特別緑地保全地区と比べて規制が緩い緑地保全地域(都市緑地法5条),④民有敷地に対して一定割合以上の緑化を義務づけ緑化を図ろうとする緑化地域(都市緑地法第34条),そして⑤良好な都市環境の形成に資する市街化区域内農地の転用を規制する生産緑地地区(生産緑地法3条)などがある.

風景の骨格の形成を担う用途地域に対して,地区計画は,用途地域よりも限定された地区を対象に,建物に対する用途地域以上の用途・形態規制や形態規制外の規制(最低敷地面積,壁面線(建物の外壁の位置),建物の意匠・色など)を行うことにより,風景の細部の形成を担う法制度である(都計法12条の5).地区計画は,公聴会などを開催し地区住民の意見を反映させる必要があるため(都計法16条2項),合意的手法の1つといえる.地区計画では,地区計画の目標と方針(都計法12条の5第2項)に加えて,目標の実現に関わる事項である地区整備計画を定めることができる(都計法12条の5第7項).地区計画以外の合意的手法としては,①地区内の土地の所有者全員の合意に基づき締結した協定により,建物に地区独自の規制を行う建築協定(建基法69条以下),

表4.4 用途地域の名称

系統	名称
住居系	第一種低層住居専用地域 第二種低層住居専用地域 第一種中高層住居専用地域 第二種中高層住居専用地域 第一種住居地域 第二種住居地域 準住居地域 田園居住地域
商業系	近隣商業地域 商業地域
工業系	準工業地域 工業地域 工業専用地域

②建築協定と同様の枠組みのもと緑化を対象にした緑地協定（都市緑地法 45 条），そして③土地所有者と地方公共団体又は緑地管理機構が契約を結び，そこに緑地や関連施設（花壇・園路等）を設置し住民に公開する市民緑地制度（都市緑地法 55 条）などがある．なお緑地管理機構とは，多様な主体による自発的な緑地の保全や緑化の推進に向けて，緑地の整備と管理能力のある公益法人または NPO 法人に対して，都道府県知事が緑地管理機構を指定できるものである（都市緑地法 69 条）．

d．農業地域

農業地域に対応するのは，農業振興地域の整備に関する法律（以下，農振法と略）である．具体的に，まず都道府県知事は，基本方針やそれをもとにした関係市町村との協議により，まず農業振興地域を指定する（農振法 6 条）．次に農業振興地域の中の「農用地等として利用する区域」に農用地区域を設定する（農振法 8 条 2 項 1 号）．農用地区域では，宅地などへの転用が原則禁止とされており（農振法 17 条），農業地域内の農地景観の保全に寄与している．

e．森林地域

森林地域に対応するのは，森林法である．同法に定められた代表的な規制的手法は，保安林である．保安林は，森林の公益的機能の発揮という観点から重要と考えられる森林を対象に，農林水産大臣または都道府県知事により指定されるものである．保安林は，対象とする森林がどのような公益的機能を発揮するかにより細分化されている．風景地の形成に大きく関係するものとしては，レクリエーションなどによる保健休養機能の発揮に係る「保健保安林」（森林法 25 条 1 項 10 号）と名所や旧跡などの趣のある風景形成に大きく寄与している「風致保安林」（森林法 25 条 1 項 11 号）が挙げられる．これら保安林に指定された森林は，一定の行為制限が課せられ（森林法 34 条 1，2 項），立木の伐採，土地の形質変更などの森林の機能を著しく低下させることが想定される行為は，都道府県知事の許可制を通じて規制されている（森林法 34 条 3-5 項）．

f．自然公園地域

自然公園地域に対応するのは，自然公園法である．自然公園には，「我が国の風景を代表するに足りる傑出した自然の風景地」（自然公園法 2 条 2 項）に相当する国立公園，「国立公園に準ずる優れた自然の風景地」（自然公園法 2 条 3 項）に相当する国定公園，そして都道府県の風景を代表する「優れた自然の風景地」（自然公園法 2 条 4 項）である

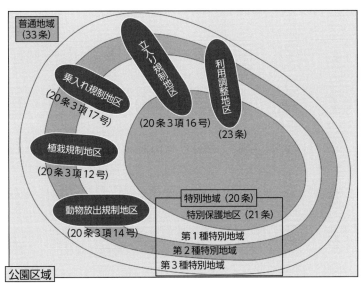

図 4.15　国立公園・国定公園内部のゾーニングのイメージ

(出典：北村[1])

都道府県立自然公園の3種類がある．国立・国定公園の指定を行うのは環境大臣であり，都道府県立自然公園の指定は条例により都道府県が行う．管理は国立公園を国が，国定公園・都道府県立自然公園を都道府県が担っている．国立・国定公園に指定された区域のうち自然保護の必要が高い地域には，陸域においては特別地域（自然公園法20条）が，海域においては海域公園地区（自然公園法22条）が指定される．特別地域以外の陸域は，普通地域（自然公園法33条）となる．さらに特別地域は，特別保護地区（自然公園法21条），第1-3種特別地区に分けられる（自然公園法施行規則9条の2）（図4.15）．保護のレベルは，特別保護地区がもっとも高く，第3種特別地区が低い．特別地域には，ある特定の行為の規制を目的とした地区区分がある．それらの地区のうち利用調整地区とは，過剰利用（over use）の問題に対応するために，一定期間内における利用者の制限ができる地区である（自然公園法23条）．なお都道府県立自然公園には，海域公園地区と特別保護地区がない．各地域・地区には，規制対象となる行為が定められている．これら行為の規制は，特別地域が許可制（自然公園法20条3項など），普通地域が届出制（自然公園法33条1項）により実施されている．

同地域における合意的手法としては，人為的管理により成立する二次的自然を保全するために，土地所有者全員と環境大臣，地方自治体，環境NPOとの間で協定を締結し，環境NPOが草原の火入れ，刈払いなどを担うことができる風景地保護協定制度がある（自然公園法43-48，74条）．なお環境NPOが締結当事者となるためには，環境大臣（国立公園）あるいは都道府県知事（国定公園）から指定を受ける必要がある（自然公園法49，75条）．

g. 自然保全地域

自然保全地域に対応するのは，自然環境保全法である．同法は自然生態系の保全を主目的としており，風景保全と保全された風景の利用を主目的とする自然公園法とは目的が異なる．そのため自然環境保全法と自然公園法の指定地域の重複指定は，できないこととなっている（自然環境保全法22条2項，45条2項）．自然環境保全法では，「人の活動によって影響を受けることなく原生の状態を維持」（自然環境保全法14条1項）に相当する地域に対して原生自然環境保全地域を，先の地域に次いで自然的社会的諸条件から自然環境を保全する必要が高い地域（自然環境保全法22条）に対して自然環境保全地域を，環境大臣が指定できるとされている．また都道府県は，自然環境保全地域に準じる自然環境を有する地域に，都道府県自然環境保全地域を指定できる（自然環境保全法45条）．さらに自然環境保全地域内においては，特別地区と海域特別地区を指定できる（自然環境保全法25，27条）．いずれの地域にも指定されない地域は，普通地区となり，他の地区の緩衝地帯としての機能を果たすことが期待される（自然環境保全法28条）．各地域・地区には，規制対象となる行為が定められている．これらの規制は，原生的自然環境保全地域と自然環境保全地域の特別地域では許可制（自然環境保全法17条，25条4項）が，それ以外では届出制（自然環境保全法28条）がとられている．

h. 景観法

景観法は，風景保全に関わる法制度上の問題点（例：景観法施行以前は保全の対象が良好な自然環境および歴史的・学術的・文化的な見地から高い価値を持つものに限定されていたことや，法制度が風景を構成する要素（市街地，森林，農地）ごとにあり，風景の「眺め」に対応する各要素すべてを対象とする法制度がなかったことなど）を改善するために，2005（平成17）年に施行された．市町村が同法を運用するためには，景観行政団体に認定される必要がある．政令指定都市および中核市は自動的に景観行政団体になるものの，それ以外の市町村は，市町村の長が都道府県知事と協議し同意を得る必要がある（景観法7条）．景観行政団体に認定された市町村は，景観計画を策定し，①同計画の対象区域（景観計画区域），②良好な景観の形成に関する方針，③方針の実現に関係する行為の制限事項（建築物または工作物の形態・色彩・意匠，建築物の高さなど），そして④良好な景観形成に重要な公共施設の整備に関する事項等を定める（景観法8条2項）．なお景観計画

図 4.16 景観計画と実現手法との関係
（出典：国交省東北地方整備局建政部 HP, http://www.thr.mlit.go.jp/bumon/b06111/kenseibup/keikan.htm, 閲覧日：2017 年 5 月 10 日）

区域内の農業振興地域では，独自の景観計画（景観農業振興地域整備計画）を定めることができる（景観法 55-58 条）．図 4.16 は，景観計画と実現手法の関係を示したものである．景観計画区域内においてより詳細な制限事項を定めたい都市計画区域または準都市計画区域内の地区に対しては，都市計画法の地域地区の一種として，景観地区を定めることができる（景観法 61 条 1 項）．なお都市計画・準都市計画区域外においても，準景観地区に指定することで，景観地区に準じた規制を行うことができる（景観法 74 条）．景観計画区域内における行為の規制は，景観行政団体に対する届出制により行われる（景観法 16 条）．一方，景観地区および準景観地区内における行為の規制は，用途地域の形態規制に相当するものは先述した建築確認により，それ以外は景観行政団体の認定により行われる（景観法 63，75 条）．また景観計画区域内のランドマーク的な役割を果たしている建造物や樹木には，景観重要建造物（景観法 19 条）や景観重要樹木（景観法 28 条）に指定できる．これらに指定された建造物や樹木は，市町村の長の許可を受けない限り，現状変更が禁じられている（景観法 22，31 条）．また，景観計画の④に記載された道路，河川，港湾などといった地域の景観形成に大きな影響を与える公共施設は，景観重要公共施設に指定される．同施設において許可を必要とする行為が④の基準に適合しない場合には，許可してはならないとされている（景観法 47-54 条）．

景観計画において定められてない地域独自の景観の保全・形成に係る規則を整備する合意的手法としては，景観協定がある（景観法 81-91 条）．同協定では，前記した建築協定と同じ枠組みに則り，樹林地・草地などの保全または緑化，屋外広告物の表示や設置，そして農用地の保全または利用などの景観計画に定めてない多様な事項を定めることができる（景観法 81 条 2 項）．

また景観法の対象物を管理する担い手として，景観行政団体の長は，景観重要建造物とその周辺にある広場，景観重要樹木，景観農業振興地域整備計画区域内の土地を管理する公益法人や NPO 法人を，景観整備機構に任命できる（景観法 92 条）．

i. 歴史的環境

歴史的環境を含む風景の形成に係る法制度のうちもっとも古いのは，1897（明治 30）年に制定された古社寺保存法に起源を持つ文化財保護法である．図 4.17 は，文化財の体系を示したものである．これらのうち風景の形成に大きく関係する文化財としては，記念物，伝統的建造物群，そして文化的景観が挙げられる．このうち記念物は，①歴史上又は学術上価値が高い貝塚・古墳・都城跡・旧宅その他の遺跡，②芸術上又は鑑賞上価値が高い庭園・橋梁・峡谷・海浜・山岳その他の名勝地，そして③学術上価値が高い動物，植物及び地質鉱物の 3 つに分けられる（文化財保護法 2 条 1 項 4

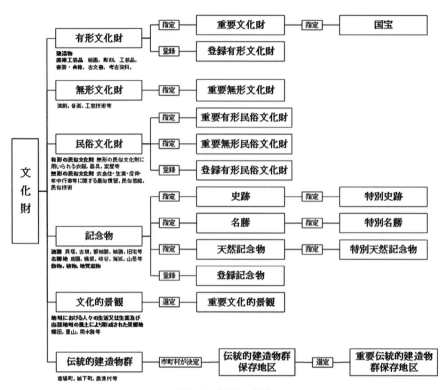

図 4.17 文化財の体系

号).文部科学大臣は,このうち重要な①を史跡,②を名勝,③を天然記念物に指定できる.さらに重要なものは,特別史跡,特別名勝,特別天然記念物に指定できる(文化財保護法 109 条 2 項).これらの現状変更あるいは保存に影響を及ぼす行為を行う際には,文化庁長官あるいは都道府県または市の教育委員会の許可が必要である(文化財保護法 125 条).伝統的建造物群の定義(周囲の環境と一体をなして歴史的風致を形成している(文化財保護法 2 条 1 項 6 号))に相当する宿場町,城下町などには,市町村が伝統的建造物群保存地区を設定できる(文化財保護法 143 条).同地区が都市計画法に基づく区域内にある場合には,都市計画法の地域地区の 1 つ(都市計画法 8 条 1 項 15 号)として定められ,それ以外の場合は当該市町村が制定した条例に基づき定められる.これら地区のうちわが国にとって価値が高いものについては,市町村の申出に基づき,文部科学大臣が重要伝統的建造物群保存地区に選定できる(文化財保護法 144 条).これらの地区の現状変更に係る規制やその他の保存に必要な措置については,市町村の条例に定められる.2005(平成 17)年の文化財保護法の改正時に導入されたもっとも新しい文化財である文化的景観は,棚田,里山などといった「地域における人々の生活又は生業及び当該地域の風土により形成された景観地で我が国民の生活又は生業の理解のため欠くことのできないもの」(文化財保護法 2 条 1 項 5 号)を保護するために,制定された.これら文化的景観のうち①景観法の景観計画区域または景観地区内にあり,②保存計画が策定されたうえに条例による保護措置を備えたものについては,都道府県または市町村の申出に基づき,文部科学大臣が重要文化的景観に選定できる(文化財保護法 134 条 1 項).重要文化的景観の現状変更に係る規制やその他の保存に必要な措置については,前記した景観法を含む関連法制度により行われる.

文化財保護法以外の歴史的環境を含む風景の形成に関わる法制度としては,古都における歴史的風土の保存に関する特別措置法(以下,古都保存

法と略）と地域における歴史的風致の維持及び向上に関する法律（以下，歴史まちづくり法と略）の歴史的風致維持向上計画の重点区域が挙げられる．古都保存法が適用されるのは，同法の古都の概念に合致する京都市・奈良市・鎌倉市および国が定めた10市町村である（2019年1月現在）．同市町村には，国土交通大臣が歴史的風土保存区域を指定し（古都保存法4条），同区域内の重要な地区については，歴史的風土特別保存地区を定めることができる（古都保存法6条，都市計画法8条1項10号）．同地区内における一定の行為は，府県知事の許可を得ずにはできない（古都保存法8条）．一方，2008（平成20）年に制定された歴史まちづくり法は，古都保存法（対象都市が限定されているうえに，自然的環境の保全が中心となっていること）と文化財保護法（おもな目的が文化財単体の保護であること）の不備を改善するために，制定された．同法の適用にあたり，市町村は，歴史的風致（物的環境（歴史的建造物とその周辺市街地）およびその地域の歴史・伝統が反映された人々の活動のこと（歴史まちづくり法1条））を維持向上させる計画（歴史的風致維持向上計画（歴史まちづくり法5-11条））を作成し，国の認定を受ける．認定を受けた市町村は，計画の実現に向けた様々な取組みができる．たとえば，先の計画において重点区域に指定された区域内にある歴史的な建造物は，歴史的風致形成建造物に指定できる（歴史まちづくり法12条）．指定を受けた建造物は，増改築時に市町村長への届出が必要となる（歴史まちづくり法15条）．

j．おわりに

本項では，望ましい風景の形成と持続的な管理の実現から法制度を捉える視点を説明し，その視点に関わる法制度の概要を説明した．本項では，風景の形成と持続的な管理に係る法制度の大枠を取り上げたに過ぎない．より詳しい内容（各法制度が誕生した経緯，法制度の構造，そして運用実態と運用上の課題など）を理解するためには，章末の参考文献などを参照することが望まれる．

〔渡辺貴史〕

4.3.4　実施管理主体・時間
a．風景の形成，普及，定着

風景は，所与の環境だけでなく，その空間に働きかける人，そこに何らかの価値を見出し表象を生産する人，そこを訪れ活動したり表象を消費したりする人など様々な人の関わりの中で作り出され，維持管理される．ここでは，こうした風景に関わるあらゆる「人」を中心に，風景の管理について時間との関係から見ていく．

（1）空間を形成する主体（実施・管理主体）

風景はその空間の成立から，自然環境や自然物によって作られた自然風景，土地に根ざした人々の生活や生業が展開する生活風景，土木事業や観光開発など，地域が開発され新たに出現する風景に大きく分類される．

自然風景は，自然災害による急激な変化や植物の成長および植生の遷移，長期的な気候変動や地殻変動の影響など長期的広域的に変化が見られる．こうした自然環境は，公共空間として行政が中心となって管理にあたる．

人々の生活や生業が生み出した生活風景のうち，伝統的に継承されているものは文化的景観と呼ばれる．生活風景は，地域住民の地域環境への働きかけを通して生まれるものであり，地域資源の保護と利用のバランスの中で管理され，地域コミュニティで中期的に共有される．そのため，生活風景の維持には，環境との関係を踏まえた地域生活の維持が求められる．

社会のあらゆる開発目的に従って，環境が改変されたり新たな人工物が建設されたりすることで，地域の文脈と切り離された新たな環境や，名所のように鑑賞対象としての景観そのものが短期間で創出されることがある．こうして形成された景観は，社会的要請に従って空間が改変されたものであり，空間の生活利用によってでき上がった伝統的な生活風景とは区別される．多くの場合は民間事業者が商業目的で計画・設計・施工し管理する．

現在の地域における風景は，これら3種類の風景が組み合わさったものであり，これらの風景の形成主体として，行政，地権者，地域住民，事業

者などがある．

(2) 空間と表象の結び付き（管理と時間軸）

空間に，その特性や意味から見出された表象が結び付くことで風景が成立し，その表象に従って利用や保護がなされる．そこには，空間に価値を見出して表象を生産する専門家，そうした表象を消費する消費者や観光客（来訪者）といった多様な主体が関わっている．風景の管理を考えるにあたっては，空間の形成や維持だけでなく，その表象の結び付きも考える必要がある．風景の管理方針とは，風景のあるべき姿として想定される表象をめぐる議論に他ならない．以下，先述の3種類の風景について見てみる．

①自然風景

自然風景は，自然環境や自然物とそれを眺める主体との関係性において風景として立ち現れる．自然風景の管理を考えるとき，自然環境そのものを管理する人と，自然を利用する人という2種類の主体が想定される．自然はそのもので変化するため，風景も自ずと変化する．その中で，どのような自然の状態をあるべき姿として設定し風景を管理するかが議論される．そして，具体的な自然管理の範囲内で，風景を利用するための視点場や散策路が設けられたりする．長期的で持続的な視点から自然の保護と利用の圧力のバランスを自然そのものの回復力まで考慮に入れていかに調整するかという，キャリングキャパシティの考え方に基づいて風景を管理するルールづくりが必要となる．

②生活風景

伝統的な生活風景は，そこで生活や生業を営み続けてきた住民よりも，専門家などの第三者によって景観として価値付けられることが多い．そうした景観の価値に，それを支える地域の生活・生業および人々の愛着や誇りを含めることで風景として評価される．世代交代を通して地域住民の構成そのものが変化したり，時代とともに生活様式が変化したりしていく中，実際の生活風景は徐々に変化していく．一方，開発によって地域のそれまで築いてきた文脈とは関係ない，新たな生活環境も創出される．しかし，効率性や経済優先のみで仕立てられた生活環境はどこも均質で，生活風景が立ち現れる可能性は低いといえ，地域の風景とその文脈を踏まえた新たな生活環境の創造が求められる．

生活や生業を営むうえで，環境に価値を見出す生活者と，そこを景観として価値付け消費する地域外の主体との間には異なる生活風景がある．こうした，地域の内外で作られる，多様な風景のあるべき姿のずれは，あらゆるきっかけで顕在化する．たとえば，伝統的建造物群や文化的景観などに代表される，文化財として価値付けられた風景の管理方針に関して，住民の生活と文化財としての景観保護の間で議論が行われることになる．

③開発による風景

社会に求められる空間の機能や価値を実現させるべく景観の創造が目的化されるとき，新たに作られる景観の，その周囲の環境や風景との調和が重要となる．土木工事による大規模な空間改変においては，周辺の自然環境だけでなく，人の関わり方も含めた自然風景の変化をどこまで許容するかが問われる．近年，宅地開発などにおいては，地域住民の生活環境や生活風景への影響から，事業者と住民間の合意形成が図られる場合もある．かつて開発による風景は，自然風景や生活風景といった既存の風景の改善または破壊と見なされることが多く，こうした風景の変化に対し，推進派，反対派といった様々な立場の主体が風景の表象をつくり出してきた．

一方で，建築物の外観が評価され，景観として利用や保護の対象となると，その建築物の維持やその他の新たな開発圧力からどう守るかという，これまで見てきた自然風景や生活風景と同様の風景をめぐる議論が発生する．

このように，風景の管理には，社会および空間の変化とそこに与えられた表象をどう結び付けていくかが問われることになる．こうした風景の表象をめぐる議論には，様々な主体が様々な時間軸をもって関与することになる．

(3) 風景の伝播と消費

空間と表象が結び付き管理される風景においては，表象そのものが他地域へと伝播する場合がある．表象だけが他地域で定着した風景は消費対象

となり，風景の利用を目的とした観光へと展開する．その過程では，以下に見るように自然風景，生活風景，開発による風景が複合的に重なり合い，地域の風景管理がさらに複雑化することとなる．

①風景の型の普及

中国の瀟湘八景は，日本の風景に多大な影響を与え，日本国内に数々の名勝を生み出した．風景の表象が風景の型となり，その伝播が，時間や空間を超えた風景現象の維持につながっているともいえる．風景の型を継承するためには，表象を情報として記述し，それを伝達するメディアが必要であり，そうしたメディアとして，文学や美術が大きな役割を果たしてきた．和歌や俳句・紀行文などを通した言語情報や，山水画や浮世絵・名所図会だけでなく，地図や写真などを通した視覚情報が風景の型を明確にし，時間や空間を超えて風景の維持や創造の手がかりを提供してきた．このように，風景の表象を生産し，発信する様々な主体がそこには関わっていることがわかる．しかし，たとえば瀟湘八景における「遠浦帰帆」など本来は時間や生業などを含めた表象に基づいていた八景は，時代とともに有体物のみを対象とする傾向にあり，風景を支える様々な仕組みや要素が抜け落ちていく危険性がある．

②観光

地域外で作られ流布した表象を求め，地域の環境や社会の収容力を超えて来訪者が押し寄せると，彼らの欲求に応じて地域に定着していた表象が空間から切り離されて変容し，それまで維持されていた自然風景や生活風景，かつての開発による風景を喪失してしまう．このように，市場経済の影響により開発の圧力が高まることで，複合的な地域の風景が急速に変化していくこともある．

また，バスツアーなどで大量の観光客を決められた行程で現地へと運ぶマスツーリズムは，その空間での滞在時間の短さから，流布した表象を現地の空間を訪れて確認し，写真に収めるだけの観光行動を引き起こす．このような風景を消費するだけの観光では，その風景の背後にある自然の成り立ちや地域の生活，開発の歴史などが見落とされがちである．また，観光客向けのわかりやすい表象によって立ち現れる見世物化した風景が，新たな開発によって形成されると，地域のテーマパーク化にもつながっていく．

このように，風景が商品化され市場経済が動くとき，観光エージェントやマスメディアをはじめとする，地域外で風景の表象を生産する主体，交通インフラや飲食業，宿泊業，製造業など，地域の風景を表象に基づいて形成する主体など，多種多様な業種の事業主体が複雑に絡み合うことになる．

b．主体間の関係性と役割の変化

上記で見てきたように，私たちの身の回りにある風景は，あらゆる主体が関わる複合的なものである．しかし，それらを支えている基盤は，長い時間をかけて引き継がれている自然風景や生活風景の空間である．これらの風景自体も変容しながら，そこに開発による新たな風景が重層的に重なり合って現在の風景がある．これまで維持されてきた風景も，開発技術の向上や市場経済の急激な発展の中で，つねに変化の波に晒されている．一度失われた風景を取り戻すことは容易ではない．とくに，地球規模の長い時間をかけて形成された自然の風景や，人々の歴史の中で培われてきた生活風景は，開発を通して新たに生み出せるものではない．

風景計画は，長期的にあらゆる時間軸で変化する空間と表象の連鎖を考慮に入れる必要があるため，風景管理（保護と利用）の議論もこれまで以上に複雑化している．より広範な主体を視野に入れながら，異なる時間軸を意識し，変化し続ける風景のどの時点の風景をあるべき姿として設定するかについての議論も必要だろう．

近年ではとくに，地球規模での気候変動や自然環境への影響，人口構造の変化による地域社会の変容，表象を生産し流通させる情報技術の飛躍的な進歩などがあり，風景の持続的な維持管理における各主体の関係性や果たす役割についても変化が生じている．

（1）表象と空間の共有

自然風景および生活風景は，それぞれ行政と地域住民が維持し，新たな開発は民間事業者によって行われ，地域外の観光事業者などによって生産

された表象を目当てに押し寄せる観光客が，これらの風景を消費し劣化させるという単純な図式は，いまや過去のものとなっている．風景を持続的に維持管理するための様々な試みが見られ，風景に関わる主体の関係性や役割も変化している．

たとえば，自然風景の保護が，行政だけでなく様々な市民団体のボランティア活動や，企業のCSR（corporate social responsibility）活動によって行われることも今や当たり前になっている．

生活風景の維持継承においても，その保護や活用といったマネジメントに関わる主体が，特定の地域に限定されなくなっている．たとえば棚田では，都市の住民がその価値を評価し，風景の空間的維持に対して資金提供したり，実際に地域を訪れて風景維持の作業に協力したりする事例が多い．とくに過疎が進行する地方部においては，地元の主体が，風景維持に労力をかける余裕がない場合も少なくない．風景の維持には，新たな観光を通じた交流人口の関わりがますます重要となっている．

空間の開発においても，計画策定における住民参加は不可欠となり，事業者が単独で進めるのではなく，民主主義的な手続きでの風景創造が進められるようになった．その他，建築協定や地区計画の策定，景観協定などの仕組みを使って，地域住民が風景のあるべき姿を設定し開発を誘導していくことも可能になっている．

風景の表象の生産についても，これまで重要な役割を果たしていた，文化財指定や世界遺産登録による価値付けだけでなく，近年はテーマごとまたは地域ごとに遺産を指定しそれを守ろうという動きもある．これらはいずれも，第三者による価値付けによって，風景の価値を担保し維持しながら活用していこうという試みといえる．こうした，遺産を守る後ろ盾となる「価値」についても，世界遺産の国際基準といえる「人類共通の普遍的な価値（outstanding universal value）」だけでなく，各テーマや地域ごとの文脈で価値基準が議論されるようになっている．

これまでのような特定の専門家や文化人，国際機関などによる権威的な価値付けだけでなく，誰もがSNSなどを通じて個人の表象を社会に発信できるようになると，風景の価値の多様化にさらに拍車がかかった．行政や地域住民，事業者や来訪者など，あらゆる主体が作り出す表象があふれる状況も生み出している．

通信技術が発達した現在，風景の価値を伝播するメディアの進歩によって，これまで特定の風景形成に関係してきた主体間の境界はほぼ消失してしまった．地域や国を超えて広がる関係人口をも考慮に入れて，地域の表象や空間を共有する風景の維持について考えなければならない時代となっている．

（2）主体間と価値をマネジメントする中間組織

このように，風景に関わる主体が広範囲におよび多様化する中，それぞれを独立して考えるのではなく，総合的に管理する調整主体（中間組織）が必要となる．

そうした主体が保護を含む長期的な地域の風景のあるべき姿を示したうえで，短期的な利用や風景の改変についても管理していくような役割を担うことが期待される．たとえば，地域の集団表象を生成させるためには，初期では利用や発信に重きをおき，集団表象が生成された段階からは自然風景や伝統文化といった地域の風景を下支えする風景の保護に重きをおくなど，時間軸を意識した管理が求められる．

これからの風景計画には，風景の空間と表象に関わる多様な主体を，地域のマネジメントとマーケティングの両者を通して様々な時間軸で調整する，自律的な中間組織づくりが重要になるだろう．

〔上田裕文〕

4.3.5 持続的な風景の管理体制の構築
a. 日本の原風景の課題

瑞穂の国と美称される日本では，紀元前400年ごろに大陸よりもたらされた水稲農耕を基礎とする弥生文化が西日本に成立し，やがて田園風景が日本列島の大部分にひろがった．日本を含むアジアモンスーン地帯でコメが主食となったのは，その気候風土にちょうど適していたからである．日本の美しく自然豊かな里山は，山から豊富な栄養

分を含んだ水を田んぼに導き，中耕除草や定期的な畔の草刈りによってホタルやカエル，ドジョウやサシバなどの生き物にとって繁殖しやすい環境となり豊かな生物多様性を保ってきた．これらはわが国をはじめアジアモンスーンの気候風土では共通の原風景，文化である．こうしたアジアの地域における人と自然との共生した農業は高く評価され，現在，世界農業遺産の8割がアジア地域に集中している．

しかし今そうした美しい田園が放棄され，共生の知恵や技，文化も同時に失われようとしている．現在，日本では人口の9割が，国土面積のわずか1割の地域に密集している．逆にいえば，人口の1割が，国土の9割を占める農山村部に分散して住んでいる．この内，中山間地域人口は，日本の総人口の15%といわれている．中山間地域と過疎地域は重なり，中山間地域の市町村の6割は過疎地域であり，逆に過疎地域の市町村の9割は中山間地域という現状である．農村部では少ない人数で広い国土を管理することとなるが，農林家の後継者不足，高齢化などで放棄される農地，山林が増え，国土管理が難しくなっている．一部の集落が消滅する可能性も指摘されており，耕作放棄が国土管理上，大きな問題となっている．

b．SATOYAMA に学ぶ持続的な風景

里山は，農林業を中心とした人々の暮らしにより守られてきたものである．かつて三富新田をはじめとする武蔵野の屋敷林，仙台平野をはじめとする居久根の屋敷林が点在する農村景観は，江戸時代からおよそ300-400年間変わらず持続してきた文化的景観である．その環境を持続可能とした共生の文化には，「1木1草無駄にしない暮らし」，「無駄な木はないので，雑木とはいわない」といった無駄のない，自然と共生した人々の生き様がみえてくる．里地・里山は理想の環境共生型ランドスケープである．今，荒れた山林，放棄された水田など里地・里山景観の荒廃といった環境問題がクローズアップされる中，これまで田園自然と共生してきた人々の里山の知恵や技，文化に学ぶことは，持続性（サステナビリティ），循環型社会の構築に大いに貢献できると考える．

2011年3月，東日本沿岸部では未曾有の大津波に襲われた．杜の都と称される仙台の初代藩主伊達政宗（1567-1636）は沿岸部の新田開発を進めるとともに居久根の杜づくりを奨励した．天災，飢饉に備えて自給自足を基本とし，ケヤキ，スギ，マツ，エノキ，ハンノキ，ツバキ，タケなどが冬の北西からの風を防ぐように植えられ，ウメ，カキ，クリ，クルミなどの実のなる木が植林された．1933年の三陸沖大津波の復興に際し林学博士本多静六・理学博士今村明恒は津波に対する防潮林や屋敷林の効果を挙げ，津波の陸上での加害作用は弾性的なものは剛性的なものに比べて小さく，郷土の風致風景，ならびにレクリエーション価値

居久根外		
冬11月 北西風	日最大風速 8.8 m/s	日平均風速 3.6 m/s
夏8月 気温	日最高気温 28.5℃	日最低気温 19.5℃	日較差気温 9℃
冬12月 気温	日最高気温 6.7℃	日最低気温 -4.5℃	日較差気温 11.2℃

居久根内		
冬11月 北西風	日最大風速 2.4 m/s	日平均風速 1.3 m/s
夏8月 気温	日最高気温 26.7℃	日最低気温 20.6℃	日較差気温 6.1℃
冬12月 気温	日最高気温 6.5℃	日最低気温 -2.1℃	日較差 8.6℃

図 4.18 屋敷林の気温・風環境科学

の向上などの多面的な効用にも言及し，高木にクロマツ，低木にマサキやツバキ，その背後に土堤を築きケヤキやエノキなどの広葉樹とする防潮林計画が作られている．筆者が現場で気付かされたことは幹折れ，根返りしつつも波力減殺に頑張っている海岸松林の姿である．そして周囲に堀をめぐらしわずかな盛土にある居久根や鎮守の杜は被害を免れていた．居久根には生活に役立つ木々が植栽されマツやスギは防風砂防，タケやケヤキは地盤を強くし，ウメやツバキは花実を楽しむ．松竹梅の実学に基づく用強美の造園デザインである．かつて日本庭園では南側に池を設けることで日中の南風が水面を通風する際に冷却されその冷風が建築物内にもたらされるように工夫され，農家の庭では冬の北西風から母屋を守るようにスギやシラカシなどの屋敷林が防風植栽されて7-9割の北西風が軽減され，南側には夏の緑陰，冬の日差しがもたらされるようにケヤキ，落葉利用のためのクヌギやコナラなどの落葉樹が植栽されて屋敷林内は夏涼しく冬暖かく，昼夜の気温差も小さいことから安定した居住環境となっていた（図4.18）．屋敷林は自然を合理的に賢く活かした自然共生型の伝統的かつ持続的環境モデルとしてのSATOYAMAである．

里山の持続的な環境を科学し，SATOYAMAイニシアティブでアジアモンスーン地域独自のグリーンインフラの環境計画を進めることは，都市温暖化や暴風豪雨などの気候変動に対する適応および緩和だけでなく，地域防災，生物多様性，生活の質（quality of life）の向上に大いに貢献できると考える．

c．美しい風景を調える地域創成

活力ある地域の風景は美しい．東京農業大学名誉教授蓑茂寿太郎は自らの造語である美活同源を「美しい町にするのも町に活力を沸き立たせるのも，人々の喜びを満たし，生きる力を地域に継続させるためで，その本質は同じだ」と概念規定している．

人は四季折々に各地の風光明媚を求めて，春は桜梅桃李を鑑賞し，夏は山紫水明の地で納涼し，秋は紅葉狩，冬は雪見に出かけることが多い．筆者が活動する農山村の集落では約20人の農家が運営する秋咲きひまわりの棚田に約2万人もの観光客が訪れるという．観光（ツーリズム）とは，中国の古典易経の「観国之光＝国の光を観る」が語源である．すなわち，国および地域ならではの文化や資源を探し，美しく磨き宝もののように光らせ，資産化・ブランド化する道筋が，美しい場所が地域の活力のもととなる美活同源の概念にも通じる．カナダのレイクルイーズのホテルでは，ルイーズ湖とビクトリア氷河の山並みの眺望の違いにより客室料金が決められ，差別化することで風景の資産化・ブランド化がなされている．イギリス風景式庭園の造園家ランセロット・ブラウン（Lancelot Brown）は，It had great capability が口癖であったことからCapability Brownと綽名されるほど，土地のポテンシャルを活かす優れた風景デザイナーであった．今日的課題の地域再生，地域創成を，庭園や公園などのような囲まれた園をつくるだけでなく地域全体の風景を調えるランドスケープイニシアティブを旗印に，みんなの力が形になる地域デザインを進めたい．

その地域デザインは，地域を調査・分析し，総合化・評価する各過程において多様な主体（住民，行政，専門家，学生，子ども，NPO，企業など）による参加協働型のワークショップなどを通じた集団的創造によるコミュニティデザインが主流となる．その手法はアメリカの造園家ローレンス・ハルプリン（Lawrence Halprin）のA Workshop Approach to Collective Creativity や吉本哲郎の地元学に詳しいが，あるもの探しの地域資源の調査を皆で行い，発見された地域資源をマップとして見える化することで共通認識する．次におのおのの異なる資源どうしを重ねて，つなぐことで，新たな発見やアイデアが発想される．コミュニティデザインの過程で，コンセプトは共有化され，地域コミュニティの再生とともに皆の想いのこもった故郷の風景の創成と持続的な風景マネジメントへとつながっていくのである．

d．交流が文化となる地域デザイン

2006（平成18）年12月に観光立国推進基本法が制定され，2008（平成20）年10月に設置された観光庁では2013（平成25）年から毎年，「観光立

国実現に向けたアクション・プログラム」を策定している．それによると2020年までに訪日外国人旅行者数4000万人（2017年2869万人）を目標に取り組むこととされている．「おしん」などの数多くの脚本を手掛けた日本を代表する女性脚本家が観光立国を目指す日本のあり方についてのインタビューで，「観光立国を目指すなら有名な観光地だけでなく，日本の原風景である里山などごく普通の景色，四季折々の表情豊かな自然，そして何よりも日本人のきめ細やかなもてなしの心などの身近な魅力を発信していくことが大切です．外国の人々に日本の良さを知ってもらい訪れてもらうためには，日本人自身がもっと日本の良さを理解すべきだと思います」と答えているが，この指摘はこれまでにも多くの外国人によって日本の日常の生活文化，美が賞賛され，一方で近代化する中で忘れられようとする日本の文化を心配していたことと相通じるものがある．イギリスの女性旅行家イザベラ・L・バード（Isabell L Bird）は，1878年6月から9月にかけて約3か月，東京から北海道までの旅行記録『Unbeaten Tracks in Japan 日本の未踏の地』を出版しその邦訳本[1]の中で，山形米沢をアジアのアルカディア（理想郷）と称え，金山をロマンチックな町と紹介し，東北日本の農村風景を賞賛している．ドイツの建築家ブルーノ・タウト（Bruno Julius Florian Taut）は，1933-36年の3年余りの滞在中の記録『日本美の再発見』[2]を著し，桂離宮，伊勢神宮，白川郷の農家，秋田の民家などの美が世界に紹介された．イギリスの文学者ラフカディオ・ハーン（小泉八雲，Lafcadio Hearn）は，1890年から来日し英語教師として活躍する傍ら，日本の紀行文『日本の面影』[3]を著し，出雲大社，盆踊り，町並みなどの信仰や日本人の豊かな暮らしの文化を讃えている．

　人間は天性の好奇心・探求心を持ち数多くの旅や交流活動を行ってきた．桃太郎や一寸法師，西遊記やガリバー旅行記などの多くの文学作品が旅や交流活動のストーリーとなっている．東京工業大学名誉教授鈴木忠義は「物質的，文化的，人間的な交流が人類の歴史であり，交流こそ人間の生き様（文化）だ」と述べている．

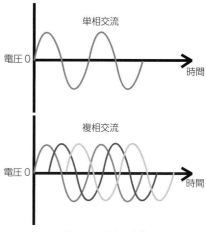

図 4.19 交流の波形

　筆者はこれまで都市と農山村の交流を経験してきた．少ない経験ではあるが，農山村の再生は単一の交流だけでは地域ににぎわいをつくることはできない．また産業の活性化，6次産業化だけでは地域を守ることはできないことを実感してきた．では地域を守るデザインとはどうすればよいのか．

　広辞苑によると，交流とは「①一定時間ごとに交互に逆の方向に流れる電流．②ちがった系統のものが互いに入りまじること．また入りまじらせること」とある．①の電流の意味で捉えた場合の図4.19のように交流は振幅している．②の意味での都市と農山村の交流を図4.19で考えた場合，たとえば大学生が農山村を訪れる交流の振幅，小学生が農山村を訪れる交流の振幅，家族が農山村を訪れる交流の振幅など，各交流が時間軸の上を異なる位相で振幅していることから時間軸上でズレが生じていると考えられるが，そのズレの交点を重ねてつなぐことで新たなシナジーがうまれ，異なる世代間の出会いと交流につなげることができる．一方，都市と農山村の交流には，小中学生・高校生・大学生，大人までの様々な世代の都市住民グループが農山村と交流の環をつくっている．それらの各交流の環をつなぐようなコーディネーターやプロデューサーが存在することで，交流ネットワークをさらに広げることができる．

　モノの価値は量から質へ，豊かさの価値はモノ持ちから健康幸福論のwell-beingへ，コンテンツ（単品）ではなくコンテクスト（ストーリー・文脈）

を売るマーケティングへ，物流社会から人が動くことで経済が回る人流社会へとシフトしはじめている．単相交流を重層する複相交流へとデザインし，同時に数々の交流の環をつなぎ，重ねて，合わせることで，増幅・共振するストーリー性のある地域デザインを提案したい．持続的な風景の管理体制の構築には交流が文化となる地域デザインが不可欠である．

e．持続的な風景の管理体制の構築のための人材育成

2002年の持続可能な開発に関する世界首脳会議（第2回地球環境サミット ヨハネスブルグ）において国連食糧農業機関（FAO）によって提唱された世界農業遺産（GIAHS）は，ユネスコが認定する世界文化遺産の「そのまま残す」ではなく，農法や生物多様性，景観，文化を有する地域固有の農業システムを，「持続可能な形で動的に保全し，次世代に継承していくこと」を理念としている．その理念に即して，①食料および生計の保障，②生物多様性および生態系の機能，③知識システムおよび適応技術，④文化，価値観および社会組織（農文化），⑤優れた景観および土地・水資源管理の特徴，の5つの認定基準が定められている．

かつて科学的都市計画を立案しようとしたイギリスのパトリック・ゲデス（Patrick Geddes）は『Cities in Evolution 進化する都市』[4]を著し，計画前の都市調査の必要性を強調し，調査結果を一般市民に理解できるようにするために図書館や博物館の活用を提案している．医者が患者の健康を維持するためにその人のカルテを保管し治療や予防的措置を講じることと同様に，地域の良好な風景を持続的に維持するためには上述5つの世界標準のクライテリアの視点で科学的に調査診断し，風景をインベントリー化し総合的に把握できる企画立案能力のある，町医者のような人材が各地域に必要である．そして地元住民をはじめ皆が認識できるようにするために，そのインベントリーを見える化し，住民，行政，専門家，学校，NPO，企業などの参加協働型のPDCAサイクルによる持続的な風景の管理体制を構築することである．そのため現在盛んに行われている大学と地域との連携では地域の自立に貢献したいという高い志を持ち，地域の風景を発見し，みんなで共有しながら持続的に風景を守ることのできる人材育成が急務であると考える．

〔入江彰昭〕

コラム15　名勝における眺望と風景計画

山頂や台地の突端から眺めた印象的な風景の記憶を，皆さんも1つ2つ持っていないだろうか．その眺望の魅力を守り残していこうという法制度がある．文化財保護法が定める名勝の制度である．指定基準の11番目に「展望地点」が挙げられていて，眺望風景は名勝の1つとされている．しかし様々ある文化財の中で眺望は特異である．他の文化財と違って，眺望には実体がないからである．眺望風景はある特定の場所から見ることで成り立つ．つまり視点と対象の関係から成り立つ現象である．また眺望は遥か彼方まで広がり対象を特定できない．文化財保護法がそれを文化財として規定していることは興味深いが，そこに難しさもあるのである．すでにお気付きかと思うが，指定基準には眺望風景とは書かれていない．そこにあるのは「展望地点」という規定である．保護しようとしているのは明らかに眺望風景だが，眺めの対象については触れていない．それは範囲が確定できず，財産権を制限するのが困難だからである．名勝ではないが，平澤毅は文化財保護法に文化的景観を加えたときのエピソードとして次のようなことを述べている[1]．最初「景観」という言葉を使おうとしたところ，内閣法制局に「景観」は対象を特定できない無体物だから駄目だといわれたというのである．そこで対象が特定できる有体物として「景観地」という新しい言葉をつくり出したという．では本当に無体物は文化財となり得ないのだろうか．必ずしもそうとはいえない．1939年に公布されたイタリアの自然美保護法は，眺望風景を文化財の1つとして保護している．ではどのように対象を規定しているのかといえば，風景計画の策定によるとして法では定めていない．この場合風景計画は単に風景を保全し，あるいは創造する技術体系に留まらず，財産権制限の権限も付与された制度となっている．これは1985年のガラッソ法で対象が全国土に拡大されても引き継がれ，やはり財産権制限の具体的方法は各州の風景計画に委ねている[2]．

展望地点の名勝について具体例を見てみよう．

山形県の名勝金峯山は，眼下に田園に囲まれた鶴岡市街を臨み，遥かに最上川，鳥海山，日本海は飛島までを望む．しかし指定範囲は中腹より上だけであり，市街地も田園も，名勝制度では守れない．ただ近年都市計画により，田園部分は市街化調整区域とされ，市街地にも高度地区を使った高さ制限がかけられたため，眺望風景も保全されることとなった．これは他の制度との連携により，名勝制度の弱点を補う道があることを示している．

それに対して特別名勝松島は，松島湾を囲む複数の展望地点からなり，金峯山とは異なる風景が考えられている．それは点からの眺めだけではなく，面としての，地域の広がりを持った風景である．松島は 12600 ha の広大な指定範囲を持ち，特別名勝が定める風景の価値により 8 種にゾーニングされているが，これは展望地点からの眺めとは異なる発想である．展望地点からの眺めは距離に従い遠くなれば規制の必要は低くなる．しかしゾーニングは違う．したがってゾーニングを採用したのは，地域・場所の風景も守ろうとしたからだと解釈される．ではその結果はどうだろうか．主要な展望地点からの眺めはよく守られている．しかしそこを下りると，とくに市街地や集落の風景は他とあまり変わらない．それは主として建造物の色，形，高さを規制する現行の規制では，地域・場所の風景は守れないことを示している． 〔温井　亨〕

図 4.20　里山が動いている風景（筆者撮影）
林齢の異なる複数のパッチが存在している．

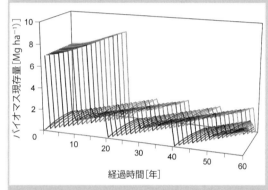

図 4.21　雑木林経営モデル実装時のバイオマス動態
広がりのある里山を 20 のパッチに分け，20 年周期で輪伐していくときの各パッチのバイオマス動態．下総台地のナラ林をモデルにしている．

コラム 16　里山を動かす—目指すべき風景モデルとバイオマス動態

今日，ほとんどの里山（地域としての里山ではなく森林としての里山を指す）が「動いて」いない．里山が「動く」とは，薪炭収集などの経済的行為により里山が定期的に伐採され，それが土地所有などの不均質な空間単位に沿って行われることにより，ランドスケープとして見たときに時空間的モザイクが発生する状態を指す．動いていない里山を動かそうとするとき，やみくもに管理を進めるのではなく，ある目標像の共有と受容が必要である．ここではそれを「風景モデル」とする．里山は独立した自然生態系ではなく，社会との関わりと不可分な社会生態システムである．その表れを風景と捉えたい．里山を動かすための風景モデルは，少なくとも，①風景を成立させるための社会経済的メカニズムが働いていること，②その風景が変化を伴う動的なものであること，の 2 点を踏まえたものでなければならない．例として，10-20 年程度のローテーションで伐採を繰り返す雑木林経営モデルを考えて見る．栃木県茂木町には，全国でも珍しく雑木林の経営が成立している地域がある（図 4.20）．その経営手法は普及指導を行った津布久の書籍にまとまっており[1]，今日の状況において里山を動かすための社会経済メカニズムが示されている．一方，風景が動的であることについては，①シミュレーションにより時系列変化を示すこと，②実際に里山が動くことを観測により示すこと，の 2 つのアプローチがあり得る．筆者の研究では，里山を動かしたときのバイオマス動態に着目し，雑木林経営モデルを適用した場合のシミュレーションを行ったことがある（図 4.21）．今後は，これを景観シミュレーションで表現すること，そして図 4.20 の場所をドローンによる LTLM（long-term landscape monitoring）の試験地とし，30年程度の観測で実際の里山の動きを捉えることを考えている．里山が実際に「動いている」様子を見たことがある人は，そうはいないはずである．30年後に見えてくる風景を今から楽しみにしている． 〔寺田 徹〕

コラム17　風景計画の波及効果

ここでは，近年増加傾向にある「八景の選定」事業が，風景計画の観点からはどのような波及効果をもたらすのか，平塚市吉沢地区で取り組まれた「吉沢八景選定プロジェクト」を事例に紹介していく．

吉沢地区は，市街地と農地・山林が混在する都市近郊の里地里山地域であり，吉沢地区南部の「ゆるぎ地区」と呼ばれる里山エリアの荒廃化が深刻な課題となっている．その課題解決のため，住民組織である「湘南ひらつか・ゆるぎ地区活性化に向けた協議会」と，ゆるぎ地区に土地を所有するデベロッパーのX社，平塚市，東京農業大学，東海大学，X社から事務局を委託されたコンサルタントのY社が連携し，2010年以降「産官学民」協働で里山保全に向けた活動を展開してきた．「吉沢八景選定プロジェクト」もその一環であり，2013年に始動した．

まず応募段階では，地域住民や来訪者から幅広く八景に推薦したい景観を推薦理由とともに募集し，結果348件の応募を集めた．この応募景観と推薦理由を分析することで，応募者の景観認識の把握につながり，風景計画の一助となる．たとえば，地元の小・中学校の児童・生徒は，富士山や霧降りの滝（地区随一の景勝地）など象徴的な景観に対し，「美しい」「頑張ろうと思った」など，応募者おのおのの評価基準で認識・評価する，などの傾向があることが判明した[1]．

選定段階では，「産官学民」の各関係者が選考委員を務め，応募景観の絞り込みを行った．なるべく多くの応募者の意見を尊重するため，複数の応募景観を統合する形で吉沢八景が選定された．

2016年1月に吉沢八景は公表され（公表段階），里山景観（2景）や自然・歴史景観（3景），町並みの景観（3景）が選定された．筆者は，「景観の価値付け」という八景の本来的な意義に着目して，公表時に配布された簡易パンフレットを見た地域住民と来訪者を対象に，八景選定によって地域評価が高まるかを確認するアンケート調査を行った．結果，地域評価が高まったと回答した地域住民の多くが，その理由として「自身の既知の景観が八景に選ばれたから」と回答し，多くの意見を尊重して選定した効果が確認された．また，吉沢八景公表から約2年が経過したが，たとえば『吉沢の里地』という景では，段々畑の眺望を阻害しないために，視点場の草刈りを計画的に実施するようになった．このように，吉沢八景の各景が，風景計画の目標像の役割を果たすようになったわけである．

以上，風景計画の観点から見たプロジェクトの初動期の効果を，表4.5にまとめた．なお，里地里山の保全については，風景計画のみでは十分ではない．今後，吉沢八景を軸とした風景計画を上位計画に据えたうえで，土地利用や生態系などを鑑みた，包括的な取組みが求められる． 〔小島周作〕

表4.5　吉沢八景選定プロジェクトの風計画観点から見た効果

	プロジェクト非参加者 （地域住民・来訪者）	プロジェクト参加者（応募者） （地域住民・来訪者）	プロジェクト推進主体 （「産官学民」協働）
応募段階	—	おのおのの評価基準で地域の風景を見つめ直す機会を応募者に与える	応募者の地域に対する景観認識を把握する
公表段階	「景観の価値付け」による地域評価の高まり	風景計画における目標像の設定・共有化	ネガティブミニマム・ポジティブマキシマムを考慮した活動が計画的に展開される

コラム 18　観光と風景管理

観光はいまや世界の主要産業となった．国連世界観光機関[1]によると，2015年に全世界で使われたお金も，雇われる人も，ほぼ1割が観光産業に関わっている．実際，世界貿易の中で，観光は，燃料，化学に次いで第3位の産業規模に成長した．

日本国内でも，近年はインバウンド観光（inbound-tourism）の伸びが著しい．観光庁によれば，2017年のインバウンド観光客数は，推計で2869万人と過去最高を更新した．また，2012年には約1兆800億円に過ぎなかったインバウンド観光消費額は，2030年には約15兆円へと飛躍的に伸びると考えられている．

そのような状況の中，風景づくりに深い見識を持つ専門家の職能に，大きな期待が寄せられつつある．

表4.6は，2016年に内閣総理大臣を議長としてまとめられた「明日の日本を支える観光ビジョン」に示された「『観光先進国』への『3つの視点』と『10の改革』」である[2]．このビジョンでは，日本が早急に取り組むべき改革の方向性を，「1. 観光資源（tourist resource / tourist attraction）」，「2. 観光産業（tourism industry）」，「3. 旅行者（tourist）」という3つの視点から整理している．

風景づくりは，「視点1」に大きく関係する．全部で10ある改革案のうち，実に4つが風景づくりに

表4.6　「明日の日本を支える観光ビジョン―世界が訪れたくなる日本へ」―の概要
「観光先進国」への「3つの視点」と「10の改革」

視点1（観光資源の改革） 「観光資源の魅力を極め，地方創生の礎に」
(1)「魅力ある公的施設」を，ひろく国民，そして世界に開放 ・赤坂や京都の迎賓館などを公開・開放
(2)「文化財」を，「保存優先」から観光客目線での「理解促進」，そして「活用」へ ・文化財などの観光拠点を整備，多言語解説など
(3)「国立公園」を，世界水準の「ナショナルパーク」へ ・国立公園を民間の力などを活かし集中改善
(4) おもな観光地で「景観計画」をつくり，美しい街並みへ ・全都道府県・半数の市区町村で「景観計画」策定
視点2（観光産業の改革） 「観光産業を革新し，国際競争力を高め，我が国の基幹産業に」
(5) 古い規制を見直し，生産性を大切にする観光産業へ ・時代遅れの規制・制度の見直し，経営人材育成，生産性向上
(6) 新しい市場を開拓し，長期滞在と消費拡大を同時に実現 ・外国富裕層へのプロモーション，戦略的なビザ緩和など ・MICE支援 ・首都圏のビジネスジェットの受入環境改善
(7) 疲弊した温泉街や地方都市を，未来発想の経営で再生・活性化 ・世界水準のDMO形成 ・ファンド，規制緩和を駆使し，民間力で「観光まちづくり」
視点3（旅行者の改革） 「すべての旅行者が，ストレスなく快適に観光を満喫できる環境に」
(8) ソフトインフラを飛躍的に改善し，世界一快適な滞在を実現 ・出入国審査の風景を一変 ・ストレスフリーな通信・交通利用環境 ・キャッシュレス観光
(9)「地方創生回廊」を完備し，全国どこへでも快適な旅行を実現 ・「ジャパン・レールパス」を訪日後でも購入可能化 ・新幹線や空港運営と連動し，アクセス交通充実
(10)「働きかた」と「休みかた」を改革し，躍動感あふれる社会を実現 ・年次有給休暇取得率の向上 ・とりやすい休暇制度，休暇取得の分散化

関わる内容なのである．その中身は，①迎賓館などの建築・造園空間の新規公開，②文化財の整備，③国立公園の活用，④自治体景観計画の策定となっている．いずれも，風景づくりを通じて，観光資源の魅力を高め，地方創生を推進する枠組みである．

魅力ある風景づくりを行い，それを管理する技量は，旅行代理店や宿泊業，運輸業などの，いわゆる既存の旅行業（travel agency）にはない．彼らには確立された既存観光地のプロモーションはできても，新たな観光地は生み出せない．今後日本で求められるのは，既存観光地の維持管理だけではなく，里山や地方都市などの魅力を高め，新たな観光地を創造することにある．そのため，魅力ある風景地をつくり，人を呼び寄せたうえで，「稼ぐ」までを織り込む才能を持つ専門家に期待が寄せられる．

その一連の管理経営は，デスティネーションマネジメント（destination management）と呼ばれる[3]．日本では，風景地づくりと観光業双方に精通したデスティネーションマネージャーの誕生が期待されている．
〔田中伸彦〕

文　献

4.1.1 項

1) Honda, H. (1971) Description of the form of trees by the parameters of the tree-like body : Effects of the branching angle and the branch length on the shape of the tree-like body. *Journal of theoretical biology*, **31** (2), 331-338
2) De Reffye, P. *et al.* (1988) Plants models faithful to botanical structure and development, *Computer Graphics*, **22** (4), 151-158
3) 森本幸裕 (1993) 植物モデリング・可視化システムを用いた桂離宮庭園の植生景観のシミュレーション，造園雑誌，**57** (2), 113-120
4) 斎藤　馨他 (1993) リアルな森林景観シミュレーション―GISおよび植物モデリングの利用―，第9回NICOGRAPH論文集，226-236
5) Bruse, M. (2004) ENVI-met 3.0 : updated model overview, University of Bochum, Retrieved from: www.envi-met.com
6) Lindberg, F. *et al.* (2008) SOLWEIG 1.0-Modelling spatial variations of 3D radiant fluxes and mean radiant temperature in complex urban settings, *International journal of biometeorology*, **52** (7), 697-713
7) Matzarakis, A. *et al.* (2010) Modelling radiation fluxes in simple and complex environments: basics of the RayMan model, *International journal of biometeorology*, **54** (2), 131-139
8) 山崎雄大他 (2016) 温熱快適感マップの作成と夏季マラソンコースの温熱環境予測，環境情報科学論文集，**30**, 43-48.
9) Honjo, T., and Lim, E. M. (2001) Visualization of landscape by VRML system, *Landscape and urban planning*, **55** (3), 175-183
10) Honjo, T. *et al.* (2018) Thermal comfort along the marathon course of the 2020 Tokyo Olympics, *International journal of biometeorology*, 1-13

4.1.2 項

1) 鄭　躍軍・金　明哲 (2011) 社会調査データ解析，共立出版，pp.39-54
2) 青木陽二 (2000) 景観評価研究の相互理解を高める為に，ランドスケープ研究，**64** (2), 193-194

コラム 11

1) 畦地啓太他 (2014) 風力発電事業の計画段階における環境紛争の発生要因，エネルギー・資源学会論文誌，**35** (2), 11-22
2) 齋藤　潮 (2007) 景観の概念，篠原　修編『景観用語事典』所収，彰国社，p.10

4.2.1 項

1) 中村良夫 (1977) 景観原論，土木工学体系編集委員会編『土木工学体系13　景観論』所収，彰国社，pp.1-3
2) 自然との触れ合い分野の環境影響評価技術検討会 (2002) 環境アセスメント技術ガイド　自然とのふれあい，財団法人自然環境研究センター，p.239
3) 環境省 (2011) 風力発電施設の審査に関する技術的ガイドライン，p.110
4) 進士五十八 (1999) 風景デザイン入門，進士五十八他著『風景デザイン　感性とボランティアのまちづくり』所収，学芸出版社，pp.10-88

4.2.2 項

1) Park, B.J. and Furuya, K. *et al.* (2011) Relationship between psychological responses and physical environments in forest settings, *Landscape and Urban Planning*, **102** (1), 24-32
2) 斎藤　馨他 (1985) ビデオ画像による景観評価特性について，造園雑誌，**49** (5), 179-184

4.2.3 項

森本兼曩他 (2006) 森林医学，朝倉書店，p.370
高山範理 (2017) 森林アメニティの計測と評価尺度，上原巌他編『森林アメニティ学』所収，朝倉書店，pp.131-147

コラム 12

ケヴィン・リンチ著，丹下健三，富田玲子訳 (1968) 都市のイメージ，岩波書店
上田裕文 (2009) 風景イメージスケッチ手法の構築に関する研究，都市計画論文集，**44** (3), 37-42

上田裕文, 高山範理 (2011) 森林浴イメージを構成する空間条件に関する研究, ランドスケープ研究 (オンライン論文集), **4** (0), 1-6

Ipsen, D. (1999) *Raumbilder. Kultur und Ökomomie räumlicher Entwicklung*, Centaurus Verlag.

コラム13
1) 太田裕彦 (2007) 環境の評価・美学―景観を基礎として, 佐古順彦, 小西啓史編『環境心理学』所収, 朝倉書店, pp.41-65
2) 高山範理他 (2006) 欧米文献における「背景」と「環境定位」の関係を扱った研究の系譜と特徴, ランドスケープ研究, **69** (5), 741-746

4.3.1項
小浦久子 (2013) 景観と土地利用の相互性に基づく景観計画の開発管理型運用の可能性, 都市計画論文集, **48** (3), 585-590

4.3.2項
1) 熊谷洋一 (2008) 森林風景の計画的取扱いと評価, 塩田敏志編著『現代林学講義8 森林風景計画学』所収, 地球社, pp.19-56

青木　繁他編 (1993) 建築大辞典 第2版, 彰国社

篠原　修 (1982) 新体系土木工学59 土木景観計画, 技報堂出版

国土交通省都市・地域整備局都市計画課 (2005) 景観法の概要 (資料)

木下　勇 (2011) 西欧の空間計画制度が定着しないのはなぜか？, 農村計画学会誌, **30** (2), 139-142

清水知佳 (2015) ゾーニングの変更における適用除外 (variance) の実態と今後の課題, 日本不動産学会誌, **28** (4), 126-133

下村彰男 (2008) 森林風景の計画・設計と地域づくり, 塩田敏志編著『現代林学講義8 森林風景計画学』所収, 地球社, pp.75-113

4.3.3項
1) 北村喜宣 (2017) 環境法第4版, 弘文堂

佐々木晶二 (2017) いちからわかる知識＆雑学シリーズ 都市計画のキホン, ぎょうせい

生田長人 (2010) 都市法入門講義, 信山社

北村喜宣 (2015) 環境法, 有斐閣

渡辺貴史・横張　真 (2012) 郊外緑地に関わる法制度, 横張　真, 渡辺貴史編『郊外の緑地環境学』所収, 朝倉書店, pp.173-230

4.3.4項
中村良夫 (1982) 風景学入門, 中央公論新書

ジョン・アーリ, ヨーナス・ラースン著, 加太宏邦訳 (2014) 観光のまなざし, 法政大学出版局

木岡伸夫 (2007) 風景の論理 沈黙から語りへ, 世界思想社

4.3.5項
1) イザベラ・バード著, 高梨健吉訳 (1973) 日本奥地紀行, 平凡社
2) ブルーノ・タウト著, 篠田英雄訳 (1939) 日本美の再発見, 岩波書店
3) ラフカディオ・ハーン著, 池田雅之訳 (2000) 新編日本の面影, 角川ソフィア文庫
4) パトリック・ゲデス著, 西村一朗訳 (1982) 進化する都市, 都市計画運動と市政学への入門, 鹿島出版会

農林省山林局 (1934) 三陸地方防潮林造成調査報告

蓑茂壽太郎 (2009) 美活同源と特定地域学―美しい農業での儲かる農業―, 農学アカデミー会報, **12**

蓑茂壽太郎 (2017) ランドスケープ計画の科学と実際, 東京農大農学集報, **62** (1), 1-12

Halprin, L. (1975) *Taking Part: A Workshop Approach to Collective Creativity*, MIT Press

吉本哲郎 (2008) 地元学をはじめよう, 岩波ジュニア新書

鈴木忠義 (2011) 都市と農山村の交流, 世田谷川場ふるさと公社

コラム16
1) 平澤　毅 (2010) 文化的資産としての名勝地, 奈良文化財研究所
2) 温井　亨 (1993) ガラッソ法とイタリアの風景保全, 造園雑誌, **56** (5), 79-84

コラム17
1) 津布久隆 (2008) 里山の広葉樹林管理マニュアル, 全国林業改良普及協会

コラム18
1) 小島周作他 (2017) 吉沢八景選定プロジェクトからみる都市近郊の里地里山地域における子ども達の景観認識, ランドスケープ研究, **80** (5), 575-578

コラム19
1) UNWTOアジア太平洋センター (2016) Tourism Highlights 2016 Edition 日本語版, UNWTOアジア太平洋センター, p.15
2) 明日の日本を支える観光ビジョン構想会議 (2016) 明日の日本を支える観光ビジョン 世界が訪れたくなる日本へ, 明日の日本を支える観光ビジョン構想会議, p.26
3) 田中伸彦 (2018) 観光のグローバル化・インバウンド観光の増加に対して日本の森林管理者は何を考え, 何を実施すべきか, 森林科学, **82**, 5-8

第5章
事 例 紹 介

5.1 阿蘇くじゅう国立公園の草原再生プロジェクト

5.1.1 農の営みが生み出す国立公園の風景

　日本は，古くから森林，草原，里地里山（satoyama），集落などの多様な自然環境と共生した暮らしを営んできた．そのため，日本には，原生自然だけでなく，人が手を加え維持管理されてきた二次的自然（secondary nature）も，美しい風景を形成し，地域特有の風土や文化，そして豊かな生物多様性を育んでいる．国立公園としては，富士箱根伊豆国立公園や阿蘇くじゅう国立公園の二次草原（図5.1）が，わが国を代表する風景地として保全されている．

　阿蘇くじゅう国立公園には，約27万年前から約9万年前までに発生した4回の爆発的大噴火により形成された東西約18 km，南北約25 kmの世界最大級の巨大なカルデラ地形と，そのカルデラ壁上部と火山群に約22000 haの広大な草原が広がっている．

　世界最大級のカルデラ地形による雄大な風景が評価され，阿蘇国立公園（現・阿蘇くじゅう）として指定され，広大な二次草原が国立公園区域に指定された．

　阿蘇の火山地形を骨格とした風景は，草原を基調にすることにより，ランドフォームがより一層強調される．阿蘇のダイナミックな風景は，多くの人を魅了し，九州地方における重要な観光資源となっている．

　そして，阿蘇くじゅう国立公園を語るうえで，特筆すべきことは，阿蘇の広大な草原景観は，平安時代から続く野焼き，採草，放牧などの人の営みにより，今日まで，維持されてきた点である．

　ここで，阿蘇くじゅう国立公園における草原管理の一年を見てみよう．

　阿蘇の草原管理は，早春の3月に草原へ火を放つ野焼き（図5.2）から始まる．野焼きにより，

図5.1　草原を基調とした米塚のランドスケープ（筆者撮影）

図5.2　野焼き（写真提供：麻生　恵氏）

図 5.3 阿蘇の草原に放牧されるあか牛（筆者撮影）

図 5.4 輪地切作業（筆者撮影）

図 5.5 カルデラ地形の特性に応じた農業利用（南阿蘇村）

前年の枯れ草が焼却され，かつ，牛馬が好むネザサ，トダシバなど火に強いイネ科の植物の比率が高まり，放牧や採草に適した草原を維持することができる．

4月に草原が一気に芽吹くと，「あか牛」と呼ばれる耐寒・耐暑性に優れた牛が，阿蘇の草原に周年放牧される（図5.3）．

8月中旬から9月の残暑が厳しい時期には，「輪地切」と呼ばれる防火帯づくりが行われる．「輪地切」は，傾斜地で行われることもあり，野焼きと同様に，危険を伴う維持管理作業となっている（図5.4）．

10月に入ると，牛馬の冬の飼料としての干し草を得るため，晴天が続きそうな日を見計らい，採草が行われる．

冬場になると，朝晩は，牛に「とうきび」や稲藁を切ったはみを食べさせ，昼と晩に10月に切った干し草を与えていた．そして，食べ残しの干し草は良質の堆肥として利用されてきた．

このように，広大な阿蘇の二次草原は，農畜産業の長年の営みと，牧野組合を中心とした地域のコミュニティ活動により維持されてきたことが，よくわかる．

加えて，阿蘇における人々の営みは，カルデラ地形を読み解いてきた伝統的土地利用に表象されている．

阿蘇地域の人々は，急峻なカルデラ壁からなだらかな山腹の傾斜を二次草原として利用し，採草・放牧を行ってきた．そして，カルデラ壁山麓に棚田を作り，カルデラ山麓の住宅から管理を行いやすい位置にスギ・ヒノキ植林をした．カルデラ床に，平地の畑地，住宅，水田を配置している（図5.5）．

これらの阿蘇の土地利用は，「垂直的土地利用ユニット」と呼ばれ，阿蘇のカルデラ地形に沿って，草原，森林，田畑，集落が構成されている．

5.1.2 国立公園の風景として，二次的自然をどのように保全するのか？

しかし，現在，阿蘇地域は，地域住民の高齢化，畜産農家の減少などを理由に，地域コミュニティの協働により成立していた草原管理の継続が困難な状況となっている．そのため，野焼きや放牧を中止してしまった草原が増え，草原の消失が危惧されている．

生物多様性の保全と持続可能な利用に関わる国の政策の目標と取組みの方向を定めた「日本生物多様性国家戦略（The National Biodiversity Strategy of Japan）」では，阿蘇のように二次的自然と呼

第5章 事例紹介

表5.1 日本の生物多様性 4つの危機

生物多様性　4つの危機		生物多様性総合評価
第1の危機	開発など人間活動による危機	開発・改変の影響力が大きいが新たな損失が生じる速度は緩和
第2の危機	自然に対する働きかけの縮小による危機	現在なお増大
第3の危機	人間により持ち込まれたものによる危機	外来種の影響は顕著
第4の危機	地球環境の変化による危機	サンゴ礁，高山植物への影響が懸念

ばれる「人が手入れされることにより維持されてきた生物多様性」が「自然に対する働きかけの縮小による危機（第2の危機）にさらされている」と明記している．

さらに，1950年後半から現在までの日本の生物多様性の総合的な評価を行った「生物多様性総合評価（JBO）」の結果によると，「第2の危機」は，二次的自然の維持管理を行う担い手不足などの問題が深刻な状況であり，なお増大するといわれている（表5.1）．

したがって，国立公園における風景計画の観点からは，社会経済や地域コミュニティが変容する中，手入れ不足による二次的自然の荒廃や消失をいかに解決するかが，喫緊の課題といえる．

従来，日本の国立公園計画では，地種区分（保護ランクのゾーニング）およびそれと一体化した許認可制度により，風景の保全を図ってきた．しかし，開発規制の景観コントロールでは，二次的自然の維持管理の滞りを解決することは難しい．

阿蘇くじゅう国立公園でも同様に，草原の樹林地化や藪化した草原が拡大すると，阿蘇の魅力となった地形と一体化した草原景観が失われてしまう．農畜産業を基盤とする国立公園の風景を維持することのために，新しい仕組みや体制が必要となってきた．

5.1.3 阿蘇の草原保全に関わる多様な主体と協働した草原保全・再生

1991（平成3）年に熊本日日新聞に「あと5年持つか　野焼きの危機」との見出しで草原の危機が掲載された．この記事は熊本市民をはじめ都市住民に大きな反響を呼んだ．そして，1995（平成7）年に財団法人「阿蘇グリーンストック」が設立され，地元住民や都市住民などによる野焼きなどの草原管理ボランティア活動が広がりを見せた．

その約13年後の2005年に，自然再生推進法に基づき，牧野組合や団体・法人，行政，研究者など103の個人および団体の参加により「阿蘇草原再生協議会」が発足した．

阿蘇草原再生協議会は発足から10年間で，構成員は約2.4倍に増加し，2012（平成24）年9月現在，224団体・法人および個人が参加している．そして，牧野組合と延べ2700人以上のボランティアが参加し，阿蘇の二次草原の約8分の1の面積を保全・再生している．つまり，阿蘇草原再生協議会は地域と連携した草原再生の中核的役割を担っているのである．

ここで，阿蘇草原再生協議会が，持続的マネジメントを発展・成功させた要因を考察するため，時系列的に阿蘇草原再生協議会の取組みを整理した．

a．既存組織の枠組みを超えた新しい連携体制づくり

1990年代から阿蘇の草原の担い手不足が社会的関心を集め，立場や管轄が異なる主体，行政との間で，阿蘇の草原の重要性を共有するシンポジウムや懇話会，野焼き体験交流会などが行われるようになった．

このような取組みを通じて，従来の阿蘇の草原が持つ農畜産業の場としての価値，観光資源としての価値に加えて，国立公園と人との関わりのあり方として草原の危機と草原景観保全への参加運動が展開していくのであった．

b．草原の重層的価値を支える活動支援

2003（平成15）年に自然再生推進法が施行され，阿蘇地域では自然再生事業（阿蘇草原再生）が開始された．

2003-2005年は阿蘇の草原が持つ畜産・観光・文化・教育などの重層的価値を支える取組みが始

まった．

2004年に草原の野草活用と農業促進を目指した認証制度「草原再生シール」の試行や，2005年に，阿蘇で育まれた「くまもとあか牛の地産地消講演会と試食会」の開催，「あか牛オーナー制度」が試行された．その他，阿蘇の草原学習が，小学校で取り組まれるようになっていく．このように，農業や畜産業などの活性化と草原保全・再生を両立させた取組みが推進され，草原保全・再生を担う人材育成や教育活動へと展開した．

c．阿蘇草原再生協議会の発足と持続的発展

2005年に自然再生推進法に基づき，「阿蘇草原再生協議会」が発足した．

阿蘇草原再生協議会では，「草原の恵みを持続的に生かせる仕組みを現代に合わせて創り出し，かけがえのない阿蘇の草原を未来へ引き継ぐ」という草原再生の目標を掲げ，野焼き，放牧，採草などの従来型の維持管理によって保全されてきた草原，いったん放棄されたが維持管理が再開された草原，樹林地撤去によって再生した草原を含めて，「阿蘇草原再生」と位置付けた．

阿蘇草原再生協議会は，団体・法人，個人が参加する大きな会議であるため，協議会のもとに設置されたテーマ別の協議を行う小委員会が，具体的な活動を進め，効果的・効率的な運営を行っている．

2008–2010年は阿蘇草原再生協議会の活動がより促進され，阿蘇草原再生協議会の発信活動や構成員のモチベーション向上を図った活動が促進していく．

2008年の「阿蘇再生ロゴマーク」の認定や「表彰制度」が設けられた．また，「阿蘇草原再生レポート」の発行が始まったことにより，阿蘇草原再生協議会や草原再生事業の記録，データが蓄積されることとなった．

草原再生に向けた協議会構成員が行う様々な活動を促進するため2010年に募金規約が定められ，2011年に「阿蘇草原再生募金」が創設された．阿蘇地域の行政や観光施設をはじめ熊本県外含め約150か所で募金箱が設置され，2015年3月末までに累計約9300万円の寄付金が集まり，草原再生の活動助成に活用されている．

d．熊本地震からの復興に向けて

2016年4月14日および4月16日に発生した熊本地震（マグニチュード7.3）では，阿蘇地域でも尊い人命が奪われ，土砂による地域分断や家屋の

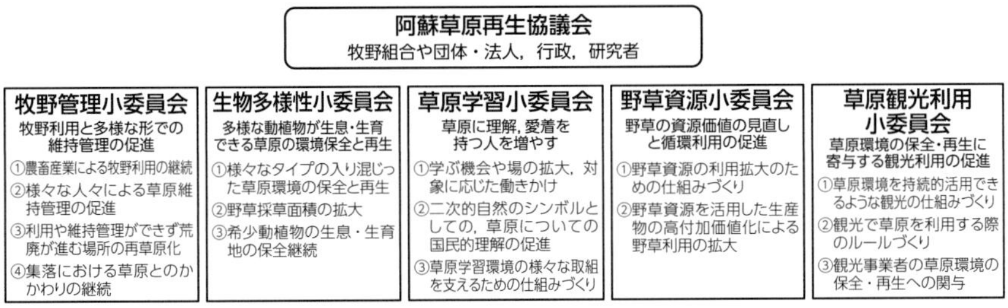

図5.6 阿蘇草原再生協議会と小委員会

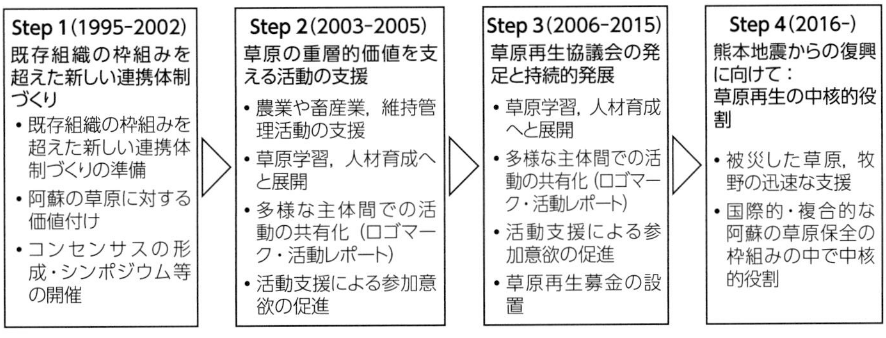

図5.7 阿蘇草原再生協議会の持続的マネジメント

損壊など甚大な被害を受けた．国立公園のシンボルとなっている草原景観も，震災とその後の大雨により，土砂崩壊と亀裂分布が生じ，大きく変化してしまった．

阿蘇草原再生協議会では，熊本地震発生から2か月後には牧野の被災状況と意向調査を行い，復旧の要望を取りまとめていた．そして，阿蘇草原再生協議会では，牧野の緊急支援として，草原再生協議会の募金を活用し，阿蘇市で3牧野，南阿蘇村で2牧野，西原村で2牧野に支援を行い，牧野の地割れの修復，牧道の復旧，数艘の新設などを実施した．

加えて，阿蘇地域では2013年の世界農業遺産に認定，2014年の世界ジオパークに認定され，現在は世界文化遺産認定に向けた動きが展開されている．阿蘇の草原保全が国際的かつ複合的な枠組みの中で推進される過程で，草原再生協議会は活動実績と人的ネットワークにより，関係機関の中核的役割がより一層高まっている．

謝辞
本稿を取りまとめるにあたり，環境省阿蘇自然環境事務所の皆様，阿蘇草原再生協議会の皆様にご協力賜り心より謝意を表する．また，本稿は東京農業大学卒業生中澤里奈氏との共同研究「阿蘇草原再生協議会の10年間の変遷からみる多様な主体との持続的マネジメント手法」の一部であることをここに表する．

〔町田怜子〕

5.2 アートプロジェクトによる風景づくり

5.2.1 地域の将来像を風景として思い描き共有する

まちづくりや地域づくりでは，地域の将来像を共有することが重要であると考えられている．一般的に「計画」とは，目標やビジョンを設定し，それに向けた段取りを考えることである．地域を計画する際には，地域の将来像がそれにあたるといえるだろう．地域の住民たちが風景として具体的に将来像を思い描くためにはどうしたら良いだろうか．住民参加のワークショップを開いて，一部の人たちが話し合うだけで十分なのだろうか．なぜならば，本来は空間と表象がセットになった風景から，価値や意味のみが切り離され，表象の

みが独り歩きした合意形成が話し合いの過程で目的化してしまう危険性もあるからである．私たちの「風景計画」とは，空間と表象がその土地の人々を介して結び付いた風景を，地域の将来像として共有することで，その地域を計画していくことに他ならないのではないだろうか．

ここでは，地域の将来像としての風景について町民とともに考え，風景づくりの取組みを進めた事例を紹介する．

5.2.2 風景を共有する3つの取組み

北海道にある寿都町は積丹半島の南，日本海に面した人口約3200人の自治体である．かつては有数のニシン場，北前船の航路として栄え，最盛期には人口2万人と大変な賑わいを見せたが，現在は人口減少が進行する港町である．寿都湾を囲むようにU字型に広がる町は，その地形の特徴から，「だし風」と呼ばれる強風が吹き，地方自治体としては全国で初めて公営の風力発電施設を建設したことでも知られる．

本事例は，地域資源を生かした，町民参加のまちづくりの促進と新たな産業創出を目的とした大学との連携プロジェクトである．

地域資源の調査および地域課題の整理を目的に行われた，町内会ごと，業種ごと，その他社会属性ごとの座談会から明らかになったことは，自然資源へのアクセスが以前よりも制限され，町民の風景の認識が変化してきていることであった．地域の資源を核としてまちづくりを進めていこうとしたとき，実はこれらの地域資源は風景として共有されていないことが徐々に明らかになってきた．そこで，風景の再発見，地域像の共有が，まちづくりの促進に必要であると考えられた．本節では，5年間にわたるプロジェクトの中で，とくに風景計画に関わる取組みを中心に紹介する．具体的には，①海の風景体験復活，②写真を用いた風景の表象化，③アートイベントによる空間形成の3つの取組みである．これらに共通しているのは，地域の中で，町民にとっての多様な風景を相互に理解し合うとともに，町全体にとって望ましい将来像としての風景を共有するための議論の輪を広

a. 海に人がいる風景の復活

地域で共有されている地域資源としての「海」を，町民主体で守り育てるための活動を開始した．座談会の中でもっとも頻繁に挙げられた地域の資源は海だった．かつては町民の皆が海で遊び，海産物をとっては浜で煮て食べるのが一般的であったが，それらは過去の思い出として懐かしさとともに語られることが多かった．また，海が町民と切り離されていくことの危機感を問題視している住民もいた．失われたのは，海に人がいる風景なのである．

しかし，地域の資源としての海の活用を再び取り戻すことは容易なことではない．磯から手がとどく範囲のウニやアワビも貴重な水産資源であり，漁業権が細かく設定されている．かつてのように，町民がその場で食すことも厳しくルールで取り締まられるようになり，密漁監視パトロールも頻繁に行われている．海で遊んでいると，密漁を疑われてしまうということで，町民は海に近づきづらくなっているのである．こうした問題の背景には，「磯焼け」と呼ばれる海底の環境変化によるウニやアワビの減少も理由として挙げられる．町や漁協は，こうした海の環境回復のためにあらゆる手段を講じており，関係者には水産資源の保全は町の死活問題として捉えられている．

このように，地域の資源として共有されていると思われていた海は，実はその関わり方や立場によって，まったく違った見方がなされていることがわかってきた．海産資源として見る漁師の視点，海を遊び場として使ってきた大人たち．せっかくの海で泳ぎたいと考える人や海の写真を撮っている人たち．皆が共通して「地域にとって海が大切だ」と語りながら，実はそれぞれの価値観でまったく異なる海の見方をしているため，具体的な活用案の検討は進まなかった．

そこで，寿都の宝としての海との付き合い方を，町民一人ひとりに改めて考えてもらうきっかけとして，「海を活かしたまちづくりシンポジウム」を企画した．立場によって異なる海の見方を互いに理解しあうことを目的とした．シンポジウムでは，寿都湾の「磯焼け」対策に関わる専門家に，多くの寿都町民が普段目にすることのない海中の様子を，映像や画像を交えて解説してもらった．その後，町内の漁協，漁師，役場商工課，観光協会からのパネリストとともに，海の漁業利用，観光利用，教育利用の共存の必要性について議論を行った．

翌年には，実際に海の空間体験を共有する磯遊びやスキンダイビングのイベントを町民向けに開催した．実際に海に触れながら，寿都における海の活用方法を町民とともに考えることを目的とした．町民を中心に実行委員会を組織し，イベント開催に向けた企画づくりを進めた．結果的には，そこから一朝一夕で多くの町民の行動変容を引き起こすことは難しかったが，この実験的な取組みによって得られた成果は少なくない．「寿都の海とつながる会」という任意団体が設立されることとなり，今後はこの団体が中心となって，自分たちのイベントを独自に開催することとなった．具体的には，8月1週目の週末を「寿都の海とつながる日」と定め，町外からの参加者を含めて寿都の海を楽しめる機会を毎年提供している．また，漁協や地元漁師，ダイバーの協力を仰ぎ，海を活用するための仕組みが整えられた．密漁を疑われることなく，堂々と海を泳ぐため，事前にイベント開催の場所や時間を漁協に連絡したうえで，海にノボリを浮かべて，周囲にイベント開催をしっかりと示すという工夫が行われるようになった（図5.8）．

図5.8 スキンダイビングイベントの様子（筆者撮影）

b. 写真を用いた風景の再発見

大学生と町民の連携で「写真部の撮影合宿」および「共同写真展」を開催した．地域資源の可視化を目的とした，写真に着目した取組みである．前節の海をテーマにした取組みに示されるように，これまで抽象的な概念としては共有されていた「地域の宝」を，具体的な場所や対象と結び付けて風景として共有することがまちづくりのプロセスでは大切である．また，見慣れた風景によそ者の新たな眼差しを向けることで住民に「気付き」を与えるため，大学生と地域住民との共同作業を行った．

大学写真部の撮影合宿を誘致し，町内の写真愛好家に協力を依頼した．地域の写真スポットについて情報提供をいただき，合同での撮影会なども行い，人物のポートレートや，自然風景，漁やセリの様子，歴史的建造物などを撮影した．写真を撮影する際の，住民とよそ者の視点の違いが，その後の意見交換から明らかになり，撮影合宿の成果に基づく写真展を「違う視線が紡ぐ景色」というテーマで共同開催することになった．

写真展は，札幌市の中心地下街と，町内の施設の2回にわたって実施した（図5.9）．とくに都心部での写真展は札幌市在住の親戚などを通じて外部評価が与えられることで町の評判となり，町民のモチベーションを大いに刺激することとなった．

これらの活動を通じて「寿都写真倶楽部」が設立された．町内の道の駅，温泉施設だけでなく，新たに診療所などでも写真展を開催し，写真集も作成している．メンバーも中学生からお年寄りまで幅広く，世代を超えて楽しみを共有する新たな町民の活動として期待できる．

c. アートイベントの開催（風景づくりへの参加）

地域の資源として近年多くの人に認識されているものの1つが「風」である．冒頭に述べたように，全国で初めて公営の風力発電施設が建てられた寿都町では，寿都湾に面して立つ風車群が，今では地域のシンボルとなっている．「風のふるさと寿都町」という町のキャッチフレーズからも，地域の強風は，生活の不利な条件ではなく，むしろ資源として積極的に活用するものであるという理解が町民の中にも広がっている．しかしながら，行政主導で行われている風力発電事業は，町民にとってはあまり縁のないものであり，知識としては共有されているが，生活の中で恩恵を感じるものではない．

そこで，町中に千個の風ぐるまが回る風景をつくるアートプロジェクトを行った．「風のふるさと寿都町」に風を視覚化する風ぐるまを町民とともに作製し設置することで，地域に流布する表象を自分たちで空間化し，コミュニケーションを通して風景体験として共有することが目的である．

このアートプロジェクトではまず，中学校体育館を会場に風ぐるまを作製するアートイベントを8月に行った．大学生があらかじめ考案し準備した風ぐるまキットを用いて，総勢22名の参加者と5名の学生スタッフで風ぐるまを約300個作製した．そして，住民の目に留まりやすい国道沿いの小高い丘の上に作製した風ぐるまを設置した（図5.10）．

図5.9 札幌市地下歩行空間での写真展の様子（筆者撮影）

図5.10 風ぐるまが並んだ様子（筆者撮影）

その後2週間にわたって，町内の主要な3か所の施設で風ぐるまキット約700個の無料配布を行った．町内で風ぐるまが回る風景を見た人たちが，誰でも自由にアートプロジェクトに参加でき，各自で作製した風ぐるまを身近な場所に設置することで，風ぐるまの風景が町中に広がっていくことを意図した．この取組みは，地元の新聞でも取り上げられたため，1週間あまりで配布の風ぐるまキットはなくなり，各家庭の玄関先や庭などに1本または数本ずつの風ぐるまが飾られていた．こうして，人々は，様々な場所で風ぐるまに飾られた風景を目にしたと考えられる．

アートプロジェクト後，町民向けに行ったアンケート調査では，今回のアートプロジェクトへの参加いかんにかかわらず，町の風景の印象変化が，まちづくりへのポジティブな評価や積極的な参加意欲と結び付く可能性を示唆していた．今回のような参加型アートプロジェクトが，性別や年代に関して特定の属性ではなく，あらゆる人々にとって参加可能なイベントとして捉えられていることも示された．

寿都町の風ぐるまアートプロジェクトは，その後，町役場や観光協会に多数の問合せがあり，翌年にも継続して開催されることとなった．2年目は寿都町に2つある小学校で「子供教室」として実施され，今後も継続的に教育活動として組み込まれる見通しである．また，観光協会でも，風ぐるまの風景をモチーフとした新たな観光ポスターを町民の投票によって作成した．こうした動きは，アートプロジェクトが地域にもたらす影響をもっとも顕著に表していると考えられる．

5.2.3 風景の共有から風景計画へ

これらの取組みは，風景の中の空間と表象をつなぎ直し，風景体験を共有することで地域の将来像を町民自身が描くことを促す活動であった．

地域資源として共通認識になっていると思われていた海は，実際には風景として共有されているわけではなく，海の異なる空間に対して，立場によって異なる価値や意味が与えられていた．そのことを立場を超えて相互に理解したうえで，再び空間体験を通して風景を共有しようとしたのが，最初の海のシンポジウムと磯遊び・スキンダイビングの試みであった．

また，地域の中で多様な風景を，写真という表象を用いて可視化する試みでは，各自で写真を撮るだけでなく，集まって意見交換を行いながら写真集や写真展を通して外部に発信するという，一連の取組みを行ったことに意味があったと思われる．これらの活動は，表象を空間から切り離して風景をステレオタイプ化し，その再生産を通して地域に共有を押し付けるものではない．人によって違う風景，すなわち環境の見方の多様性を相互に理解することで，地域に対する複眼的な視点を養い，地域の将来像を議論するうえでの前提条件を整えるものであったと思われる．

そして，最後の風ぐるまアートプロジェクトは，町民の生活とは切り離されたところで出現した巨大な風力発電施設群に対して，「風のふるさと寿都町」という表象を，アートイベントの空間づくりを通じて身近な風景体験としてつなぎ直すことを試みたものである．

こうした活動が，地域の将来像の設定に間接的に貢献し，風景計画につながっていくと考えられる．その実践として，自分たちの楽しみに基づいた活動を，できることから始めて徐々に発展させていく過程や，その方向付けを自分たちで意思決定する経験が，今後のまちづくりの原動力になっていくと考えられる．　　　　〔上田裕文〕

5.3 風景を活用した里地里山の観光地計画

5.3.1 観光地計画と風景づくり

21世紀に入り，日本は観光立国を宣言した．そして，「既存観光地」と捉えられてこなかった地域へ観光客を誘導する施策を推進しはじめた．

とくに近年は，外国人観光客の日本への訪問，つまりインバウンド観光が外貨収入の大きな目玉として注目を集めている．外国人観光客を相手にした観光振興の場合には，日本人が「ありふれた」と感じる里地里山（satochi satoyama）の風景や，地方都市の街並みなどが，真新しいものとして観

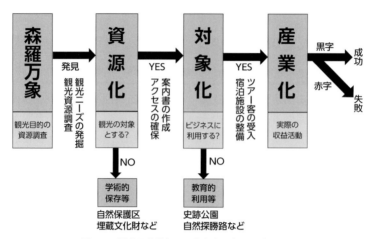

図 5.11 観光が産業として成立するまでのプロセス

光デスティネーション（tourist destination）化される可能性が秘められている．

ところで，より良い観光地にするために風景づくりを計画的に取り入れるには，まずは「観光が産業として成立するまでのプロセス」を理解する必要がある．

図 5.11 の通り，地球は有形無形の「森羅万象」に満ちあふれている．それらを観光地にするには，対象地の資源探査や，人へのニーズ調査を行い，そこが魅力的か否かを判断する「資源化」のプロセスが必要になる．ただし，観光的に魅力ある資源を，すべて観光には活用できない．希少な生物は自然保護区をつくって人から遠ざけるべきであろうし，市街地の遺跡は埋蔵文化財として埋め戻されることもある．そのような判断を経て，観光資源は「対象化」される．対象化の過程では，来訪者のアクセス確保や案内書作成を行う．

しかし，すべての観光対象の採算が金銭的に見合うとは限らない．それでも，地域の誇りとなる文化財は史跡公園に，環境教育に適した場所には自然探勝路を，税金を用いてでも整備し，観光デスティネーション化する場合は多い．最後に，採算が見込める場所では「産業化」のプロセスが進む．産業化にあたっては宿泊施設の整備や，ツアー客の受入れ体制が整えられ，収支が黒字である場合にはその観光地は成功したと判断される[1]．この観光地が産業として成立に至るまでの計画プロセスは，通例 10 年単位の長い年月を要する．

近年は観光振興というと，即効性のある単発イベントやキャラクターづくりなど，打ち上げ花火的な「プロモーション」ばかりに頼る地域が少なくない．しかしプロモーションでは一時的に賑わっても，すぐ閑散とした状態に戻り，後世につながらない．風景づくりの専門家としては，プロモーションに頼らず，未来にレガシーが残るような地域づくりを計画的に実践する必要がある．

本節は，そのような理念のもとで取り組み続けている神奈川県平塚市の，ゆるぎの里里山における活動を紹介する．なお，ゆるぎ地区の取組みの現状は，図 5.11 でいえば「対象化」の段階に差し掛かったところである．今後は，産業化の段階に進むのか，教育的利用に留めるのかを検討する時期にある地域である．

5.3.2 神奈川県平塚市「ゆるぎ地区」の概要

ゆるぎ地区は，都心からほぼ 50 km，神奈川県平塚市の西部に位置し，東京への通勤圏にありながら良好な里山が残されている．地区内には，3 つの旧集落と 1 つのニュータウンの計 4 自治会があり，その背後に約 500 ha の里地里山が広がる．農地は畑作などで活用される一方，里山林は現在ほとんど産業活用されていない．

ゆるぎ地区は，全国の農村と同様に，農業従事者の減少，高齢化，荒廃山林の増加などの地域問題を抱えている．また，首都圏といえども，近い将来は少子化などで人口減少が懸念される．

5.3 風景を活用した里地里山の観光地計画

それらの諸問題を解決するため，ゆるぎ地区では4自治会からなる吉沢地区自治会連合会を中心に「湘南ひらつか・ゆるぎ地区活性化に向けた協議会」を設立した．協議会では，産官学民の連携によるワークショップなどの開催や，散策路整備などの里山を活用した地域活動を行っている．そして2010年には平塚市が制定した「平塚市まちづくり条例」に基づく「地区まちづくり協議会」としての第1号の認定団体に，2013年に平塚市の「美化推進モデル地区」の指定を受けた．

a．森羅万象から資源化の過程
―マクロスケールの観光分析と展望風景の資源化―

ゆるぎ地区は既存の有名観光地ではない．しかし，定住人口の減少に備えて，観光を取り入れた交流人口の増加に期待を寄せている．そのため，ゆるぎ地区では，明確なコンセプトに基づく方針を定め（表5.2），多額な投資や開発コストがかからない形で，里地里山を活用した観光まちづくりの推進を行うことにした．

上記の制約下で，里山観光まちづくり計画を進めるにあたり，われわれは，まずマクロレベルの観光デスティネーション分析を行った[2]．一例であるが，図5.12は市販の観光情報誌『るるぶ』に主要目的地として掲載されている神奈川県内の市町村をマッピングした結果である．それを見ると，平塚市は「湘南ひらつかたなばた祭り」などのイベントは全国的に知られているものの，通年では主要な観光対象にはなっておらず，むしろ，「横浜・横須賀」，「丹沢・大山」，「箱根」の3大

図5.12 神奈川県の市町村
グレーの部分は観光情報誌『るるぶ』で観光目的地とされた主要市町村．★印がゆるぎ地区．

観光圏の谷間に埋没している状況が浮き彫りとなった．これはメッシュマップ解析を用いた観光ポテンシャル評価[3]結果でも同じ徴候であった．つまり，ゆるぎ地区は，人を呼び込む観光資源が少ないことが明確化された．

b．資源化から対象化の過程
―八景を活用した展望資源の活用と視点場の確定―

この分析を受けて，協議会では，ワークショップを活用して，「ゆるぎ地区の良いところ探し」というワークショップを行った．

その結果によると，ゆるぎの区域内には観光資源が少数散在するに過ぎないが，展望地としてのポテンシャルが高いことが明らかにされた．現地踏査をすると，北に丹沢山系，西に富士山，南東に江の島や三浦半島，北東に東京スカイツリーや新宿高層ビル群などが，ゆるぎ地区の街路や散策路から眺望できる．そのため，目的地となる新たな展望スポットを開拓するために「吉沢八景選定プロジェクト」に着手した．

八景選定は，「ゆるぎ地区の美しい風景を8つ選ぶこと」が直接の狙いだが，八景を紹介する散策マップなどの作成やホームページへの掲載など，地区内外へのアピールや活性化に広く活用を目指すことで，観光地としての活用をするとともに，自身の住んでいる地域に質の高い展望地が多数存在することを住民に認識してもらい，地元愛を植え付け，自分たちで見つけた素敵な風景を，大切

表5.2 ゆるぎ地区のまちづくりの計画の方針

1. **魅力ある拠点形成**
2. **里地里山を守り育てよう**
3. 定住人口を確保しよう
4. **交流人口を増やそう**
5. 農業の活性化に向けた新たな取り組みを進めよう
6. **交通の利便性を高めよう**
7. 体系的な道路網の整備を推進しよう
8. 防犯や交通安全を心がけよう
9. クリーンアップ活動を心がけよう

太字下線は，観光のための風景づくりに関連する方針

第5章 事例紹介

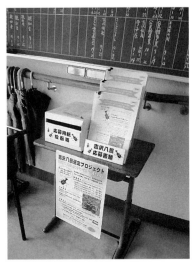

図 5.13　公民館に設置された八景投票の投函箱（筆者撮影）

図 5.14　吉沢八景のひとつ「ゆるぎの丘」（筆者撮影）

に守り育てていくきっかけになることも狙いとした．そのため，八景の応募要件では，風景の対象は域外で構わないが，視点場（landscape setting here）は吉沢地区内に限定した．また，観光客が自由に風景を見られるように，私有地が視点となる風景は対象外とした．

そして，図5.13に示した通り，公民館に自由に投票できる投函箱を設置するとともに，将来のゆるぎ地区を担う地元の小中学校の生徒にも学校を通じて投票を促した[4]．その結果，表5.3の通り吉沢八景が確定した．吉沢八景の特徴は，何気ないが人の手で整えられた心地よい里山空間から展望できる各地の風景である（図5.14）．瀟湘八景などの本来の選定方法とは厳密には異なるが，八景という見立ての手法を活用し，域内に広がる里山の中に視点を確定させることにより，観光デスティネーション化を行うことができた．ゆるぎの里地里山は，ジブリアニメの舞台のような森の道や段々畑，富士山も江ノ島もスカイツリーも見渡せる眺望など，一日歩いていても飽きない風景が目白押しであることを，地元住民も認識できるようになった．また，観光者も「吉沢八景」の地図を片手に四季折々の里山観光を楽しめる仕組みが整えられた．

また，八景の選定と同時に，里山散策をする観光者の興味関心も写真投影法（visitor employed photography method）で調査した[5]．

結果を考察すると，観光者が良いと感じる風景は，一般的に人々が観光資源であると認識しやす

表 5.3　吉沢八景の概要

名称	副題	特徴
飛谷津の丘	にぎわう花見と富士山の眺望	屈指の富士山の眺望スポット
吉沢の里地	地形にとけ込む民家や集落	里地里山の自然と人々の暮らしや営みが上手く調和した風景
吉沢小学校	さとの学び舎と桜のゲート	地元の生徒に人気の風景．赤い三角屋根の展望台は吉沢のランドマーク
めぐみが丘	地域でつくる花とみどりのまちなみ	地域の方々が自ら行っている街路樹や公園の植栽管理活動が高く評価された風景
やつるぎ神社	2つの鎮守　歴史と文化の拠りどころ	上吉沢の「八剱神社」と下吉沢の「八剱神社」を併せて選定
松岩寺	樹齢200年の桜と湘南の海の眺め	平塚市街とともに，相模湾に浮かぶ江の島を望むことができる
霧降りの滝	水辺に親しむ天然アスレチック	霧降りの滝から中吉沢の池にかけた渓流沿いの水辺に親しめる空間
ゆるぎの丘	古来の営みが息づく里道と大パノラマ	畑越しに関東平野が一望できる絶景の地

い風景である展望景や水辺，文化財などが好まれることが改めて確認された一方で，谷筋の木道などの添景，落ち葉や芽生えなどの至近景，人々の活動景などの選好度が高いことがわかった．つまり，目を引く美しい風景を保全管理することも重要であるが，突出した風景とはいえないが，来訪者の感性に訴えかける視点場の整備が必要であることが指摘できた．

c．対象化から先に向けて
—どのような観光デスティネーションを目指すのか—

以上の過程が，これまでゆるぎ地区で行われてきた風景を活用した里地里山の観光地計画の進捗状況である．

今後，ゆるぎ地区では，どのような計画を進めていけばよいのかを最後に整理すると，①観光に来た来訪者が地元にお金を落とす場が足りない，②来訪者が気軽に休憩，滞在する場所，とくに屋内空間が十分ではない，③里山林を整備すると，枝葉などのバイオマス資源が大量に出るがそれを活用する場がない，などの課題が挙げられる．これらの課題は風景づくりに直接関わるものではないが，地元住民や来訪者が，ゆるぎの里山の風景づくりに長く関わっていくためには，解決すべき欠かせない課題である．

それらを解決することにより，地域の人が地元に密着するとともに，来訪者が気軽に訪れることができ，地元にお金が落ちる仕組みが見つかると考えられる．　　　　　　　　　　〔田中伸彦〕

5.4　利用体験を前提とした自然公園の計画事例

5.4.1　背　景

国立公園はわが国を代表する生態系を保全する役割を担うだけでなく，多くの来訪者へ自然風景や自然との触れ合いの場を提供している．しかしながら，過剰利用に伴う問題や，雰囲気を損なうような施設整備など，従来の点としての単独施設と線としての運輸施設の組合せによる計画手法では，利用の多様化への対処，地域との連携構築において不十分なことが指摘されている[1]．

5.4.2　ROS の登場

過剰利用や不適合な施設整備の問題への対応を図るため，米国森林局が1979年に提起したROS（recreation opportunity spectrum）の考え方は[2]，現在，米国だけでなくカナダ，オーストラリア，ニュージーランドなどの公園計画に適用され，生態系の保全と適地適利用の実現化に貢献している．"expectancy-valence" model を応用し，空間（settings），活動（activities），体験（experiences），と恵沢（benefits）の4要素を考慮した "experienced-based" によるアプローチが導出された[3]，そのことが ROS の開発につながった[4]．

ROS では利用者自らが期待する利用体験（experience）を得るため，ふさわしい空間（setting）で，見合った活動（activity）をするとされ，その空間と活動の組合せを機会（opportunity）と定義している（図5.15）[5]．ROS の特徴は，利用体験の質が，多様な機会の提供によって確保されるという考え方にある．ROS では空間（setting）の特性を，物的特性（人工物の存在程度やアクセスの利便性など），社会的特性（利用密度や利用形態など），管理特性（規制の程度や管理強度，情報サービスの質など）の3つの次元の組合せにより，多様な利用者ニーズに対応した空間配置を可能にする（図5.16）．

5.4.3　ROS の導入による効果

多様な機会を保全する意義は，利用者の抱く興味や期待，来訪動機，好みが各人一様でないことを前提としている．利用体験の機会には，空間の特性が関与するため，空間をどこでも同じ状態に管理すれば，機会の多様性は失われる．具体的に

図 5.15　ROS における空間，活動，利用体験の関連性モデル

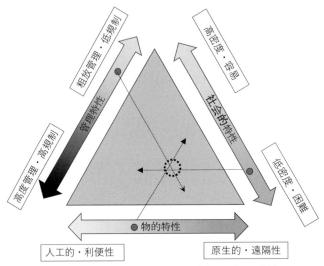

図 5.16 ROS における setting を構成する 3 次元の特性

表 5.4 空間資源の特性をもとに資源目録を作成するための指標
該当するものを◎で示した．

	目録をつくるための指標	index for inventorying resources	Driver, et al. (1987)	USDA Forest Service (1990)	Boyd and Butler (1996)
物的特性	旅程における物理的精神的な障害	presence of physically and mentally challenging features and barriers to travel	◎		
	アクセス	access	◎	◎	◎
	遠隔性	remoteness	◎	◎	
	機会の対象となる空間の大きさ	size or extent of area of opportunity	◎		
	自然性	naturalness		◎	
	既存のインフラ	existing infrastructures			◎
	人為による不可逆的影響の程度	the relative degree of man's irreversible influence	◎		
	利用によるインパクト	visitor impact		◎	
社会的特性	利用者間の相互作用	interaction among user group	◎		
	利用者間の遭遇	social encounters		◎	
	人間相互の接触	social interaction			◎
	知識や技術のレベル	level of skill and knowledge			◎
管理特性	管理の規制度合い	managerial regimentation	◎		
	場所の管理	site management		◎	
	利用者の管理	visitor management		◎	
	利用インパクトに対する許容性	acceptance of visitor impacts			◎
	管理の規制度合いに対する許容性	acceptance for a management regime			◎
その他	他の資源利用に関する活動	other resource-related activities			◎
	提供される魅力	attractions offered			◎

は，原生的特性の強い空間から，便利で安全，快適な空間まで，連続して存在させることによって，多くの利用者に自らの望みに見合う機会を提供しようというのである（表5.4）．

多様な機会の保全は，利用者が抱く様々な要望に適合するうえで好都合なだけでなく，利用を受け入れる側の空間の保全にも利点がある．なぜなら，利用者と環境との相互関係として機会を理解する必要があるからである．多様な機会を保全するには，空間への利用インパクトを考慮せざるを得ない．しかも，空間が有する魅力だけでなく，環境負荷への耐性も空間ごとに多様だからである．

空間と活動の組合せによる機会の多様性が失われると，利用体験を実現するレンジが縮小し，結果的に利用者全体から見て，望む利用体験実現性は低下する．一方で，1つの空間に様々な利用体験の実現を図れば，背反する利用体験を求める利用者同士の衝突や，環境の破壊や劣化を招くため，多くの機会を，同時に同じ場所で実現を図ることは避けた方が良いとされる[5]．体験や恵沢は利用者個々人の内面的要素であり，計画の範疇ではないという見方もあるが，同時に，社会全体で見た場合の自然環境と公園利用における便益や管理コストを考えるうえで，ROSの考え方は有効な対応策となり得る．そのため，計画や管理対象を，自然環境や施設などに留めることなく，利用者，情報・サービス面を含めて，有機的連携的に空間の特性を設定する仕組みが求められるのである[6]．

5.4.4 国内におけるROSの考え方の導入状況

残念ながら，現在のわが国の自然公園計画には，利用者や情報・サービスに対する管理が明確に規定されていない．「しかるべきものがしかるべき場所にしかるべき状態」で設定することが難しい．

1990年代後半，公園利用へのゾーニングへの関心が高まった時期があった．当時の環境庁[7]が，「公園計画の策定に際し，各自然公園ごと又は公園内地域ごとの利用上の性格づけについて，その指定の目的，自然環境，利用実態，利用可能性等の自然的，社会的条件からいくつかの類型に分類し，これを具体的な利用計画の策定などに当たっての基本的指針とすること」を提言した．そして，公園区域を「野生体験型」「自然探勝型」「風景観賞型」「自然地保養型」に分類し，類型ごとに公園事業の種類が整理されることを提唱した．また，日本自然保護協会[8]は，「国立公園を，生態系保全重視タイプ，景観・レクリエーション重視タイプ，歴史・文化公園タイプなどにカテゴリー化し，それぞれの国立公園の特徴に合わせた生態系の管理，自然体験の提供を行う．」とし，「国立公園ごとに，自然環境保全に関する目標，利用の内容と質に関する目標を明確化し，生態系の保全，自然体験の提供からみた，合理的かつ効果的なゾーニング」を提起した．さらに吉中[9]は，自然学習歩道と登山道を両極としたスペクトラムを，路線距離，自然度，利用者数／距離，利用者層の多様さ，整備・管理の強度，公園管理者側からのメッセージ性を指標として，自然公園の歩道体系を模式的に示した．

近年，全国各地でROSを導入した自然公園管理の仕組みが浸透しはじめている．具体的には，尾瀬国立公園の管理計画で，利用上のゾーニングとして「登山エリア」「軽登山エリア」「山岳探勝エリア」「入山エリア」の区分を導入し，エリアごとの利用方針，施設整備方針を示している．上高地では，遭難事故の増加などを考慮し，「散策・風景探勝ゾーン」「トレッキングゾーン」「登山ゾーン（初級，中級，上級）」に登山路・歩道を区分することを地元関係者と協議している．さらに，環境省北海道地方環境事務所では[10]，「大雪山国立公園登山道管理水準」では利用体験をもとにした大雪山グレードが提示され（図5.17），登山道の空間区分図が提起されている（図5.18）．

5.4.5 ROSによる空間情報化の課題と期待

個々の公園におけるROSを応用した空間の配置において，既存の公園計画などとの調整を踏まえ，計画・管理担当者が検討すべき課題とされている．その場合，空間と活動の特性を可視化した機会の空間配置に関し，地理情報システムなどを用いて，わかりやすく視覚的に表現し，計画策定に組み込んでいけば，シナリオの選択の際に，利用者を含む利害関係者が，検討に参画しやすくな

り，論議の手助けとなる．

ランドスケープは，人と環境との間の履歴の反映として，視覚的・意味的に把握される対象とされる[11]．ROSにおける空間特性を規定する要素の多くは視認できることから，自然公園における地域協働を促進する点で，当該対象の場所の特性を，専門家だけでなく，多くの市民にわかりやすく提示することが可能となり，公園計画や管理への参画を促す契機にもなり得る．〔小林昭裕〕

5.5 計画の階層性に応じた風景計画手法の導入事例

5.5.1 はじめに

従来から，自然公園法に基づく国立・国定公園における公園計画，文化財保護法における名勝や文化的景観の地域指定，景観法における景観計画，都市緑地法に基づく緑の基本計画などの保護地域制度に基づく計画検討の過程においては，風景計画の概念や手法が取り入れられてきた．また，特定の地域資源の保全・活用を目的として策定される整備・管理計画や様々な主体の参加・協働による地域づくり計画の検討においても，様々な場面で風景計画の手法や技術の導入が図られている．

地域計画には策定主体の違いや計画対象地域の大きさに応じて，その計画精度には階層性がある．そのため，導入される風景計画の手法や技術も計画精度に応じて適宜選択されることになる．以下に計画の階層性に応じて選択された風景計画手法の導入事例を紹介する．

5.5.2 マクロレベルの地域計画への導入事例

都道府県やそれを超えるマクロレベルでの地域計画では，もっとも基本的な作業として重要地域の抽出が行われる．その際に風景を構成する「場」の資源性に着目した評価が行われる．その際には，風景の基盤となる「地形」や風景の質を表す「生態系」といった観点に風景の構成要素を分解したうえで，指標として用いるデータを収集し，その重ね合わせにより重要地域の抽出を行うことが多い．マクロレベルの計画ではきわめて広大なエリアを一律に扱う必要があることから，使用するデータの集積状況やその汎用性が評価精度に影響するため，データの掘り起こしやその選択，解析方法などが重視される．

マクロレベルの地域計画における風景計画手法の導入事例としては，環境省が平成19-22年度にかけて実施した「国立・国定公園総点検事業」[1]における新たな自然風景地の評価と分析が挙げられ

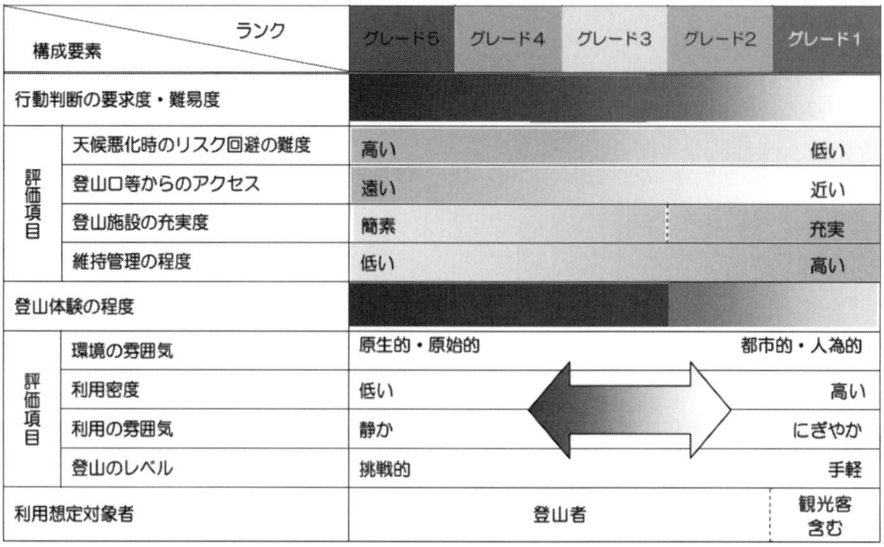

図5.17 大雪山グレードの構成要素および評価項目

(出典：環境省北海道地方環境事務所[10])

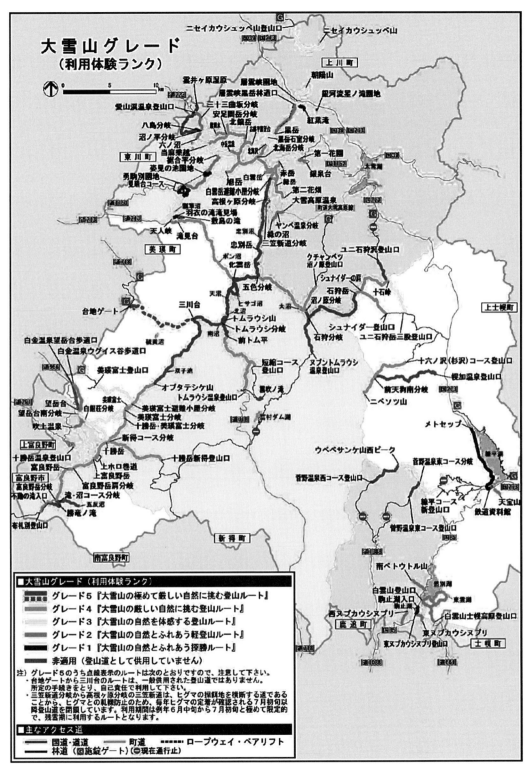

図 5.18　大雪山グレード(利用体験ランク) 適用図
(出典：環境省北海道地方環境事務所[10])

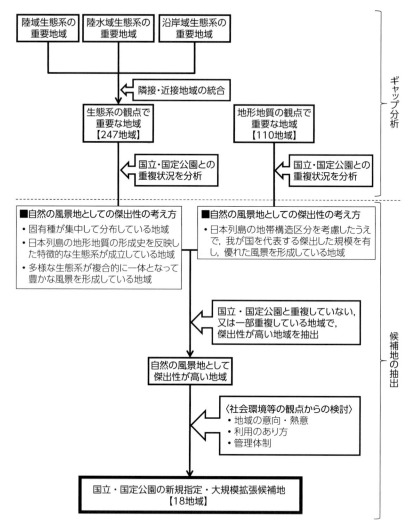

図 5.19 国立・国定公園の新規指定・大規模拡張候補地の選定手順[1]

る．当該事業は自然環境に関する科学的知見の集積，生物多様性などへの国民の関心の高まり，より深い自然体験を求める自然公園における利用形態の変化などを背景として，平成19年3月に出された「国立・国定公園の指定及び管理運営に関する検討会提言」を受けて事業化されたものであり，その成果は平成22年10月に愛知県名古屋市で開催された生物多様性条約第10回締約国会議（COP10）において，「国立・国定公園の新規指定・大規模拡張候補地」として公表された．

当該事例で実施された候補地選定の手順は図5.19に示す通りであり，資源性の評価においては生態系と地形地質の2つの観点から重要地域を抽出し，すでに指定されている国立・国定公園との重複状況の分析（ギャップ分析）により候補地選定が行われた．生態系および地形地質の観点からの資源性評価に用いられた項目・指標は表5.5および表5.6に示した通りである．

生態系の観点からの評価では，従来の原始性，自然性の高い地域だけでなく，生物多様性や二次的自然における重要性を評価するための項目を設定し，評価指標として活用可能なデータの掘り起こしが重点的に行われた．こうした取組みは，風景の価値認識の時代的変化や目に見えがたい潜在的価値の掘り起こしへのマクロレベルでの対応に関する1つの事例といえる．

表 5.5　生態系の観点での重要地域の抽出項目・指標[1]

生態系タイプ		対象となる重要地域の項目
(1) 陸域	①植生から見た重要地域	A. 典型的な自然植生（森林）のうち 1000 ha 以上の大規模な分布域
		B. 特異な環境要因によって成立する植生の分布域
	②植物種の生育状況から見た重要地域	A. 絶滅のおそれのある日本固有植物種の集中分布域
		B. ホットスポット解析における植物種の絶滅リスクが高い地域
		C. 特殊な生育環境に依存する植物種の分布域
	③動物種の生息状況から見た重要地域	A. 広域な生息環境を必要とする絶滅のおそれのある動物種の地域個体群の分布域
		B. 広域な生息環境を必要とし，二次的な自然環境に依存する絶滅のおそれのある動物種の分布域
		C. 鳥類の生息地として重要な地域
		D. 絶滅のおそれのある両生類・爬虫類の種の集中分布域
		E. 昆虫類の生息地として重要な地域
(2) 陸水域	①河川生態系における重要地域	豊かな生物多様性を有している，または相当の規模を有している河川
	②湖沼生態系における重要地域	豊かな生物多様性を有している，または相当の規模を有している湖沼
(3) 沿岸域	①マングローブ林における重要地域	マングローブ林の現状分布域
	②干潟・塩性湿地における重要地域	A. 生物の生育・生息地として相当の規模を有している干潟（100 ha 以上）
		B. 豊かな生物多様性を有している，または相当の規模を有している塩性湿地
	③藻場における重要地域	生物の生育・生息地として相当の規模を有している藻場（100 ha 以上）
	④サンゴ礁生態系における重要地域	サンゴ礁生態系の現状分布域
	⑤海棲動物の生息環境から見た重要地域	A. 海棲哺乳類の重要生息海域
		B. 絶滅のおそれのある海鳥の集団繁殖地とその周辺海域
		C. 絶滅のおそれのあるウミガメの産卵地とその周辺海域
	⑥生物の生息基盤の観点から見た重要地域	砂堆の現状分布域

5.5.3　メソレベルの地域計画への導入事例

市町村やそれを跨ぐメソレベルでの地域計画では，風景を構成する「場」に対して，より深い土地と人との関わりや風景の構造上の位置付けなどにも意識が向けられる．また，見る人の存在や認識，視点場と視対象との関係性に関しても計画検討の重要な柱となり得るため，マクロレベルの計画に比べ風景計画の手法や技術の導入意義はより高まる．

メソレベルの地域計画における風景計画手法の

表 5.6 地形地質の観点での重要地域の抽出項目・指標[1]

地形の分類			代表地形の抽出指標			
山地	火山	孤峰	標高	火山活動度 A-C		
		連峰・群峰	標高	山脈の長さ	火山活動度 A-C	
		カルデラ	カルデラ壁の長径	外周長	火山活動度 A-C	
	非火山	孤峰	標高			
		連峰・群峰	標高	山脈の長さ		
	氷河地形		すべて（日本に数か所しか存在しないため）			
高原	火山		標高	面積		
	非火山		標高	面積		
湖沼			面積	標高	水深	透明度
河川	渓谷		谷の延長	谷の深さ		
	自由蛇行河川		河川延長	屈曲数	気候変動の痕跡を顕著に示すもの	
カルスト地形			面積			
海岸	リアス式海岸		海岸延長			
	海蝕海岸		海岸延長	崖の高さ		
	砂浜・砂州・砂嘴		浜の長さ	浜の幅	気候変動の痕跡を顕著に示すもの	
	海成段丘		気候変動の痕跡を顕著に示すもの			
	サンゴ礁段丘		気候変動の痕跡を顕著に示すもの			
島嶼	内海・近海の多島		島の数	密度		
	孤島		配置			
	列島・群島		島の数	配列	成因	
その他	砂丘・平野等		気候変動の痕跡を顕著に示すもの			

導入事例としては，山梨県が平成26年度に実施した「『山梨の大観』を活かした美しい県土づくり」[2]が挙げられる．山梨県は，県土の広範囲を一望のもとに捉えることができるといった県土の特性から，一目見て山梨県であることがわかる景観を「山梨の大観」と称し，県民にとってかけがえのないものであるとの価値認識を広めるとともに，「美しい県土づくりガイドライン」「美の郷やまなしづくり」と合わせて，景観づくりと環境・文化・風土産業の活動からなる総合的まちづくりとしての「美しい県土づくり」を推進している．

当該事例では，山梨県民の誰もが広域的景観を意識することで，県土と県民・来訪者の「心」が結ばれるように，広域的景観を体験するための「視点場群」を抽出している．山梨県では，広域的景観として，山梨県を代表する山岳などへの眺めに着目しているが，同景観が得られる場所は県内広範囲に分布する．たとえば，国土数値情報のメッシュデータを用いて，富士山の可視領域を求めると図5.20の灰色の着色範囲となる．一方，県内には，山梨県の歴史・文化を物語る資源（遺跡や自然・産業資源など）が多く存在する（図5.21）．そこで，両図を重ね合わせ，「山梨県を代表する風景」を眺めることができ，かつ山梨県や県内各地についての理解を深めることもできる，山梨県の歴史・文化を物語る場（視点場，視点場群）を

5.5 計画の階層性に応じた風景計画手法の導入事例　　131

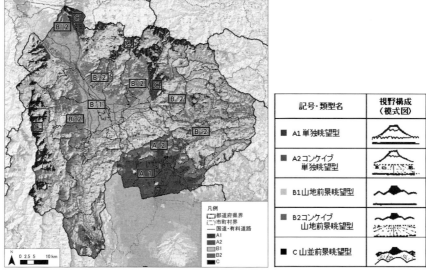

図 5.20　富士山への眺望景観特性
(出典:「山梨の大観」(山梨県, H 26. 12). 参考として, 図中, 凡例の A1～C がまとまっている地域に四角囲みで該当する番号を筆者が加筆.)

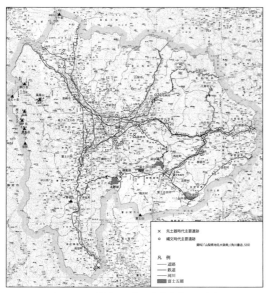

図 5.21　山梨県の歴史・文化を物語る資源

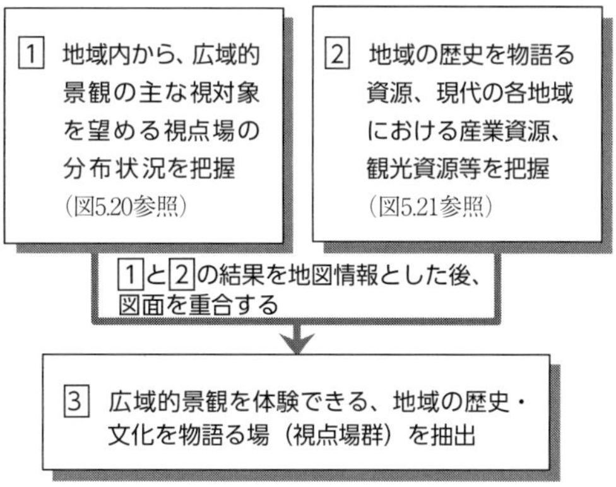

1　地域内から、広域的景観の主な視対象を望める視点場の分布状況を把握
(図5.20参照)

2　地域の歴史を物語る資源、現代の各地域における産業資源、観光資源等を把握
(図5.21参照)

1と2の結果を地図情報とした後、図面を重合する

3　広域的景観を体験できる、地域の歴史・文化を物語る場 (視点場群) を抽出

図 5.22　視点場群の抽出手順

特定の視点場として抽出している (図 5.22).

たとえば, 図 5.23 は韮崎市飯米場遺跡内の穂坂小学校校庭から御坂山地, 富士山への眺めである. 同遺跡では縄文時代以降の集落跡が確認され, 遺跡範囲は穂坂小学校をはじめ倭文神社境内などを含み, 現在も歴史的な環境が形成されている. また, 同地には, 江戸時代に朝穂堰 (用水路) が築かれるなど農地開発の要所であったと想像で

きる. いにしえの人の営み, 近世以降の山麓地の開発史など, 当地の歴史・文化を想いつつ, 山梨県を代表する山岳などへの眺望が得られる視点場の 1 つとして紹介している. また,「『山梨の大観』を活かした美しい県土づくりのあり方」[2] として, 視点場と視対象との距離に応じた景観配慮の検討方針や特定の視点場のうち居心地が良く見はらしに恵まれた居場所を「身体座」と呼び, 魅力的な「身体座」の創出例を示すことにより, ミクロレベルの地域計画への風景計画手法導入の有効性にも言及している.

図 5.23 山梨県の歴史・文化を物語る場からの富士山などへの眺め（筆者撮影）

①資源カードの作成
参加者各自が歩きながら気になった物事や同行者から聞いたことなどをメモ用紙に記入し，記録したい資源の写真画像を取得する．参加者同士で話し合いながら，現地で取得した写真や情報に基づいて資源1つにつき1つの資源カードを作成する． 
②資源マップの作成
各資源カードに基づき，資源の位置やその他の情報を大判地図に記入する．その際に図面の位置とカードが対応するように双方に番号を付けて整理する．マップ作成作業はグループ内で意見交換しながら進める． 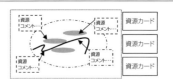
③将来像の設定
各自の発見や他者の発表を聞いて気づいたことを踏まえながら，見てきた場所の将来像について「こうしたい」と思ったことを各自でカードに記入する．各自のカードを集めて意見を整理し，その中からグループ内で最も重要と思われる将来像を1つ選ぶ． 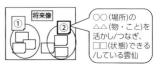
④実現に向けた取組み（プラン）の検討
設定した将来像について，その実現に向けたアイディアを各自が検討し，その結果をグループ内で共有したうえで，時間（短期－長期）と取組みの性格（ハード－ソフト）の2軸について検討し，取組み成果が期待できそうなアイディアを選び，その実現に向けた6W2H（何のために（Why），どの資源を（Where），誰が・誰と一緒に（Who・With），どうする（What），いつまでに（When），どのように（How to），いくらで（How much））を検討しプランとして取りまとめる． 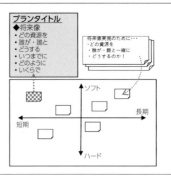

図 5.24 「あるもの探し」における計画検討の手順

5.5.4　ミクロレベルの地域計画への導入事例

限定的なエリアを対象としたミクロレベルでの地域計画では，特定空間のハード面の整備・管理方針とともに，有効な利活用のための運営・活動方針など，ソフト面での検討も求められる．そのため，近年では計画検討の過程において地域住民や地元関係団体などとの合意形成の機会や手続きが組み込まれることが多い．計画検討は対象地域における現況把握と魅力・課題の抽出，達成目標の設定，課題解決や目標達成のための手段（ハードおよびソフト）の選定といった手順で行われるのが一般的であるが，計画検討の各段階において合意形成に向けた働きかけが必要となる．風景計画は見る人の認識も包含したアプローチであることから，この合意形成の場面においてこそ，その手法や技術の導入は有効であると考えられる．

ミクロレベルでの地域計画において，計画策定過程における住民参加のツールとして風景計画手

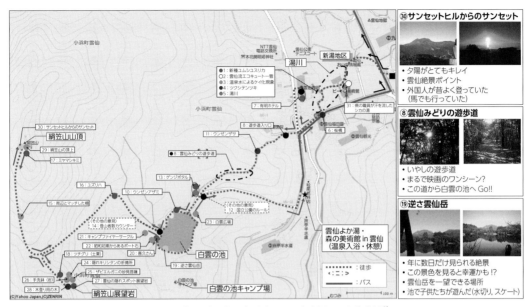

図 5.25 「あるもの探し」踏査ルートと資源カード作成例[3]

法が導入された事例としては，環境省が雲仙天草国立公園の雲仙地域において平成22年度に実施した「雲仙地域のあるもの探し」[3]での取組みが挙げられる．

現況把握の段階から，対象地域の資源や課題の抽出に参加型手法を導入する例は近年数多く見られるが，そのおもな狙いは初期段階から計画推進を担う主体に関わってもらうことで意識醸成を図ること，多様な主体が有する知恵や経験，情報を有効に活用することの両面が考えられる．室内でのワークショップによる方法が一般的であるが，実際に現場を歩きながら地図上にマッピングする方法や現場で取得した写真や記録を持ち寄って検討するなど風景計画手法が用いられることもある．

当該事例では，雲仙地域を中心とした国立公園再整備計画検討の基礎的情報の洗い出しと，地域振興に向けた地域住民の積極的な参加・行動を促すことを目的として，地域資源の再確認とその活用方策について検討するワークショップとして「あるもの探し」が実施された．「あるもの探し」では地域住民だけでなく他地域の人にも参加してもらい，延べ69人が5つのコース・グループに分かれて現地踏査と室内ワークショップを行い（図 5.25），グループ作業を通じて図 5.24 に示す計画検討の一連の流れを体験することにより，地域づくりへの興味や関心を高めるための働きかけが行われた．

〔松井孝子・吉田禎雄〕

5.6 中山間地域の里山景観保全プロジェクトの事例

5.6.1 中山間地域の現在

日本の国土の7割を占める中山間地域は，ほとんど里地・里山といわれる農山村地域である．農業地域類型によると農業地域は，都市的地域，平地農業地域，中間農業地域，山間農業地域と大きく4つに分かれるが，その中間地域と山間地域を合わせて中山間地域と一般的にはいわれている．中山間地域は，経営耕地面積の40.6%（2015年），農業産出額の40.3%（2015年）といずれも全国のほぼ4割を占め，食料供給や国土の保全，水資源かん養機能，自然環境の保全などの多面的機能においてその役割は大きい．環境省によると動物RDB種（絶滅のおそれのある種）集中地域の49%，植物RDB種集中地域の55%が里地里山の範囲に分布しており，国土の4割を占める里地里山は，生物多様性の保全上重要な役割を担っている．一方，森林は保水力が優れていることから，雨水を地下にゆっくりと浸透させ高い貯水機能を持つ

が，手入れの行き届かない放棄された森林では浸透性は悪くなり保水機能は大きく低下している．そのため温暖化により大型化した台風による大雨や集中的豪雨，長雨による土砂崩れや洪水災害の危険性が増している．中山間地域は，気候変動による適応および緩和，地域防災および国土保全，生物多様性の保全上で，きわめて重要な地域である．

5.6.2 里山に学ぶ実学教育と持続的な風景マネジメント

里山景観は自然の恵みを巧みに人の暮らしに取り入れて受け継がれてきた風景である．山から豊富な栄養分を含んだ源流の湧水を上段のため池に導いて水を温め，さらに水路を長くし水を温めてから水田に水を入れる．そうした農家の知恵や経験によって水路やため池にはホタル，ホトケドジョウ，サンショウウオ，アカハライモリなど多くの生き物が生息している．さらに水田の中耕除草，定期的な畔の草刈りをすることによって，キキョウやカワラナデシコなどの秋の七草の山野草が生育できる．つまりこうした里山は動物にとっても植物にとっても生息しやすい理想の環境となり，豊かな生物多様性を保ってきた．里山は江戸時代以来，数百年間持続した風景である．しかし今，その持続してきた里山の風景が失われる問題が起きている．さらには，自然を熟知した理にかなった技や知恵や文化も同時に失われようとしている．里山を含む中山間地域は，日本の国土の約70%である．しかし，今，全国の中山間地域の約6割は過疎地域である．里山の原風景を残した福島県鮫川村でも，農業経営者の高齢化・後継者不足が進み，耕作放棄地や荒れた山林が増え，里山景観の荒廃が加速している．

標高400－700 m，阿武隈高原の中山間地域に位置する鮫川村は，鮫川，阿武隈川，久慈川の3河川の源流域にある人口3400人ほどの小さな村だが，源流に位置する村から見ると3河川の流域内人口176万を支え約5800 km^{2}を潤す水資源，水環境上，きわめて重要かつ影響を及ぼす地域である．村内には山あいに沿って作られた水田と山林に囲まれた自然豊かな里山が数多く見られ，その数は，谷戸を中心とした里山の地域単位にして500近くにのぼる．環境との共生を目指すことが求められる現在，農林業の営みによって維持されているこのような里山の景観を保全する活動は，環境共生の原点と考える．

鮫川村の農家率は63%（総農家数708／総世帯数1124）と福島県下で最高であり，耕地面積は2 ha以下の小規模農家が多く，畜産業，林業がさかんで，木炭生産は年間124 tと福島県内2番目の生産量，水田（米），畑（野菜），畜産（肉牛，乳業，養豚），林業（木炭，シイタケ）の小規模複合の中山間地域農業の典型である．全国の中山間地域の現状と同様に，里山の原風景を残した鮫川村でも，農業経営者の高齢化・後継者不足が進み，耕作放棄地や荒れた山林が増え，里山景観が荒廃するという環境問題が加速し，さらには農林業や自然環境との関わりの深い年中行事や生活文化が失われつつある．

こうした状況の中で村と交流のあった地元住民と都市住民を役場がつなぎ，里山景観を保全，創造し，このことから地域の活性化を図ることを目的に，2000年度より里山まるごと体験学校（里山景観保全活動）が始まった．活動では地元農家が講師となり水田や山林を中心に里山全体をフィールドとして年間6回程度行っている．春から秋にかけての活動ではおもに水田で4月に堆肥まき・畔塗り・水路整備，5月に田植え，7月に草取り・畔草刈り，10月に稲刈り・稲架掛けを行っている．秋から冬にかけての活動ではおもに山林で間伐・炭焼き・炭俵づくり・落ち葉かきを行っている．日中の里山体験を通じて地元農家の経験に基づく知恵やスキルを学び，夜の村民との語り部交流を通じて里山の自然環境を活かした農林業や地域づくりについて理解を深める．

筆者が学生達とともに農山村で地元農家との交流を通じて里山に学び，気付かされたことが，1－2 ha程度の小規模複合農業の営みこそが里山景観とその環境を保全してきたということである．その農業は，田畑，山林，畜産の農林業を営んでいるが，筆者が以前調査した分析によると20頭

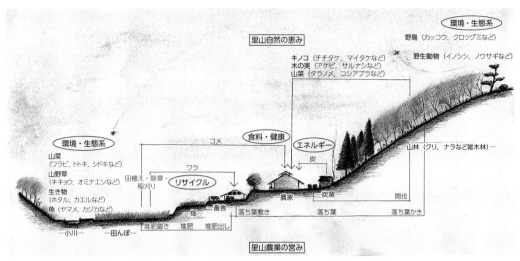

図 5.26 鮫川村の農業の営みと里山景観とのつながり（筆者描画）

以下の畜産農家では山林から集めた落ち葉を牛舎の敷材に使用し糞尿と混ざって堆肥となった後，田畑に還元されているのに対し，20 頭以上の規模では敷材におがくずが使用され，落ち葉の収集という自然循環が断ち切られていた．同様に牛のエサに稲わらを使用する割合も 20 頭以上に大規模化すると輸入飼料を使用する割合が高くなっていた．つまり美しい里山景観の維持には，その地域にちょうどいい，適正規模の農の営みがあるといえる．

山林で落ち葉かきをするためには下草刈りをして落ち葉がかきやすい環境にしなければならない．おもに山林で間伐した木材は薪や木炭，シイタケの原木となり，落ち葉は畜舎に敷かれ，牛の糞尿と混じり堆肥となり，水田や畑の元肥となる．さらに水田で稲架掛けし天日干しした稲穂からのコメは人間の食料に，そして稲ワラは牛のエサとなるといった小規模複合農業の営みはすべてつながりがあり循環していて無駄がない．このように農業生産性に加え，自然のシステムを生かした農業の営みが地域に再生されるなら，動物や昆虫，植物にとっても理想の環境共生型里山景観が誕生する（図 5.26）．生物多様性への価値意識の高まりを思うなら，これを人間社会にとっての1つの理想郷と理解することが一般化するであろう．自然と共生してきた人々の里山の知恵や技，文化に学ぶことは，資源循環型の持続的な風景のマネジメントの構築に大いに貢献できると考える．

5.6.3　里山の食と農，自然を活かす地域づくり

鮫川村での実践から，里山が有する多様な資源，とくにバイオマス資源を活かした地域づくりの方針が有意であることがわかった．無駄のない循環型農業の営みをしっかりと安定させることで農林業を基軸とした産業の活性化を図ることが大切である．そのためには従来のトン ton 産業の農林業からキログラム kg，グラム g 産業としての農林業へ転換を図る理念の確立が重要である．村内に農林産物の加工，直売，レストランを設けることで，里山資源を活かした2次（加工），3次（付加価値を与える）産業が生まれ，村内の産業の活性化，雇用の創出が起こり，地域活性化につながる兆しが見える．

鮫川村の転機は，2003 年 7 月の 3 町村（棚倉町・塙町・鮫川村）合併に対する住民投票で 71% の村民が反対し，自立の道を選択したことである．同年 9 月に新村長が就任し同年 12 月には役場内に各課横断の「里山大豆特産品開発プロジェクトチーム」を発足させ，大豆づくりからの地場産業の振興を図ることとした．大豆は昔から多くの農家が栽培し自家製味噌に加工していたことから，高齢者の知恵を活かし栽培を奨励することで健康

づくりや耕作放棄の防止を図ることとした．2004年6月に「里山の食と農，自然を活かす地域再生計画」が総務省より地域再生計画第1号に認定され，村では本格的に「まめで達者なむらづくり事業」をスタートさせた．

2004年9月には豆腐，味噌などの大豆加工技術育成のため，若手役場職員を大学へ研究生として派遣し技術習得をさせた．大学との連携により豆腐や味噌，きな粉をはじめ，納豆，油揚げ，厚揚げ，がんも，豆菓子など大豆加工品が生まれた．そうした一連の取組みの成果として誕生したのが2005年11月創設の農産物加工・直売所「手・まめ・館」である．旧幼稚園舎を改修して豆腐製造，農産物加工，直売所，食堂を整備した．「手・まめ・館」によって村内に2次（加工），3次（販売）の産業ができ，地産地消，地域内消費の拠点となっている．学校給食では地元産の特別栽培米の米飯給食を推進し，給食の村内自給を40%（福島県内でもっとも高い比率）に向上させた．開設当初は年間総売上高4500万円であったが，4年目には1億円を超え，直売所来客者数は年々増加傾向であり，当初役場職員4名，パート職員5名であったが，6年目には20名となり新たな雇用の創出につながっている．「手・まめ・館」は村内消費を重視し村民が購入可能な価格に設定し都会の人たちはそのお裾分けをいただく．つまり他の直売所との競争ではなく，資源を村内で循環させ村内農家を元気にする拠点，子ども達の食育の場，村民の健康づくり・憩いの場として農産物をつくる人と食べる人との顔の見える関係性をつくっている．

一方，村の中心部に位置する赤坂城跡の舘山公園の整備にも取り組んできた．20-30年生のスギ林に覆われ，手入れが行き届かず放棄され荒れた山林となっていた．鮫川村では大学の協力を得て小学生や地元住民との舘山公園の整備に向けたワークショップを行い，2006年6月に福島県の森林環境税交付金事業に舘山公園再生計画「鮫川サポーターによる皆の森づくり」を応募し5年間継続の補助事業として交付金を獲得した．そこで里山景観を活かした皆でつくる公園を目指して，学生，役場職員，村民の参加協働によって散策路や階段の整備，ウッドデッキや木柵整備，水路やビオトープ整備などの活動を行ってきた．また舘山公園内で発生したスギ間伐材は村営温泉施設さぎり荘の建築材に使用され村内資源の循環を図った．

2008年9月より大学の研究協力を得て「鮫川村バイオマスヴィレッジ構想」を農林水産省に申請しバイオマスタウンとなった．村内の豊富なバイオマス資源を活用した資源循環型の「ゆうきの里づくり事業」は，①豊富な畜産堆肥を活かした土づくり，②間伐材林地残材などの木質バイオマスの活用，③廃食油の有効利用と燃料作物の栽培，④資源作物によるアルコールの開発の4つの柱からなる．2011年5月にリニューアルオープンした村営温泉施設さぎり荘では化石燃料の重油ボイラーから村内資源の薪ボイラーに変更した．東日本大震災および原子力発電所の事故により運用が中断されていたが，2013年2月より「鮫川村豊かな土づくりセンター・ゆうきの郷土」が運用開始され，復興に向けて除染を実施し村内の自然資源を活かした資源循環型の美しい村づくりを目指すこととした．農家の営みによって美しい農村景観は守られてきたからこそ，「手・まめ・館」と「ゆうきの郷土」の里山景観の維持に果たす役割は大きいと考える．

5.6.4 交流連携によるランドスケープマネジメント

2000年から始まった里山景観保全活動は，2003年までは葉貫集落内での活動であったが，2004年より葉貫集落だけでなく村中心部や落合集落，馬場集落にまで広がり，村内の遊歩道整備や舘山公園の整備，農道の景観整備など活動が地域づくり，村づくりに広がっていった．このように地元村民と都市住民との小さな連携から始まった里山景観保全活動が，鮫川村の地域再生に関与できるまでに成長してきたのは，この活動の中に大学との交流活動があったからで，とくに若い学生の力が大きいと感じている．交流活動を続け，できるだけ側面から眺めていて感じるのは学生達が，村民の方々の知恵と経験に感動していることである．教育におけるフィールド主義，現場主義の重要性を

筆者自身が確認できたことである．一方疲弊しつつある農村，地元住民に元気と活力をもたらすことができたのは，学生達の地域に貢献したいという高い志と，村民が教えてくれる知恵と経験とが相互に響き合う交流連携が基盤となって，地域づくりにつながってきたように感じる．今後も村民と役場と大学との交流を続け，地元小中学生や高校生との交流など，多くの世代の方々との交流の環をつなぎ，重ねて，合わせることで，新たな交流ネットワークを構築し，交流連携によるランドスケープマネジメントを根幹においた地域デザインを実践していく中で，地域の自立に貢献する人材を育成していきたい． 〔入江彰昭〕

5.7 温泉地の風景形成に係る取組み

5.7.1 持続可能な温泉地と風景

わが国には，3084か所の温泉地がある（2017年3月現在）．温泉浴は，観光に対する志向の多様化が進む中，旅行先で行いたい活動の上位を占め続けている．また，近年，急増する訪日外国人観光客は，わが国の観光地の中で訪れたいものの1つとして温泉地を指摘することが多く，宿泊者数が増えている．以上から温泉地は，わが国における主要な観光地の1つといえよう．

先の情勢の中，環境省に設置された「自然等の地域資源を活かした温泉地の活性化に関する有識者会議」（以下，有識者会議）では，2017年7月に温泉地の活性化に向けた提言を行った[1]．同提言では，国内外の現代のライフスタイルに合った温泉の楽しみ方を「新・湯治-Onsen stay」と名付け，「新・湯治」を提供する場としての温泉地のあり方の方向を示している．人々を惹きつける風景の形成に役立つ温泉地の風景計画は，先の方向を実現するうえで，重要な取組みといえる．

そこで本節では，温泉地を対象に，温泉地の空間的特徴の変遷を論じて対象とする空間の現況を説明した後に，その現況を踏まえた温泉地における風景形成に係る計画的取組みを説明したい．

5.7.2 温泉地の空間的特徴の変遷
a． 明治から昭和初期

わが国の温泉地の空間の原型は，近世末期に確立されたといわれている[2]．近世から明治にかけて形成された温泉地の空間の多くは，療養・保養による長期宿泊を支える特徴を有していた．具体的には，①主要な共同湯（源泉）と広小路，そしてそれらを囲む湯宿と商店などから構成される中心となる核を形成し，②その周辺に複数の共同湯や高台の見晴らしの良い場所に社寺を配することで空間の領域の明確化を図り，③外縁部にある自然レクリエーション資源の積極的な活用により，④諸要素の有機的な複合が図られていたことである[3]．しかし先の特徴を有していた温泉地は，高度経済成長に伴う宿泊形態の変化により，大きく変わった．

b． 高度経済成長期

1950年に勃発した朝鮮戦争による軍需景気を契機に生じた高度経済成長は，温泉地に，団体旅行などによる湯宿での宴会を中心とした短期宿泊型の宿泊客の大量流入を招いた．

大量の短期宿泊客の流入とその旅行形態は，温泉地に新たな対応を求めさせ，その結果，温泉地の空間は大きな変貌を遂げた．

大量の宿泊客の流入は，収容力向上のための湯宿の大規模化を必要とした．大規模化を必要とした湯宿は広い土地を求めて，温泉地の外部に移転した．移転せずに大規模化を行った湯宿は，温泉地内部から周辺の自然を見えなくさせた．またこうした湯宿は，大人数による温泉利用や宿泊客の多様な志向に対応するために，内湯化を進めた．その結果，共同湯の利用者を減少させた．湯宿は，内湯化とともに飲食店，土産物屋，レクリエーション施設などの宿外にあった機能の取込みに努めた．俗に「囲い込み戦略」と呼ばれる湯宿の内部機能の拡充は，温泉地内を回遊する者を少なくさせた．共同湯の利用者と温泉地内の回遊者の減少は，宿外の店舗の衰退を招いた．これら湯宿の変化は，温泉地を，各要素が有機的に関連する複合体から各要素が脈絡なく並置するに過ぎない集合体に変貌させたのである．

1973年末に起きた第一次石油ショックや1990年代前半のバブル経済崩壊などによる経済の停滞と消費の減退は，温泉に宿泊する者の減少を招いた．こうした状況のもと，温泉地の中には，宿泊者数の減少を食い止めるために，温泉地全体の関係性に配慮した風景を形成し状況の改善を図ろうとするところが現れている．

5.7.3 温泉地の風景形成に係る取組み

ここでは，湯けむりを活かした風景の形成に取り組む鉄輪温泉（大分県別府市）と雑木の植樹により立地する場の特性を活かした風景形成に取り組む黒川温泉（熊本県阿蘇郡南小国町）を取り上げる．

a．鉄輪温泉：湯けむり風景の形成

バブル経済崩壊後に宿泊客の大幅な減少と多くの湯宿の廃業に直面した鉄輪温泉では，湯けむりにより形成された風景（湯けむり風景）を活かす取組みを始めた（図5.27）．湯けむりは，噴気が空気中で凝結することにより見える自然現象であり，2516か所ある別府市の源泉のうち304か所から噴出しており，全国総数の約26％を占める．鉄輪温泉は，湯けむりがもっとも多く見られる．湯けむり風景に対する外部の評価は高く，たとえば2001年にNHKが実施した「21世紀に残したい日本の風景」において，富士山に次いで第2位となった．

湯けむり風景を活かすおもな取組みとしては，①まちづくり交付金による事業の実施，②景観形成重点地区の指定と重点景観計画の策定，そして③重要文化的景観の指定の3つが挙げられる．

まちづくり交付金（現都市再生整備計画事業）とは，地域の歴史・文化・自然環境を活かした事業であり，費用の一部を国が補助する，2004年に創設された取組みである．受け入れに向けて鉄輪温泉では，2004年末月に，地元自治会，旅館組合，商工会などの20団体の役員から構成される鉄輪温泉地区まちづくり整備事業受入協議会を設立し，整備方針などを協議し，交付金の活用に関わる都市再生整備計画を策定した．鉄輪温泉には，入り組んだ路地により，自動車交通に対応しづらく，大規模開発が実施されなかった．そのため，同温泉には外湯と湯治宿が路地に点在し，かつての湯治場の雰囲気が残っている．同計画ではそのような地域の特徴を活かすために，「ふれあいと情緒ある温泉街の賑わいの再生」と「うるおいに満ちた湯けむりたなびく交流型観光地の創造」を目標とする事業が設定され，実施された．具体的には，中心的施設の1つであるむし湯温泉の移転新築（2005年），湯けむりを活かした調理（地獄蒸し）が体験できる観光交流センターの整備（2005年），通りの美装化，街路灯・情報板の整備，市道内の占有物件（市・個人の温泉管）を一括収納する温泉管共同BOX（以上，2005-2009年）の整備，そして公園・ポケットパークの整備（2005-2007年）が，住民の意見を反映させつつ，事業相互の関係への配慮のもと，実施された．

鉄輪温泉がある別府市は，2005年に景観行政団体となり，2007年に別府市の景観形成に関する基本的方針を，2008年に別府市景観計画を策定した．基本的方針では，目標像として「湯けむり立ちのぼり，海・山・緑に包まれ，心和む風景のまち『べっぷ』」が設定された．目標像の実現に向けては，市全域を景観計画区域とし，同区域の中で景観形成に重要な役割を担う地区に，景観形成重点地区を設定するとしている．選定は，目標像の実現に対する重要度からの評価と市民の意向により行われた．その結果，鉄輪温泉は，目標像に記載された湯けむりがもっとも多くあることなどから，景観形成重点地区の1つに選定された．方針を受けた景観計画には，鉄輪温泉を景観形成

図 5.27 鉄輪温泉の湯けむり景観
（写真提供：別府市教育委員会）

重点地区に指定し，重点景観計画を策定することが記載された．2009年には，鉄輪温泉地区温泉湯けむり重点景観計画が策定された．同計画は，まちづくり交付金の事業地域を対象区域とし，将来像の「湯けむりと歴史的な湯治場風情が漂うまち『かんなわ』」の実現に向けて，湯けむりや事業などにより形成された雰囲気を損なわないために建築物の高さの最高限度，形態・意匠・色彩の基準を定めた一方で，雰囲気の向上に役立つ緑化を義務付けている．

湯けむりは，文化財登録が難しいとされていた．しかし，2005年に，文化財保護法の改正により，文化的景観が登場した．文化的景観の登場は，浴用，調理などの日々の生活や生業などを通じて湯けむりが現れている点が指定要件に合致していると考えられることから，文化財登録の可能性を発生させた．登録に向けては，2008年から別府市湯けむり景観保存管理検討委員会が開催され，2009年には湯けむり景観保存管理のための専門調査報告書が，2012年には文化的景観別府の湯けむり景観保存計画が策定された[4]．同計画では，保存管理の対象を，湯けむり自体ではなく，調査により明らかにされた湯けむりの形成に関係する景観群と生活・生業としている．これらの保存は，既存計画の規制による保存を原則とし，対応できない部分に最小限の規制を設定するとしている．なお重要な景観構成要素の滅失・現状変更などは，文化庁長官宛に届出を実施するよう市が指導・助言するとしている．計画策定後の2012年9月には，同地区の湯けむり風景が「別府の湯けむり・温泉地景観」として国重要文化的景観に選定された．このように鉄輪温泉では，湯治場由来のストックとそれを活かす新たに整備された環境から構成される湯けむり風景を，風景形成に係る各種法制度によって保全する仕組みが構築されてきた．

b．黒川温泉：雑木による修景

近隣農村の湯治客を対象とした小規模な湯治場であった黒川温泉は，第一次石油ショック以前から客足が遠のき宿泊者数が伸び悩んだ．1980年代前半，宿泊者の獲得に向けて黒川温泉の旅館の中には，阿蘇の外輪山の谷間に立地する特性を活かし，都会からの訪問者の心を癒やすための風景の形成（「田舎の雰囲気づくり」）が必要と考え，露天風呂の周囲に雑木（コナラ，クヌギ，エゴノキ，ヤマボウシなどの落葉樹）を植樹するものが現れた．雑木を植樹した旅館の宿泊者は増加し，それを目にしたその他の旅館でも，露天風呂を設営するものが登場した．露天風呂を設営する旅館が多く出現する中，黒川温泉では，他の温泉地を参考に，露天風呂による活性化を検討した．検討の結果，谷間に立地する敷地条件から露天風呂の設営が難しい旅館が存在することが判明した．そこで旅館組合では，露天風呂の有無による旅館間の格差が生じないように，露天風呂を黒川温泉の共有財産として活用する方策として，1986年に宿泊の有無を問わず複数の露天風呂に入湯できる入湯手形の販売を始めた．同年に旅館組合では，若手の意見を受けて，看板班，環境班，企画広報班が組織され，これら班の事業として，黒川温泉全体の修景を目的とした取組みが展開された．

先の取組みの中で特徴的なものとしては，一旅館の取組みから始まった雑木の植樹事業である（図5.28）．植樹は，公園，駐車場といった公共空間から始まり，各旅館の沿道，沿道から建物のアプローチ，駐車場などの私有空間にも展開された．なお植樹に必要な資金は，入湯手形による収益が少なかった植樹開始時点の3年間（1986-1988年）は，熊本県の緑化支援事業（「くまもと緑の3倍増計画」）からの補助金により得た．それ以降は，収益が増加した入湯手形の売上げを充てていった．それ以外にも，個人看板の撤去と共同看板の設置（1987年），芝張り・巣箱の設置（1991年），ガードレールの塗装（1997年）などの修景事業が展開された[5]．

これら修景事業は，国の街なみ環境整備事業の活用によりさらに進んだ．具体的に2001年には，街づくり協定が締結された．同協定では，これまでの風景形成にあたり意識してきたことを，「風景づくりの三原則」として明文化した．三原則とは，①郷土の雑木と親しみやすいスケール尺度により「なつかしさ」を演出する，②傾斜地の特徴を活かし，地域の暮らしぶりが感じられる空間を大切

図 5.28 黒川温泉における雑木により修景された風景
（上：修景前（1994年）／下：修景後（2016年））
（写真提供：德永哲氏）

にする，③木材や土，漆喰などの天然素材をいかして，素朴な質感の建物，和やかな街なみを形成する，である．同協定では，前記した三原則を実現するために，街づくり基準が6つの観点（1. 土地，2. 建物の規模及び配置，3. 建築物の外観および素材，4. 屋外広告物・自動販売機など，5. 工作物など，6. その他）から定められている．たとえば，1. 土地では，（1）土地の形状を必要最小限の変更に留めること，（2）敷地内の緑化は，郷土の自然に適した樹種により行うこと，（3）道路と接する部分，とくに駐車場と道路際は，できるだけ緑化し，やわらかな通りの景観となるようにすることが記載されている．同協定の運営にあたっては，全体協議会と協定運営委員会が設置されている．区域内において開発を行う場合には，協定運営委員会と事前協議を実施し，街づくり基準に基づく助言を受ける必要がある．

同協定の締結とともに，黒川温泉では，街なみ環境整備事業を用いて，橋の架け替え・多目的施設の整備（2003年），公共便所の整備（2004年），露天風呂をめぐるルート整備が，旅館組合と専門家の協議によって進められた．これらの取組みにより，黒川温泉には，個々の旅館を「部屋」に，道を「廊下」に見立て，温泉地全体が1つの旅館となる，田舎の雰囲気を醸し出す風景が形成された．

5.7.4 おわりに

本節にて取り上げた2事例からは，風景の形成にあたり，①長きにわたる営為の果てに形成された温泉地のストックや温泉地が立地する場の特性を活かすことが前提であること，②ストックの保全やストックおよび場の特性を引き立たせる整備に係る事業が行政の用意したメニューを活用して実施されていたこと，③先の取組みには現状に危機意識を有する人・組織が関与していることなどが見出された．以上から温泉地の風景形成には，前記した点を留意しつつ取り組むことが望ましいといえよう．　〔渡辺貴史〕

5.8 農業農村整備事業における景観配慮の技術指針

5.8.1 農村景観を構成する要素

水田，畑，樹園地などの農地は，自然条件に適応するように，先人達の創意工夫により開墾され，耕作，管理されてきた資産であり，雑木林などの林地は農業生産や農村生活に必要な資材を提供する場として管理されてきた．したがって，農村景観を構成する要素は，気候や植生などを含む自然・地形，農地や道路などの農業的土地利用，そして施設・植栽などからなる．これらが，生活慣行や祭事などの人文的な活動により有機的に関連付けられることで農村景観が成立している．個性ある魅力的な農村景観は，地域ごとに異なる気候・地形条件，水文条件などの自然条件を読み解き，農

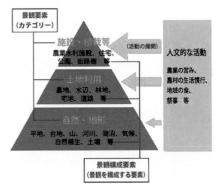

図 5.29 農村景観を構成する要素の概念

業の営みを通じ，地域特有の生活慣行や社会的な組織を育み，長い時間をかけ維持・継承・発展されることで成立する（図5.29）．

5.8.2 周辺景観への配慮の必要性と住民の参画

農地・農業水利施設などの整備がもたらす景観の変化が周辺景観に与える影響を踏まえ，必要に応じた景観配慮対策を用意し，事業計画に反映することが求められる．とくに，ダム，頭首工，ポンプ場など大規模な土木構造物，あるいは広範囲に及ぶ圃場整備事業などの面整備事業では，景観への空間的影響が大きい．そのため，調査段階で影響が及ぶ範囲とインパクトの大きさを確認し，計画・設計段階で適切な景観配慮を行う必要がある．

日々，地域の農村景観を創出・保全する主体は，農家を含む住民である．地域の農村景観への理解が十分でないままでは，農業農村整備事業における景観配慮への継続的取組みは保証されない．そのため，事業主体は，農家を含む住民，多面的機能支払交付金制度の活動組織など，市町村行政，土地改良区，NPO，有識者（学識経験者，研究機関の職員，郷土史家，コンサルタント）が参画する協議会などの合議の仕組みを整え，住民との連携に十分に配慮することが望まれる．

5.8.3 景観配慮における基本原則

景観配慮における基本原則には，「除去・遮蔽」「修景・美化」「保全」「創造」の4つの方向性がある．景観配慮対策では，複数の基本原則の組合せもあり得る．

a．除去・遮蔽

除去・遮蔽とは，景観の質を低下させる要因を取り除いたり隠したりすることであり，景観の質を維持するための配慮の1つである．景観の質の低下をもたらすと懸念される施設など，景観の質を低下させる負の要素（現状の景観に違和感をもたらす，秩序を乱す要素）に対して適用する景観配慮の基本的な対策である（図5.30）．

b．修景・美化

修景・美化とは，周辺構造物の形，色彩，素材などとの同調性を図り，植栽などの要素を加える

［ファームポンドを地下埋設した例］

（岩手県一戸町）

［施設を植樹により遮蔽した例］

（岐阜県可児市）

図5.30 除去・遮蔽（提供：農水省[1]）

ことで，新たな構造物の設置や既設構造物の改修の際に，周辺景観に違和感を与えないよう，なじませる方策である（図5.31）．

c．保全

保全とは，長い年月をかけた営農活動を通じて形成されてきた農村文化を現す景観を守るため，営農活動によって形成された土地利用の形状や秩序に混乱をもたらす要素の侵入，介入を防ぎ，農村の文化的価値を維持していくための考え方である（図5.32）．

d．創造

創造とは，新たに要素を付加することで，空間調和を創出するものである．空間調和を実現していくうえでは高度な考え方で，除去・遮蔽，修景・美化，保全というプロセスを踏まえたうえで，

［建屋の形状，色彩を周辺景観と調和させた例］

(沖縄県伊是名村)

［棚田の景観を保全した例］

(岐阜県恵那市)

［法面への植栽により美化要素を追加した例］

(青森県五所川原市)

図5.31 修景・美化（提供：農水省[1]）

［水路橋を現状のまま整備し保全した例］

(熊本県山都町)

図5.32 保全（提供：農水省[1]）

［管水路上部利用により親水空間を創造した例］

(福井県永平寺町)

図5.33 創造（提供：農水省[1]）

より高い景観の質を目指す場合に用いられる（図5.33）．

5.8.4 景観配慮における調査➡計画➡設計のプロセス

景観配慮の目的は，農業生産性の維持・向上などと地域における良好な景観形成を両立させることにある．景観配慮対策では，調査，計画，設計の各段階を通じて，景観配慮の基本原則を踏まえつつ，周辺景観との調和を図る．また，地域が一体となった取組みを進める観点から，農家を含む住民などが参加する組織を構築し，地域の景観形成を成立させている条件や歴史的な意味合いに沿った検討を行う（図5.34）．

「調査」では，地域の景観形成の方向性などを明らかにするうえで必要な情報や，事業による周辺景観への影響の把握などを目的に，地域の景観

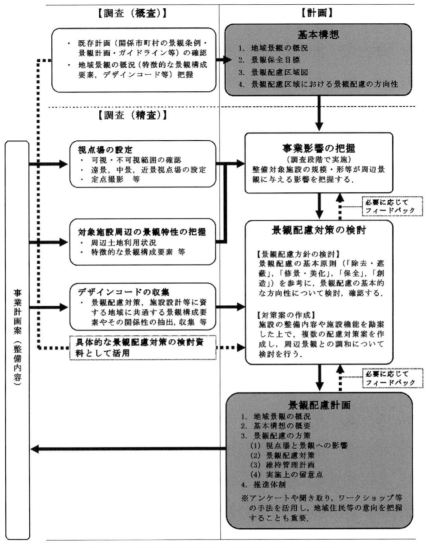

図 5.34 景観配慮計画策定に係る調査成果の活用と留意事項

特性やデザインコードなどを確認するとともに，関連する資料を収集・整理・分析する．まず，概査により，地域全体の景観的特徴の把握など概略的な検討を行い，精査により整備対象施設周辺を対象とする詳細な調査を実施する．

デザインコードとは，景観を構成する要素の「あり方」および「組合せ」についての視覚的な約束事（パターン）であり，「約束事」は，景観を構成する要素の「配置」「色」「形」「素材」「生物種」の共通性として示され，景観配慮を行ううえで重要な手がかりとなる（図 5.35）．

大景観から捉えられるデザインコードには，地形条件に即した集落や農地の配置，段丘林や平地林の配置パターンがある．中景観から捉えられるデザインコードには，集落の民家に共通する屋根の色彩や屋根の向き（形），屋敷林が植えられている方角（配置），水路などの線形（形）などがある．これらのスケールで捉えられたデザインコードにより，地域景観の全体像に共通するパターンを把握することができる．小景観から捉えられるデザインコードには，民家や農家，水路壁や法面における比較的狭い範囲の中で，屋根の形や素材，民家の屋敷林の樹種，擁壁の石積の形や素材などといった施設や構造物の造り方の共通性を読み取

高台などから地域全体を眺めた場合（大景観），集落居住区の「配置」，農地の「色」や農道や農地の区画などの「線形」といった大まかな共通性が確認される．

集落を眺めた場合（中景観），屋根の向き（「形」）など少し詳しい共通性を確認することができる．

集落内から民家等を眺めた場合（小景観）には，「素材」や「植栽」などの詳細な共通性を把握することができる．

見え方	デザインコードが捉えられる対象	景観レベルのイメージ
大景観	・農地や集落居住区の土地利用の状況（配置） ・段丘林，平地林などの配置 ・農地や農作地の区画形状（形） ・統一的な農作物の色彩 ・緑地帯などの植生　　　　　　　　　　など	
中景観	・農地内に植えられた樹木の配置 ・集落の民家に共通する屋根の色彩 ・農道や歩道の路面の色 ・農家や民家が連なる家並みに共通する色合い（色），屋根の向き（形） ・道路や水路の線形（形）　　　　　　　など	
小景観	・堰や分水施設の構造（形） ・民家や農家などの壁面の造り（漆喰塗り，土壁など）や屋根材（素材） ・農道や歩道の路面の素材 ・水路の護岸の石積（素材など） ・樹木，花の樹種・種類（植栽）　　　など	

図 5.35　見え方から捉えるデザインコードの例

れる．

「計画」では，調査において把握された地域景観特性などを踏まえ，地域が目指す将来の地域景観の姿および景観配慮の基本的な考え方を整理する．そして，事業地区において設計や施工，維持管理に反映するために，周辺景観への影響予測を踏まえた景観配慮の方向性や対策イメージを盛り込んだ景観配慮計画を作成する．

景観配慮計画では，設計事業主体の他，市町村や農家を含む住民などが地域の景観に関する意識を高める資料としても活用できるよう，わかりやすい記述表現に努める（図5.36）．整備対象に対する維持管理の機会を契機とした地域づくりは，地域の景観形成の必要性や理解醸成へつなぐことが期待できる．そのため，調査計画の段階から住民が主導あるいは協働，参画できる機会を導入することは有効な方策である．

「設計」では，現地測量などによって得た具体的な地形や用地条件などを加味し，「農業生産性の維持・向上など」と「景観配慮を含む環境配慮」の両立，安全性，経済性および維持管理などの観点を踏まえ，施設の設計を行う．具体的には，農業の生産基盤などとして施設を設計するために必要な基本的な条件（計画用水量，計画排水量，計画水位，用排水系統，区画計画，計画交通量など）を満たしたうえで，景観配慮対策を行うための条

```
1. 地域景観の概況
   地域景観特性を踏まえ，地域景観の概況を記載．
2. 基本構想の概要
   地域が目指す地域景観の姿及び景観配慮の基本的な考え方を記載．
3. 景観配慮の方策
  （1）視点場と景観への影響
       景観配慮計画の対象範囲と視点場の設定の考え方及び地域景観への影響を記載．
       面施設，線施設の整備に当たっては景観配慮を実施する区域設定も検討．
  （2）景観配慮対策
       景観配慮のための施設整備の基本的な考え方及び方針とともに，景観配慮イメージ図などを記載．
  （3）維持管理計画
       景観との調和に配慮した維持管理計画の記載．
  （4）実施上の留意点
       景観との調和に配慮した設計・施工を行うための留意点を記載．
4. 推進体制
   環境に関する協議会等の体制について，目的，参画主体，活動内容を記載．
```

※内容については，環境配慮計画への整合を図りつつ，環境配慮の実行計画として機能させる．

図5.36 景観配慮計画の構成例

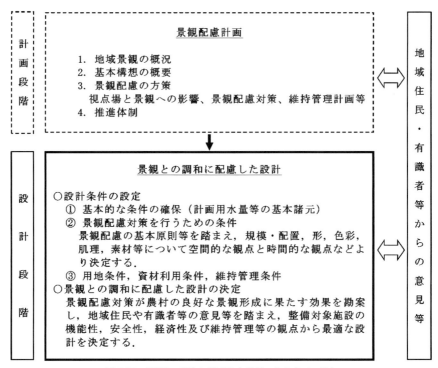

図5.37 景観との調和に配慮した設計の決定までの流れ

件，用地条件，資材利用条件，維持管理条件などについて，個々の現地の条件から設計条件を設定する．また，整備対象施設の規模・配置が，周辺景観の全体的構造や秩序に及ぼす影響を予測し，地域の景観構成要素（山並み，集落など）との調和を空間的観点から検討を行う．また，一時期に限定した検討では，「整備対象施設と周辺の景観要素は移り変わる」視点を見逃す恐れがある．そのため，直接確認できない地域の歴史，文化的要素や日変化，季節変化などの時間的観点からの予

測も求められる．設計条件としての規模・配置，形，色彩だけでなく，表面が織りなす肌理，素材の持つ質感などの検討を行うとともに，整備対象施設の特徴，機能性，経済性，安全性，維持管理などを踏まえて決定する．また，色彩，肌理，素材の検討にあたって，時間経過がもたらすエイジングについても考慮する（図 5.37）．

なお，本事例は，文献で示した資料を参考に作成したものであり，詳細な内容の閲覧を希望される場合には，章末の文献を参考いただきたい．

〔小林昭裕〕

文 献

5.1 節
1) 阿蘇草原再生協議会ホームページ
http://www.aso-sougen.com/kyougikai/ （2016 年 10 月 17 日閲覧）
2) 環境省九州地方環境事務所（2013）第二期 阿蘇草原自然再生事業野草地保全・再生事業実施計画，pp.5-271
3) 阿蘇草原再生協議会レポート（2008‒2016）
4) 横川 洋他（2017）阿蘇地域における農耕景観と生態系サービス，農林統計出版

5.2 節
1) 上田裕文・高橋友香（2015）アートプロジェクトによる風景認識の変化とまちづくり参加意欲に関する事例研究，ランドスケープ研究，78（5），703‒706
2) 上田裕文・郡山 彩（2016）地域づくりに関わる住民の行動変容プロセスとよそ者の役割―北海道寿都町での大学プロジェクトの事例より―，農村計画学会誌，35（3），398‒403

5.3 節
1) 田中伸彦（2016）観光デスティネーションを創造する職能の戦略的育成に関する論考，日本建築学会都市計画委員会「観光地域は都市計画・まちづくりに何を期待するのか？」，63‒66
2) 田中伸彦他（2018）都市近郊里山地域周辺の観光ポテンシャルを把握するための分析手法の検討―平塚北西部ゆるぎ地区を取り巻く観光状況の診断―，東海大学紀要観光学部，8，1‒13
3) 田中伸彦（2000）流域レベルの森林観光・レクリエーションポテンシャルの算定，ランドスケープ研究，63（5），607‒612
4) 小島周作他（2017）吉沢八景選定プロジェクトからみる都市近郊の里地里山地域における子ども達の景観認識，ランドスケープ研究，80（5），575‒578
5) 岡山奈央他（2017）里山環境が体験作業などを伴う来訪者に提供できる好ましい景観体験の解明，日本森林学会誌，99，207‒214

5.4 節
1) 下村彰男（2000）21 世紀における国立公園と地域の連携について（前編），国立公園，582，14‒18
2) Clark R.N. and Stankey, G.N.（1979）The recreation opportunity spectrum: a framework for planning, management, and research. USDA Forest Service, Pacific Northwest Forest and Range Experiment Station
3) Driver, B.L. and Brown, P.J.（1975）A socio-psychological definition of recreation demand, with implications for recreation resource planning. Assessing demand for outdoor recreation, Washington D.C. National Academy of Sciences.
4) Driver, B.L. and Brown, P.J.（1978）The recreation opportunity spectrum concept and behavior information in outdoor recreation resource supply inventories: A rationale. In proceedings of the workshop on integrated inventories of renewable natural resources. *Gen. Tech. Report*, RM-55, Fort, Collins, Co: Rocky Mountain Forest and Range Research Station
5) Driver, B.L., *et al.*（1987）The ROS planning system-evolution, basic, concepts and research needed, *Leisure Sci.* **9**, 201‒212
6) 小林昭裕（2002）国立公園の計画や管理に利用機会の多様性の保全を図る概念の有効性と課題，ランドスケープ研究，**65**（5），673‒679
7) 環境庁自然保護局国立公園課監修（1997）第 8 次自然公園実務必携，第一法規
8) 日本自然保護協会（2000）国立公園を日本を代表する生態系と生物多様性の保全の場に
http://www.nacsj.or.jp/database/kokuritu/kokuritu-001214.htm
9) 吉中厚裕（2000）自然学習歩道の計画マニュアル，国立公園，**589**，32‒36
10) 環境省北海道地方環境事務所（2015）大雪山国立公園登山道管理水準 2015 年改定版
http://hokkaido.env.go.jp/pre_2015/post_23.html
11) 国土形成計画に係る検討委員会（2007）生きた総合指標としてのランドスケープ：**70**（4），292‒297

5.5 節
1) 財団法人国立公園協会（2011）平成 22 年度国立・国定公園総点検業務報告書
2) 山梨県（2014）山梨の大観
3) 株式会社プレック研究所（2011）平成 21 年度雲仙天草国立公園雲仙地域再整備計画策定業務（繰越）報告書

5.6 節
東京農業大学短期大学部生活科学研究所編（2012）里山の自然とくらし 福島県鮫川村，東京農大出版会
入江彰昭（2009）地域力を誘引するランドスケープマネジメント―鮫川村における里山景観保全活動の 10 年の試み―，ランドスケープ研究，**73**（3），194‒199

鈴木浩男（2014）まめで達者な村づくり事業3・11の前と後—鮫川村，『シリーズ地域の再生6 福島 農からの日本再生 内発的地域づくりの展開』所収，農文協，pp.31-70

5.7節
1) 自然等の地域資源を活かした温泉地の活性化に関する有識者会議（2017）自然等の地域資源を活かした温泉地の活性化に向けた提言～「新・湯治-ONSEN stay」の推進～，環境省
2) 山村順次（1998）新版日本の温泉地 その発達・現状とあり方，日本温泉協会
3) 下村彰男（1993）わが国における温泉地の空間構成に関する研究-1-近世後期から明治期にかけての温泉地の空間構成，東京大学農学部演習林報告，**90**, 23-95.
4) 別府市（2012）文化的景観別府の湯けむり景観保存計画，別府市
5) 寺島 健他（2018）黒川温泉における雑木植栽による修景の展開過程とその技法，ランドスケープ研究，**81** (5), 489-494

5.8節
1) 農林水産省農村振興局（2017）農業農村整備事業における景観配慮の技術指針（案）（食料・農業・農村政策審議会農業農村振興整備部会技術小委員会配付資料）http://www.maff.go.jp/j/council/seisaku/nousin/seibibukai/gijutu_syoiinkai/h29_2/attach/pdf/index-9.pdf

索　引

欧　文

AMAP　65
CFD　66
CG　65, 76
CVM　78
DEM　29, 65
DMO　88
DSM　30, 65
F 検定　71
FSPM　66
game engine　66
GIS　30, 35
GNSS　30
GSES　82
human behavior　43
landscape　8, 11
PANAS　82
POMS　78, 81
POMS2　82
Q-Method　78
QOL　82
ROS　82, 123
SCI　82
SD 法　67, 78
SfM-MVS　65
S-H 式レジリエンス検査票　82
SNS　19
space behavior　42
SVS　82
t 検定　71
TBS　82
total landscape　42
UAV　30, 31
VRML　66
Ways of Seeing（ものの見方）　3, 10
WHOQOL26　82
Wilcoxon 検定　71
WTP　78

あ　行

アイデンティティ　27
上地　35
浅草公園（東京都）　58
明日香村（奈良県）　45
阿蘇（熊本県）　48
阿蘇くじゅう国立公園　112

阿蘇グリーンストック　114
阿蘇草原再生協議会　114-116
アートイベント　116, 118
アーリ，J.　10
アルピニズム　5
アンケート　28, 67
安全安心な風景　19

異化された風景　88
居久根の杜づくり　103
遺産　17
維持管理作業　113
囲繞景観　14, 47, 76
一対比較法　67, 78
一般性セルフ・エフィカシー尺度　82
意味論　2
イメージ　19, 46
イメージアビリティ　32
イメージスケッチ　28
イングランドの牧場風景　45
印象評価実験　16
インタープリテーション　58
インバウンド観光　16
インベントリー　86, 93
隠喩　33

上原敬二　14
美しい国づくり政策大綱　6
「うね畑」景観　35
海との距離　117
雲仙天草国立公園　133
雲仙地域のあるもの探し　133

絵図　15
エクボ，ガレット　55
エレメント想起法　67, 77
遠近法　56
円通寺と比叡山（京都）　23

応格の原則　59
欧州ランドスケープ条約（2000）　11
桜梅桃李　104
近江八景　12
屋外空間　53
屋外実験　80
奥行き　15
尾瀬国立公園の利用ゾーニング　125

飫肥杉の森林景観（宮崎県）　45
音声　56
温泉地　137
温泉地空間の変遷　137

か　行

海域公園地区　91
海域特別地区（自然環境保全地域）　96
海岸砂防林　62
海岸松林　104
海岸林　32
下位計画と上位計画の不一致　47
外国人観光客　119
快適性　45
ガイド　58
ガイドブック　56
χ^2 検定　71
開発規制の景観コントロール　114
開発主体　76
開発による風景　100
回復感尺度　82
拡張現実　17, 18
可視性解析　29
可視・不可視　15
可視領域　29, 89
画像　56
価値観の変化　74
価値軸　78
価値の了解のされ方　11
活気感尺度　82
合掌造り　34
合掌造り集落　58
カメラ　79
カルデラ地形　112
眼球運動　77
環境アセスメント　15, 16, 27
環境影響評価　72, 76
環境共生型里山景観　135
環境共生型ランドスケープ　103
環境指標　45

索引

環境の眺め 17, 18
観光 104
観光客 32, 33, 76
観光ディスティネーション化 119, 120
観光立国 119
観光立国実現に向けたアクション・プログラム 104, 105
観光立国推進基本法 104
観光レクリエーション 60
間主観性 10
緩衝帯 86
緩衝地帯（バッファゾーン） 91
観賞方法（眺め方） 25
鉄輪温泉（大分県） 138
看板 62
換喩 32
管理計画 126

記号表現 (signifiant) と記号内容 (signifié) 2
吉沢八景選定プロジェクト 121
儀式 32
規制的手法 93, 95
帰属意識 47
北山杉の森林景観（京都府） 45
記念物 97
気分プロフィール調査 81
キャリングキャパシティ 100
旧版地形図 35
境界線の明瞭性 92
仰角 15, 89
協議会 86
行政担当者 76
郷土史 28
郷土性 2
郷土の風致風景 103
許可制 95, 96
許認可制度 114
距離 15
近代以降の視覚の優位性 20
近代科学 9

空間改変事業 27
空間構造モデル 37
空間スケール 47
空間的構造 27
空間と表象の結び付き 100
空間の規模 89
黒川温泉（熊本県） 138
クロス表 71

計画策定委員会 47
計画の階層性 126
景観 9
　——の構造 15
　——の視覚的構造 15
　——の変化 73
　身近な—— 28
景観解析 14
景観学習会 47
景観行政団体 96
景観協定 97
景観計画 28, 47, 89, 91
景観計画（景観法） 96
景観計画区域 23, 91, 96
景観形成重点地区 138
景観形成審議会 47
景観工学 10, 15
景観構成要素 60
　——の操作性 59
景観重要建造物 97
景観重要樹木 97
景観整備機構 97
景観地 17, 106
景観地区 91, 92, 97
景観認定制度 91
景観配慮における基本原則 141
景観配慮におけるプロセス 142
景観法 6, 23, 28, 86, 91-93, 96
景観ポテンシャル 29, 30
形成情報 3, 6
計量心理学 15
ゲシュタルト心理学 25, 47
ゲデス，パトリック 106
健康幸福論の well-being 105
減災 19, 20
原始状態 90
現状変更 97, 98
原生自然 4, 5
原生自然環境保全地域 96
原生自然風景地 12
原生的自然風景 16
建築基準法 86
建築計画 89

広域的景観 130
広域の風景地計画 12
合意形成 48, 132
合意的手法 93, 94, 96
公園計画 89, 123
公共事業事後評価 76
公共的な風景の保全や創造 11
航空写真 29
耕作放棄地 103
江東デルタ地帯の地形形成 35
交流連携によるランドスケープマネジメント 136
国定公園 95, 96
国土数値情報 29
国土利用計画法 86, 93
国立公園 3, 5, 23, 27, 47, 78, 95, 123
　——の選定 13
国立公園計画 13
国立・国定公園総点検事業 126
国立・国定公園の指定及び管理運営に関する検討会提言 128
心への影響 81
小島烏水 12
5 地域区分 93
古典的風景美 12
古都保存法 98
個別要素 53
コミュニティデザイン 104
固有価値 28, 75, 79
コンピューターグラフィックス 65

さ 行

西海国立公園 20
細密数値地図 35
祭礼 20, 32
里地里山 119, 121, 133
里山 18, 102-104
里山景観保全活動 134, 136
里山の食と農，自然を活かす地域再生計画 136
差の検定 71
佐原の伝統的建造物群（千葉県） 57
鮫川村（福島県） 134
参加協働型のワークショップ 104
山岳風景 12
産官学民の連携によるワークショップ 121
3 次元的景観 27
山紫水明 104

塩田敏志 14
市街化区域 94
市街化調整区域 86, 94
視覚像 2, 6, 30
視覚的構造 27
志賀重昂 2, 12
時間 75
事業の手法 93
自己効力感 82
史跡 98
自然エネルギーと景観 46
自然科学 12
自然環境保全地域 96
自然環境保全法 96
自然公園 5
　——の歩道体系 125
自然公園地域 93, 95
自然公園法 91, 95
自然再生推進法 114

索　引

自然資源へのアクセス　116
自然条件の読み解き　141
自然調査 Web-GIS　29
自然等の地域資源を活かした温泉地の活性化に関する有識者会議　137
視線入射角　15
自然風景　99, 100
自然風景地計画　28
自然風景地における景観把握モデル　14, 27
持続可能な開発に関する世界首脳会議　106
持続的管理　26, 27
視対象　3-5, 85
　　——における主対象と副対象の関係　23
実空間配置　18
実像　85
　　——と情報　2, 19
室内実験　80
質問紙　81, 82
指定・認定の風景　4-6
視点　3-6, 30, 60, 89
視点場　20, 32, 60, 85, 121, 122
　　——と視対象の関係　23
　　——の抽出　130
視点場整備　59
篠原の景観認識モデル　15
篠原の景観把握モデル　59, 60
芝居町　32
シミュレーション　16, 65, 76
市民会議　47
市民緑地制度　95
社会化　2
社会構築主義的思想　10
写真　56, 76, 79
写真投影法　79, 122
修景・美化　141
住宅地図　35
集団表象　10, 47, 86
重点景観企画　138
住民参加　116
重要文化的景観　25, 86, 98, 138
樹冠　54, 55
主観的態度　67
主観的な回復感　82
主観的な活力（活力感）　82
主対象　60, 89
主題図　28
循環型社会　103
準景観地区　97
小規模複合農業と景観　135
松竹梅　104
湘南ひらつか・ゆるぎ地区活性化に向けた協議会　121
情報　56, 85
情報機器　56

将来予測　76
条理地割に基づく空間構造　35
除去・遮蔽　141
白川郷（岐阜県）　34
白川村萩町（岐阜県）　57
白米千枚田（石川県）　25
シーン景観　15, 60
信玄堤　20
信仰空間　15
人工林　30
神社　32
心象風景　19
身体性を重視した風景概念　11
身体への影響　80
身体への短期的影響評価のための指標　80
身体への長期的影響評価のための指標　81
審美性　45
審美的評価　28
心理的なレジリエンス　82
森林景観　45
森林公園　28
森林地域　93, 95
森林の公益的機能　95
森林美学　12
森林風景計画　12
森林法　95

水源林管理　25
垂直的土地利用ユニット　113
スカイライン　74
スギ間伐材　136
スケッチマップ法　67
寿都町（北海道）　116-119
図と地　21, 25, 31, 47, 56

生活景　72
生活風景　86-88, 99-102
生産緑地地区　94
生態系の保全と適地適利用　123
静的保護　16
整備計画　126
生物多様性　16
生物多様性総合評価（JBO）　114
西洋画　56
世界遺産　3, 16, 32, 56
世界遺産委員会　17
世界遺産一覧表における不均衡の是正及び代表性・信頼性の確保のためのグローバルストラテジー　17
世界遺産条約履行のための作業指針　17
世界遺産のシリアルノミネーション　32
世界ジオパーク　116
世界自然遺産　47
世界農業遺産　103, 106
全球測位衛星システム　30

浅草寺（東京都）　58
洗練の原則　59
造園　8
造園概論　13
雑木の植樹事業　139
草原管理　112-114
草原景観　112, 116
草原の維持管理　48
創造　141
蔵風得水型　11
側面　53
ゾーニング　13, 85, 89, 93
ソーラーパネル　46
村内資源の循環　136

た　行

第1種特別地域　90
第2種特別地域　90
第3種特別地域　90
対象　30
対象場　60, 89
大雪山国立公園登山管理水準　125
太陽光発電事業　46
タウト，ブルーノ　105
高台　19
多孔化社会　19
多孔空間　56
多島海景観　25
棚田　18, 25
多変量解析　71
田村剛　10, 12, 13
多面的機能支払交付金制度　141
他力本願の法則　59
短期的影響評価　80

地域銀座　33
地域計画　6, 7
地域個性の視覚的側面　85
地域コミュニティ　7
地域再生法　89
地域資源の可視化　118
地域社会　3
地域住民　32, 76
地域説明会　47
地域地区　94
地域づくり　16, 116
地域の日常風景の特性把握　11
地域富士　33
地域を表象する風景　26, 32
知覚の対象　53

地球環境サミット 106
地区計画 86, 94
地種区分 114
地籍図 35
地租改正絵図面 35
中間組織 86, 89, 102
中山間地域 103, 133
長期的影響評価 80
長期的な計画と短期的事業 86
調査対象のサンプリング 70
調査の方法 71
朝鮮金剛山 14
眺望景観 14, 47, 76
　——と囲繞景観 27
地理学 9, 10

通景伐採 62
筑波山 14
九十九島（長崎県） 20
津波 45

低木 55
適正規模の農の営み 135
テクスチャ 54
デザインコード 143
テーマパーク 58
テーマパーク化 101
電子調査 70
天井 53
伝統的建造物群 97, 98
伝統的建造物群保存地区 5, 86, 98
伝統的土地利用 113
天然記念物 98
展望地 20, 60
　——の維持管理 60

動画 56
陶祖公園（愛知県） 29
特別地域 90, 96
特別地区（自然環境保全地域） 96
特別保護地区（自然公園） 90, 96
特別緑地保全地区 94
都市計画 89
都市計画区域 91
都市計画法 93, 97
都市景観 47
トータル・ランドスケープのアプローチ 42
土地の相貌 9
土地の広がり 9
土地の領域 9
土地の履歴 34, 37
土地利用 18, 19, 24, 35, 56, 89
特化情報 3–6, 57
届出制 96

な 行

眺め 9–11
　——の対象 23
南禅寺（京都府） 75

2 次元的視覚像 27
二次草原 112, 113
二次的自然 16, 112–114
担い手 114
日本三景 12, 33
日本生物多様性国家戦略（The National Biodiversity Strategy of Japan） 113
日本風景美論 14
日本風景論 2, 12
人間と環境の間の「現象」 10

ネイチャーゲーム 58
ネガティブミニマム 16, 26

農業振興地域 95, 97
農業地域 93, 95
農振法 95
農村景観 140
農村風景 45
　——の持続的保存 45
農地・農業水利施設 141
農用地区域 95
農林漁業活動 90
野焼き 112–114

は 行

把握モデル 2
バイオマス資源を活かした地域づくりの方針 135
背景の原則 59
博覧の風景 4
ハザードマップ 19
バージャー，J. 10
八景 86, 121, 122
八景式 12
バード，イザベラ・L 105
場の景観の類似性 89
パノラミックな風景 27
パブリックコメント 47
払い下げ 35
ハルプリン，ローレンス 104
版画技術の発展と絵図の流行 56
ハーン，ラフカディオ 105

樋口忠彦 15
ビデオ 79
人と自然の共生した農業 103
評価グリッド法 70
表象 8, 99, 100, 116
　——の空間からの切り離し 101

——の生産 102
評定尺度法 78
琵琶湖 12
琵琶湖疎水 75
品等法 78

フィッシャーの直接確率検定（正確確率検定） 71
風景 85
　——と景観 9
　——の意味 29
　——の型 86, 100
　——の消費 100, 101
　——の洗練 7
　——の評価軸 45
　——の見え方 14
　——の見方 45
　身近な身の回りの—— 76
風景イメージスケッチ法 67
風景画 8
風景概念 13
風景獲得のプロセス 4
風景観 23
風景計画に関する制度の 4 つの手法 93
風景計画の 3 つのレベル 85, 89
風景計画の体系化 13
風景計画論 2
風景形式 13
風景構造 32
風景地保護協定制度 96
風景認識 1
風景評価の客観性 76
風致地区 94
風致保安林 95
フォトモンタージュ 16
俯角 15, 89
不可視深度 15
俯瞰景 5, 60, 62
副対象 60
富士山 45
仏閣 32
復旧復興事業 35
普通地域（自然公園） 86, 91, 96
普通地区（自然環境保全地域） 86
普遍的価値 28, 74, 79
ブラウン，ランセロット 104
フランス式彩色地図 35
文化財 5, 6, 23, 56
文化財保護法 17, 25, 86, 97
文化的アイデンティティ 6, 7, 21

索引

文化的景観　2, 16-21, 23, 34, 37, 85, 86, 97
文人　4, 5
フンボルト，A. v.　9

別府の湯けむり景観　139

保安林　95
防災　19
法制度の価値基準　57
防潮林　103
放牧　112
保健衛生　12
保健保安林　95
ポジティブマキシマム　26
保全　141
本郷高徳　12
本多静六　12, 103

ま　行

牧　35
牧野組合　48
マグニチュード推定法　78
マクロ　85
マクロレベル　126
まちづくり　116
街づくり協定　139
まちづくり交付金　138
松島（宮城県）　12, 20, 33
松島の四大観　25
まなざし（眼差し）　3, 118
まなざし論　10, 11

見える化　104
ミクロ　86
ミクロレベル　132
未整備の都市公園計画　62
見立て　33
見通し　59
三保の松原と富士山　23
三好学　9, 11
「見る」と「する（行動・生活）」の関係　20
「見る」「見られる」の関係　20

名所　23, 56
名勝　98
名所旧跡　12
名所図会　28
目利き　5
「珍しい」風景　58
メソ　86
メソレベル　129
メッシュ・アナリシス　14
メディア　19-21, 56, 101
　——としての空間　56
「めりはり」と首尾一貫の原則　59

面接調査　70

目標像　26
文字　56
モデル化　2
ものの見方　3, 10
紅葉狩　104
モンスーン気候　103

や　行

屋敷林　103, 104
安らぎ　45
「山梨の大観」を活かした美しい県土づくり　130

郵送調査　70
誘導的手法　93
遊里　32
床面　53
雪見　104
ゆるぎの里地里山（神奈川県）　120

用強美の造園デザイン　104
要素間の関係　55
用途地域　94

ら　行

ラザルス式ストレスコーピングインベントリー　82
ランドスケープ・デザイン　7
ランドスケープ・リテラシー　7

リッカートスケール　67
利用体験　123
利用調整地区　96
利用のためのゾーニング　125
緑化地域　94

霊場　25, 33
歴史的風致　98
歴史的風致維持向上計画　99
歴史的風土　45
歴史まちづくり法　86, 99
レクリエーション　12, 13, 17, 103

ローカルルール　93
露天風呂入湯手形　139
ロマン主義　5, 12

わ　行

和歌浦　3
ワークショップ　116

編集者略歴

古谷勝則（ふるや かつのり）
1963年　茨城県に生まれる
1991年　千葉大学大学院自然科学研究科博士課程修了
現　在　千葉大学大学院園芸学研究科教授
　　　　学術博士

伊藤　弘（いとう ひろむ）
1971年　埼玉県に生まれる
1997年　東京大学大学院農学生命科学研究科修士課程修了
現　在　筑波大学芸術系（世界遺産専攻）准教授
　　　　博士（農学）

高山範理（たかやま のりまさ）
1972年　埼玉県に生まれる
2002年　東京大学大学院農学生命科学研究科博士課程退学
　　　　独立行政法人森林総合研究所森林管理研究領域研究員
2011年　人間総合科学大学大学院人間総合科学研究科博士課程修了
現　在　国立研究開発法人森林研究・整備機構森林総合研究所ダイバーシティ推進室長
　　　　博士（農学），博士（心身健康科学）

水内佑輔（みずうち ゆうすけ）
1987年　福岡県に生まれる
2015年　千葉大学大学院園芸学研究科博士課程修了
現　在　東京大学大学院農学生命科学研究科附属演習林助教
　　　　博士（学術）

実践風景計画学
―読み取り・目標像・実施管理―

定価はカバーに表示

2019年3月5日　初版第1刷

監　修	日本造園学会・風景計画研究推進委員会
編集者	古　谷　勝　則
	伊　藤　　　弘
	高　山　範　理
	水　内　佑　輔
発行者	朝　倉　誠　造
発行所	株式会社　朝倉書店

東京都新宿区新小川町 6-29
郵 便 番 号　162-8707
電　話　03(3260)0141
Ｆ Ａ Ｘ　03(3260)0180
http://www.asakura.co.jp

〈検印省略〉

© 2019 〈無断複写・転載を禁ず〉

シナノ印刷・渡辺製本

ISBN 978-4-254-44029-4　C 3061　　Printed in Japan

JCOPY ＜出版者著作権管理機構 委託出版物＞

本書の無断複写は著作権法上での例外を除き禁じられています．複写される場合は，そのつど事前に，出版者著作権管理機構（電話 03-5244-5088, FAX 03-5244-5089, e-mail: info@jcopy.or.jp）の許諾を得てください．

東大 貞広幸雄・中央大 山田育穂・建築研究所 石井儀光編

空間解析入門
――都市を測る・都市がわかる――

16356-8　C3025　　B5判　184頁　本体3900円

基礎理論と活用例〔内容〕解析の第一歩（データの可視化，集計単位変換ほか）／解析から計画へ（人口推計，空間補間・相関ほか）／ネットワークの世界（最短経路，配送計画ほか）／さらに広い世界へ（スペース・シンタックス，形態解析ほか）

立正大 伊藤徹哉・立正大 鈴木重雄・立正大学地理学教室編

地理を学ぼう　地理エクスカーション

16354-4　C3025　　B5判　120頁　本体2200円

地理学の実地調査「地理エクスカーション」を具体例とともに学ぶ入門書。フィールドワークの面白さを伝える。〔内容〕地理エクスカーションの意義・すすめ方／都市の地形と自然環境／火山／観光地での防災／地域の活性化／他

立正大 伊藤徹哉・立正大 島津 弘・立正大学地理学教室編

地理を学ぼう　海外エクスカーション

16359-9　C3025　　B5判　116頁　本体2600円

海外を舞台としたエクスカーションの進め方と具体的な事例を紹介。実際に行くのが難しい場合に「紙上エクスカーション」を行う手引きとしても。〔内容〕アウシュヴィッツ／シンガポール／シアトル／ニューカレドニア／カナリア諸島／マニラ

神戸芸工大 西村幸夫・工学院大 野澤 康編

まちの見方・調べ方
――地域づくりのための調査法入門――

26637-5　C3052　　B5判　164頁　本体3200円

地域づくりに向けた「現場主義」の調査方法を解説。〔内容〕1.事実を知る（歴史，地形，生活，計画など），2.現場で考える（ワークショップ，聞き取り，地域資源，課題の抽出など），3.現象を解釈する（各種統計手法，住環境・景観分析，GISなど）

名大 宮脇 勝著

ランドスケープと都市デザイン
――風景計画のこれから――

26641-2　C3052　　B5判　152頁　本体3200円

ランドスケープは人々が感じる場所のイメージであり，住み，訪れる場所すべてを対象とする。考え方，景観法などの制度，問題を国内外の事例を通して解説〔内容〕ランドスケープとは何か／特性と知覚／風景計画／都市デザイン／制度と課題

神戸芸工大 西村幸夫・工学院大 野澤 康編

まちを読み解く
――景観・歴史・地域づくり――

26646-7　C3052　　B5判　160頁　本体3200円

国内29カ所の特色ある地域を選び，その歴史，地形，生活などから，いかにしてそのまちを読み解くかを具体的に解説。地域づくりの調査実践における必携の書。〔内容〕大野村／釜石／大宮氷川参道／神楽坂／京浜臨海部／鞆の浦／佐賀市／他

神戸芸工大 西村幸夫編著

まちづくり学
――アイディアから実現までのプロセス――

26632-0　C3052　　B5判　128頁　本体2900円

単なる概念・事例の紹介ではなく，住民の視点に立ったモデルやプロセスを提示。〔内容〕まちづくりとは何か／枠組みと技法／まちづくり諸活動／まちづくり支援／公平性と透明性／行政・住民・専門家／マネジメント技法／サポートシステム

JTB総研 高松正人著

観光危機管理ハンドブック
――観光客と観光ビジネスを災害から守る――

50029-5　C3030　　B5判　180頁　本体3400円

災害・事故等による観光危機に対する事前の備えと対応・復興等を豊富な実例とともに詳説する。〔内容〕観光危機管理とは／減災／備え／対応／復興／沖縄の観光危機管理／気仙沼市観光復興戦略づくり／世界レベルでの観光危機管理

前学芸大 白坂 蕃・前東大 山下晋司・前立大 稲垣 勉・前立大 小沢健市・松蔭大 古賀 学編

観　光　の　事　典

16357-5　C3525　　A5判　464頁　本体10000円

人間社会を考えるうえで重要な視点になってきた観光に関する知見を総合した，研究・実務双方に役立つ観光学の総合事典。観光の基本用語から経済・制度・実践・文化までを網羅する全197項目を，9つの章に分けて収録する。〔内容〕観光の基本概念／観光政策と制度／観光と経済／観光産業と施設／観光計画／観光と地域／観光とスポーツ／観光と文化／さまざまな観光実践〔読者対象〕観光学の学生・研究者，観光行政・観光産業に携わる人，関連資格をめざす人

藤井英二郎・松崎 喬編集代表　上野 泰・大石武朗・中島 宏・大塚守康・小川陽一編

造　園　実　務　必　携

41038-9　C3061　　四六判　532頁　本体8200円

現場技術者のための実用書：様々な対象・状況において，自然と人が共生する環境を美しく整備・保全・運用するための基本的な考え方と方法，既往技術の要点を解説。〔略目次〕基礎・実践・課題（多摩ニュータウンの実例）／計画／設計／エレメントディテール／施工／運営と経営／法規と組織，教育〔内容〕土地利用／まちづくり／公園／住宅地／農村／水辺／遺跡／学校／福祉施設／オフィス／園路／広場／舗装／植生／環境基本法／都市計画法／景観法／文化財保護法／他

上記価格（税別）は2019年2月現在